高等职业教育“十三五”规划教材

计算机信息技术应用教程

主　编　任　伟

副主编　陈国华　卢　琳　徐　桦

中国水利水电出版社
www.waterpub.com.cn
·北京·

内 容 提 要

全书共分 8 章，主要内容包括计算机基础知识、Windows 7 操作系统、Word 2010 的使用、Excel 2010 的使用、PowerPoint 2010 的使用、多媒体技术、计算机网络基础知识和信息安全基础。

本书在内容上紧扣全国计算机等级考试一级 MS Office 考试大纲（2018 年版），结构合理，语言简明，难点分散。全书内容在遵循教学大纲要求的前提下，也考虑了计算机应用技能和职业资格考试的需要。为配合教学工作，巩固知识掌握，提高计算机综合应用能力，每章均配有练习题，同时本书还配备了配套实训教材《计算机信息技术实训教程》。

本书可作为职业院校和成人高校各专业计算机信息技术课程的教学用书，同时也适合参加全国计算机等级考试一级 MS Office 的考生使用，还可作为计算机爱好者的自学参考书。

图书在版编目（CIP）数据

计算机信息技术应用教程 / 任伟主编. -- 北京 : 中国水利水电出版社, 2019.7
高等职业教育“十三五”规划教材
ISBN 978-7-5170-7821-0

Ⅰ. ①计… Ⅱ. ①任… Ⅲ. ①电子计算机－高等职业教育－教材 Ⅳ. ①TP3

中国版本图书馆CIP数据核字(2019)第145013号

策划编辑：寇文杰　责任编辑：张玉玲　加工编辑：周益丹　封面设计：李 佳

书 名	高等职业教育“十三五”规划教材 计算机信息技术应用教程 JISUANJI XINXI JISHU YINGYONG JIAOCHENG
作 者	主 编 任 伟 副主编 陈国华 卢 琳 徐 桦
出版发行	中国水利水电出版社 （北京市海淀区玉渊潭南路 1 号 D 座 100038） 网址：www.waterpub.com.cn E-mail：mchannel@263.net（万水） sales@waterpub.com.cn 电话：（010）68367658（营销中心）、82562819（万水）
经 售	全国各地新华书店和相关出版物销售网点
排 版	北京万水电子信息有限公司
印 刷	三河市铭浩彩色印装有限公司
规 格	184mm×260mm 16 开本 15 印张 370 千字
版 次	2019 年 7 月第 1 版 2019 年 7 月第 1 次印刷
印 数	0001—3000 册
定 价	39.00 元

前　　言

进入 21 世纪之后，计算机科学与信息技术的发展越来越受到人们的重视，其程度超越了以往的任何时候。它的应用已经渗透到社会生活各个层面和领域，成为推动社会进步的重要引擎。特别是在国家政策的大力支持下，人工智能、云计算、大数据、物联网、信息安全等新兴技术和新兴产业不断涌现，在一定程度上更加激发了产业热情，也推动着新一代信息技术的发展，形成融合生态。

计算机信息技术作为入门课程，是非计算机专业的公共必修课程，也是计算机专业学习其他计算机相关课程的前导和基础课程。本套教材本着“强化基础、注重实践”的原则，参考最新的全国等级考试一级 MS Office 考试大纲（2018 年版）要求，根据职业院校学生特点和不同专业、不同层次学生需要，以 Windows 7、Office 2010 为主要教学平台编写而成。全书旨在使读者较全面系统地了解计算机文化常识，具备计算机实际应用基本能力，并能利用所学知识处理具体问题。本书的编写注重理论与实践相结合，突出了实用性和可操作性。

参加本书编写的作者均是多年从事信息技术课程一线教学的教师，具有较为丰富的教学经验和实践经验。本书由任伟任主编，负责整体结构设计和统稿工作；吴兰华编写第 1 章，胡艳婷编写第 2 章和第 8 章，陈国华和范菊编写第 3 章，任伟编写第 4 章，卢琳编写第 5 章，罗瑞雪编写第 6 章，徐桦编写第 7 章，王晓平、金宏、罗小龙、王中、钟宏、黄伟、董林、刘奕辰、方静、姚文江、余凡力、黄欢、董静等参与了本书的配图、录入和校对工作。

伍治林副教授在本书编写过程中提出了许多宝贵建议，给予了大力支持和帮助，在此表示感谢。

尽管在编写此书过程中编者做了最大努力，力求详尽无误和有所突破，但由于编者水平有限，书中难免存在缺点与疏漏，恳请读者和同行批评指正。

编　者

2019 年 5 月

目　　录

前言
第 1 章　计算机基础知识……1
1.1　计算机概论……1
1.1.1　计算机的诞生……1
1.1.2　计算机的发展历程……2
1.1.3　计算机的分类……4
1.1.4　计算机的发展趋势……5
1.1.5　计算机的应用领域……6
1.2　信息在计算机中的表示……7
1.2.1　数值数据的表示……7
1.2.2　计算机中信息的单位……12
1.2.3　字符的表示……12
1.2.4　多媒体信息的表示……16
1.3　计算机硬件系统……18
1.3.1　中央处理器……18
1.3.2　主存储器……20
1.3.3　辅助存储器……22
1.3.4　输入/输出设备……25
1.3.5　计算机的结构……28
1.3.6　微型计算机的主要性能指标……30
1.4　计算机软件系统……30
1.4.1　软件的概念……31
1.4.2　软件系统及其组成……31
1.4.3　典型软件简介……32
习题 1……36
第 2 章　Windows 7 操作系统……40
2.1　Windows 7 基础入门……40
2.1.1　Windows 7 简介……40
2.1.2　Windows 7 的启动、退出和注销……40
2.2　Windows 7 的基本操作……42
2.2.1　鼠标和键盘的基本操作……42
2.2.2　Windows 7 的桌面介绍……43
2.2.3　窗口的基本操作……45
2.2.4　菜单的基本操作……47
2.2.5　对话框的基本操作……48
2.3　Windows 7 的文件管理……49
2.3.1　文件和文件夹的概念……49
2.3.2　资源管理器……51
2.3.3　文件和文件夹的管理……52
2.4　控制面板……57
2.4.1　启动控制面板……57
2.4.2　显示属性的设置……58
2.4.3　时钟、语言和区域设置……58
2.4.4　程序和功能……59
习题 2……61
第 3 章　Word 2010 的使用……63
3.1　Word 2010 概述……63
3.1.1　Word 2010 的启动与退出……63
3.1.2　Word 2010 的用户界面……63
3.1.3　Word 2010 的个性化设置……64
3.2　Word 2010 的基本文档操作……65
3.2.1　创建文档……65
3.2.2　打开文档……66
3.2.3　保存文档……66
3.2.4　关闭文档……67
3.2.5　保护文档……67
3.2.6　自动更正错误……68
3.2.7　拼写与语法检查……68
3.2.8　文档视图……68
3.3　文档的编辑……69
3.3.1　文本的录入……69
3.3.2　文本的编辑……70
3.3.3　撤销与恢复……72
3.3.4　查找与替换……72
3.4　文档的排版……73
3.4.1　字符的设置……74
3.4.2　设置段落格式……75

3.4.3 项目符号和编号的创建……79
3.4.4 分栏的设置……81
3.4.5 页眉和页脚的设置……81
3.5 表格的制作……82
3.5.1 表格的制作……82
3.5.2 表格的编辑……85
3.5.3 表格内数据的排序与计算……90
3.6 Word 2010 的图形功能……92
3.6.1 图形的插入……92
3.6.2 绘制图形……93
3.6.3 编辑图形或图片……94
3.6.4 文本框的使用……96
3.6.5 艺术字……97
3.6.6 插入公式……98
3.6.7 插入组织结构图……98
3.7 样式和模板的使用……99
3.7.1 使用样式排版……99
3.7.2 使用模板排版……100
3.8 文档的打印……101
3.8.1 页面设置……101
3.8.2 页面视图与打印预览……103
3.8.3 打印输出……103
3.8.4 邮件合并……104
习题 3……104
第 4 章 Excel 2010 的使用……107
4.1 Excel 2010 概述……107
4.1.1 Excel 2010 的新功能……107
4.1.2 Excel 2010 的启动和退出……107
4.1.3 Excel 2010 窗口的组成……108
4.1.4 Excel 2010 的基本概念和操作……109
4.2 工作簿和工作表的建立……110
4.2.1 工作簿的基本操作……110
4.2.2 操作对象的选取……111
4.2.3 工作表数据的输入……113
4.2.4 Excel 2010 的公式与函数……117
4.3 工作表的编辑和格式化……120
4.3.1 单元格的基本操作……120
4.3.2 工作表的基本操作……122
4.3.3 工作表的格式化……124
4.4 Excel 图表……127
4.4.1 图表的基本概念……128
4.4.2 图表的类型……128
4.4.3 图表的建立……129
4.4.4 图表的编辑……130
4.5 数据库管理与数据分析……134
4.5.1 数据管理的基本概念……134
4.5.2 使用记录单……135
4.5.3 数据排序……135
4.5.4 数据筛选……137
4.5.5 分类汇总……140
4.5.6 创建和编辑数据透视表……141
4.5.7 创建和编辑数据透视图……143
4.6 页面设置和打印……144
4.6.1 设置打印区域和分页……144
4.6.2 页面设置……145
4.6.3 打印预览和打印……146
习题 4……146
第 5 章 PowerPoint 2010 的使用……149
5.1 PowerPoint 2010 概述……149
5.1.1 PowerPoint 2010 的启动和退出……149
5.1.2 PowerPoint 2010 界面……149
5.1.3 PowerPoint 2010 的视图方式……151
5.2 演示文稿的基本操作……152
5.2.1 新建演示文稿……152
5.2.2 保存演示文稿……153
5.2.3 打开演示文稿……154
5.3 演示文稿的初步制作……154
5.3.1 制作幻灯片……154
5.3.2 格式化演示文稿……159
5.3.3 幻灯片基本操作……160
5.3.4 设置文稿的整体风格……161
5.4 制作生动的演示文稿……165
5.4.1 插入音频文件……165
5.4.2 插入视频文件……167
5.4.3 添加动画效果……168
5.4.4 幻灯片切换……170
5.4.5 幻灯片链接……171
5.5 放映和输出演示文稿……173

5.5.1 放映幻灯片 173
5.5.2 打印幻灯片 176
5.5.3 打包演示文稿 177
习题 5 178
第 6 章 多媒体技术 181
6.1 多媒体技术相关知识 181
6.1.1 多媒体的概念 181
6.1.2 多媒体技术的特点 183
6.1.3 多媒体技术的发展方向 183
6.2 多媒体信息的数字化技术 184
6.2.1 音频信息的数字化技术 184
6.2.2 图像信息的数字化技术 186
6.2.3 视频信息的数字化技术 189
6.3 多媒体计算机系统 191
6.3.1 多媒体硬件系统 192
6.3.2 多媒体软件系统 193
6.4 多媒体技术应用 193
习题 6 195
第 7 章 计算机网络基础知识 199
7.1 计算机网络概述 199
7.1.1 计算机网络的定义及应用 199
7.1.2 计算机网络的组成及分类 200
7.1.3 网络体系结构 202
7.2 局域网 205
7.2.1 局域网概述 205
7.2.2 局域网的组成 206
7.2.3 常见的局域网 208
7.3 Internet 209
7.3.1 Internet 基础 210
7.3.2 Internet 的服务 214
7.3.3 Internet 资源 220
习题 7 220
第 8 章 信息安全基础 223
8.1 计算机病毒 223
8.1.1 计算机病毒的分类 223
8.1.2 病毒的特点 224
8.1.3 计算机病毒防范 225
8.2 网络安全 226
8.2.1 网络入侵 226
8.2.2 入侵检测 226
8.3 信息加密与认证技术 227
8.3.1 信息加密技术 227
8.3.2 信息认证技术 227
习题 8 228
参考文献 230
附录 习题答案 231

第 1 章　计算机基础知识

1.1　计算机概论

1.1.1　计算机的诞生

目前世界公认的第一台通用电子计算机是美国宾夕法尼亚大学莫尔学院电工系教授约翰·莫克利（John Mauchley）和他的研究生埃克特（John Presper Echert）领导的科研小组建造的，取名为 ENIAC（Electronic Numerical Integrator And Computer，电子数字积分计算机）。它包含了 17468 根真空管、7200 根晶体二极管、70000 个电阻器、10000 个电容器、1500 个继电器、6000 多个开关，每秒执行 5000 次加法或 400 次乘法，是继电器计算机的 1000 倍、手工计算的 20 万倍。

1944 年 8 月至 1945 年 6 月是电子数字计算机发展史上智力活动最密集的收获季节。美籍匈牙利数学家冯·诺依曼（John von Neumann）与莫尔学院的科研组合作，提出了一个全新的存储程序的通用电子数字计算机方案——EDVAC（Electornic Discret Variable Automatic Computer），意即“离散变量自动电子计算机”，这就是人们常说的冯·诺依曼型计算机。它的核心思想总结为如下三点：

- 采用二进制：在计算机中，程序和数据都用二进制代码表示。
- 存储程序控制：程序和数据都存放在存储器中，即程序存储（Stored-Program）的概念（之前的图灵机仅要求数据存储在存储器中）。这样，计算机执行程序时，就只需按照程序的顺序自动、连续地执行，并得到预期的结果。
- 五个基本结构：运算器、控制器、存储器、输入设备和输出设备。如图 1-1 所示。

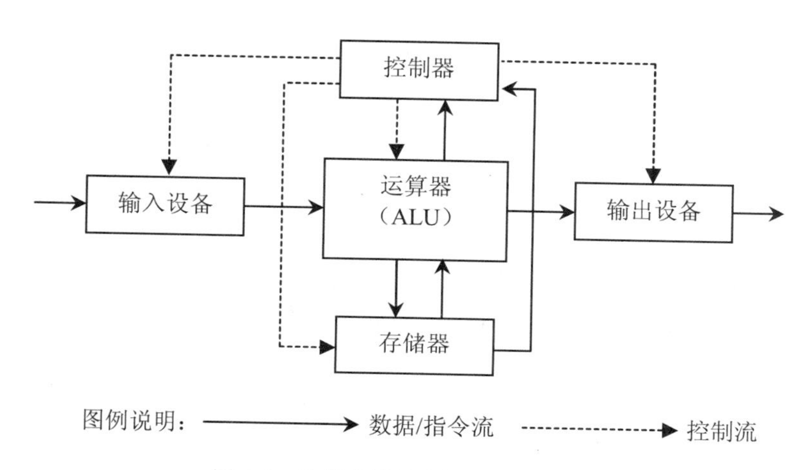

图 1-1　计算机的基本组成及运行原理

1.1.2 计算机的发展历程

1950 年之后出现的计算机（即现代计算机）基本都是基于冯·诺依曼模型。人们根据其主要硬件和软件的不同，划分为几个阶段，分别称为第几代计算机，如表 1-1 所示。

计算机的发展自进入第四阶段以来，硬件和软件都获得了惊人的发展。计算机系统朝着微型化、巨型化、网络化和智能化几个方向发展。计算机系统软件的功能日趋完善，性能越来越强大，应用软件的开发日趋简便。多媒体、网络等技术高速发展，为人类方便处理各类信息开辟了更广阔的前景。

表 1-1 计算机发展的四个阶段

项目 \ 年代	第一阶段（1946—1957）	第二阶段（1958—1964）	第三阶段（1965—1970）	第四阶段（1971 至今）
主机电子器件	电子管	晶体管	中小规模集成电路	大规模和超大规模集成电路
存储器	汞延迟线、磁鼓、磁芯	磁芯、磁带、磁盘	磁芯、磁带、磁盘	半导体、磁盘、光盘
处理速度（每秒执行的指令数）	几千条	几万至几十万条	几十至几百万条	上千万至万万亿条
软件	机器语言 汇编语言	高级语言 管理程序	结构化程序设计 操作系统	数据库、软件工程 面向对象程序设计 程序设计自动化
应用	科学计算	数据处理 工业控制 科学计算	系统模拟、系统设计 大型科学计算 科技工程各个领域	事务处理、智能模拟 大型科学计算及普及到社会生活各个方面

1. 微型计算机

自 1971 年美国 Intel 公司推出第一台微处理器 Intel 4004 以来，微型计算机的发展大致经历了 5 个阶段。

第 1 阶段（1971—1973 年）。典型微处理器有 Intel 4004、Intel 8008。由它们组成的计算机比较简单，指令系统不完整，只有汇编语言，无操作系统，主要用在工业仪表、过程控制或计算器中。

第 2 阶段（1974—1977 年）。典型微处理器有 Intel 8080、Z80 等。由它们组成的计算机有较完整的指令系统，并配有简单的磁盘操作系统（如 CP/M）和高级语言，有较强的功能，出现了个人计算机（PC）。

第 3 阶段（1978—1981 年）。典型微处理器有 Intel 8086、Z8000 等。由它们组成的计算机已具备较完善的操作系统、高级语言、工具软件和应用软件，出现了多用户微型计算机系统及多处理机微型计算机系统。

第 4 阶段（20 世纪 80 年代初期至中期）。典型微处理器有 Intel 80x86（如 80286、80386、80486 等）。由它们组成的计算机在芯片、操作系统及总线结构等方面完全开放，实际上已形成国际性的微型机工业生产的主要标准，是微型机发展的一个里程碑。

第 5 阶段（20 世纪 80 年代中后期至 21 世纪前十年中期）。典型产品是 Intel 公司的奔腾系列芯片及与之兼容的 AMD 的 K6 系列微处理器芯片。内部采用了超标量指令流水线结构，并具有相互独立的指令和数据高速缓存。

第 6 阶段（21 世纪前十年中后期至今）。酷睿（Core）系列微处理器时代到来。“酷睿”是一款领先节能的新型微架构，设计的出发点是提供卓然出众的性能和能效。

2. 巨型计算机

尖端科技的发展，要求具有超高速、超大存储容量的计算机，以满足大量复杂的高精度数据计算和处理的要求，这就促进了巨型计算机（Super Computer）的发展。如美国的 ILLIAC-Ⅳ型计算机（1.5 亿次每秒）、CARY-1 型（1 亿次每秒）等。

我国国防科学技术大学等单位在 1983 年研制成功的“银河”计算机，其运算速度超过每秒 1 亿次；1994 年初，由我国国家智能计算机研究开发中心研制成功的“曙光一号”并行计算机，其定点运算速度达到每秒 6.4 亿次；2002 年 8 月公布的联想深腾 1800，其运算速度实测为每秒 1.027 万亿次；2008 年 8 月研制成功的“曙光 5000”系统峰值运算速度达到每秒 230 万亿次浮点运算；2018 年 11 月最新的“全球超级计算机 TOP 500”排行榜单显示，拥有每秒 200 千万亿次计算的美国 Summit 超级计算机系统夺冠。在全球排名靠前的 500 台超级计算机当中，中国所拥有的高性能计算系统有 227 台，美国有 109 台。标志着我国已跻身世界巨型计算机的先进行列。

3. 人工智能与第五代计算机

人工智能（Artificial Intelligence，AI）是研究如何用人工的方法和技术来模拟、延伸和扩展人的智能，以实现某些“机器思维”或脑力劳动自动化的一门学科。例如，应用人工智能的方法和技术，设计和研制各种计算机的“机器专家”系统，可以模仿各行各业的专家，从事医疗诊断、质谱分析、矿床探查、数学证明和管理决策等脑力劳动工作，完成某些需要人的智能，运用专门的知识和经验技巧的任务。

1981 年，在日本举行了“第五代计算机国际学术会议”，计划为期十年（1982—1991）的“知识信息处理系统（KIPS）”研制，日本政府为实现这一宏伟目标，筹资 1000 亿日元，并专门成立了“新一代计算机技术研究所（简称 ICOT）”。KIPS（Knowledge Information Processing System）就是人们通常所说的第五代计算机系统，又称智能计算机。日本的第五代计算机系统研制于 1992 年结束，虽然并未达到预定的目标，但在智能计算机领域中完成了大量的基础研究工作。关于人工智能和新一代计算机的研究、开发和应用已列入许多国家发展战略的议事日程，成为科技发展规划的重要组成部分。

4. 量子计算机

量子计算机（Quantum Computer）是一类遵循量子力学规律进行高速数学和逻辑运算、存储及处理量子信息的物理装置。当某个装置处理和计算的是量子信息，运行的是量子算法时，它就是量子计算机。量子计算机的概念源于对可逆计算机的研究。研究可逆计算机的目的是为了解决计算机中的能耗问题。1982 年，美国著名物理物学家理查德·费曼在一个公开的演讲中提出利用量子体系实现通用计算的新奇想法。紧接其后，1985 年，英国物理学家大卫·杜斯提出了量子图灵机模型。理查德·费曼当时就想到如果用量子系统所构成的计算机来模拟量子现象则运算时间可大幅度减少，从而量子计算机的概念诞生了。

欧美等发达国家政府和科技产业巨头大力投入量子计算技术研究，取得一系列重要成果并取得了领先优势。以美国加州大学、马里兰大学、荷兰代尔夫特理工大学和英国牛津大学等为代表的研究机构基于超导、离子阱和半导体等不同技术路线，展开了量子计算机原理样机试制与实验验证。谷歌与加州大学合作布局超导量子计算，2016 年发布了 9 位超导量子比特的高精度操控，并推出 D-Wave 量子退火机，探索人工智能领域。2018 年 3 月，Google 量子人工智能实验室宣布推出全新的量子计算器“Bristlecone”（狐尾松），号称“为构建大型量子计算机提供了极具说服力的原理证明”。微软布局基于“任意子”方案的拓扑量子计算，并注重模拟器等软件领域的同步开发。Intel 同时开展半导体和超导方案，2017 年 10 月发布了 17 位量子比特的超导芯片。IBM 在 2016 年上线了全球首例量子计算云平台，目前 IBM Q 处理器已升级至 16/17 位量子比特；2017 年 11 月宣布基于超导方案实现了 20 位量子比特的量子计算机。同时，以 D-Wave、IonQ、Rigetti Computing、1QBit 为代表的初创企业迅速发展，各具特色，涵盖硬件、软件、云平台等环节。

我国近年来开始加大重视程度、积极赶进，在科研布局和企业投入方面取得一定成果。以中国科学技术大学（以下简称“中科大”）、浙江大学和清华大学等为代表的研究机构在量子计算原理实验和样机研制等方面取得一定研究成果。2017 年，中科大和浙江大学联合宣布基于超导量子计算方案实现了 10 位量子比特的纠缠操控。同年，中科大还发布了基于波色子采样的光量子计算机研究成果。在产业布局方面，阿里巴巴联合中国科学院（以下简称“中科院”）在 2015 年设立“中国科学院—阿里巴巴量子计算实验室”。2018 年 2 月，阿里云联合中科院发布量子计算云平台，具备 11 比特的云接入超导量子计算服务。2018 年 5 月，阿里巴巴达摩院量子实验室研发出量子电路模拟器“太章”。此外，腾讯也正在筹备建立量子实验室。2017 年 5 月，中国科学院发布世界上第一台超越早期经典计算机的光量子计算机。2017 年 10 月，清华大学、阿里巴巴和本源量子各自发布了基于不同物理体系的量子计算云平台。就目前而言，我国的科技公司的量子计算成果来说，量子计算的发展是有目可睹的。

迄今为止，世界上还没有真正意义上的量子计算机。但是，世界各地的许多实验室正在以巨大的热情追寻着这个梦想。如何实现量子计算，方案并不少，问题是在实验上实现对微观量子态的操纵确实太困难了。已经提出的方案主要利用了原子和光腔相互作用、冷阱束缚离子、电子或核自旋共振、量子点操纵、超导量子干涉等。还很难说哪一种方案更有前景，只是量子点方案和超导约瑟夫森结方案更适合集成化和小型化。将来也许现有的方案都派不上用场，最后脱颖而出的是一种全新的设计，而这种新设计又是以某种新材料为基础，就像半导体材料对于电子计算机一样。研究量子计算机的目的不是要用它来取代现有的计算机。量子计算机使计算的概念焕然一新，这是量子计算机与其他计算机如光计算机和生物计算机等的不同之处。量子计算机的作用远不止是解决一些计算机无法解决的经典问题。

1.1.3 计算机的分类

计算机种类很多，可以从不同的角度对其进行分类。

1. 按照处理数据信息的形式分类

（1）数字式电子计算机。数字式电子计算机是用不连续的数字量即“0”和“1”来表示信息，其基本运算部件是数字逻辑电路。数字式电子计算机的计算精度高、存储容量大、通用性强，能胜任科学计算、信息处理、实时控制、智能模拟等方面的工作。人们通常所说的计算机就是指数字式电子计算机。

（2）模拟式电子计算机。模拟式电子计算机是用连续变化的模拟量即电压来表示信息，其基本运算部件是由运算放大器构成的微分器、积分器、通用函数运算器等运算电路组成。模拟式电子计算机解题速度极快，但精度不高、信息不易存储、通用性差，因此没有数字式计算机的应用普遍。它一般用于解微分方程或自动控制系统设计中的参数模拟。

（3）数字模拟混合式电子计算机。数字模拟混合式电子计算机是综合了上述两种计算机的长处设计出来的。它既能处理数字量，又能处理模拟量。但是这种计算机结构复杂，设计与制造难度大。

2．按照计算机规模分类

按照计算机规模，根据其运算速度、存储容量、外部设备配置、软件配置等各项性能指标，将计算机分为巨型机、大型机、小型机、微型机和工作站。

（1）巨型机（Supercomputer）。高速度、大容量、价格昂贵，主要用于解决诸如气象、太空探索、能源、医药等尖端科学研究和战略武器研制中的复杂计算问题。通常安装在国家高级研究机构中，可供几百个用户同时使用。

（2）大型机（Mainframe）。具有很高的运算速度、很大的存储量，并允许相当多的用户同时使用，主要应用于科研领域。

（3）小型机（Mini Supercomputer）。具有高可靠性、高可用性、高服务性，主要供中小企业进行工业控制、数据采集、分析计算和企业管理等。

（4）微型机（Microcomputer）。具有体积小、重量轻和价格低等特点。最近 20 年，微型机（如台式机、笔记本电脑和平板电脑等）的发展极为迅猛，在生产生活的各个领域得到了广泛的应用。

（5）工作站（Work station）。具有较高的运算速度、多任务、多用户能力，且兼有微型机的操作便利和良好的人机界面。其最突出的特点是具有很强的图形交互能力，因此在工程领域，特别是计算机辅助设计领域得到广泛应用。典型产品有美国 Sun 公司的 Sun 系列工作站。

3．按照用途分类

（1）通用计算机（General Purpose Computer）。广泛适用于一般科学运算、学术研究、工程设计、数据处理和日常生活等，具有功能多、配置全、用途广、通用性强等特点。市场上销售的计算机多属于通用计算机。

（2）专用计算机（Dedicated Application Computer）。为解决一个或一类特定问题而设计的计算机。它的硬件和软件的配置依据解决特定问题的需要而定，并不求全。专用机功能单一、可靠性高、适应性差，但在特定用途下最有效、最经济、最快速，如军事系统、银行系统专用计算机。

1.1.4 计算机的发展趋势

计算机应用目前已渗透到人类活动的各个领域，计算机应用技术是计算机技术、通信技术、自动化技术、信息技术与各行业和各领域专业技术结合的复合技术。

- 计算机的应用层次走向综合化、智能化。
- 计算机应用向系统网络化、信息传输高速化、世界时空整体化、人类活动系统化等方向发展。

- 计算机应用向多元化、大众化方向发展。计算机将大量涌向社会各个领域，并闯入千家万户。
- 由于能源短缺、资源有限、环保意识增强、消费层次增高，所以计算机应用产品正向微、小、薄、低能耗、低污染、可再生等为标志的缩微化、绿色化方向发展。
- 计算机的软硬件技术应用产品的高新化导致计算机产品日益向商品化方向发展。
- 计算机在工业过程自动化中的应用向集成化方向发展，计算机在改造传统产业中的应用向高效化方向发展。

专家预测，计算机应用的广泛化、个性化和家庭化将是21世纪计算机应用的发展趋势。

1.1.5 计算机的应用领域

计算机问世之初，主要用于数值计算，“计算机”也因此得名。而今的计算机几乎和所有学科相结合，对经济社会各方面起着越来越重要的作用。我国在信息技术研究和应用方面虽然起步较晚，但在改革开放后取得了很大的进步，缩小了与世界的距离。现在，计算机网络在交通、金融、企业管理、教育、邮电、商业等各行各业中得到了广泛的应用。

1. 科学计算

科学计算主要是使用计算机进行数学方法的实现和应用。今天的计算机“计算”能力十分强大，推进了许多科学研究的进展。如著名的人类基因序列分析计划，人造卫星的轨道测算等。国家气象中心使用计算机，不但能够快速、及时地对气象卫星云图数据进行处理，而且可以根据对大量历史气象数据的计算进行天气预测报告。所有这些在没有使用计算机之前，是根本不可能实现的。

2. 数据处理

数据处理的另一个说法叫“信息处理”。随着计算机科学技术的发展，计算机的“数据”不仅包括“数”，而且包括更多的其他数据形式，如文字、图像、声音信息等。数据处理就是对这些数据进行输入、分类、存储、合并、整理以及统计、报表、检索查询等。

3. 实时控制

实时控制系统是指能够及时收集、检测数据，进行快速处理并自动控制被处理对象的计算机系统。这个系统的核心是计算机控制整个处理过程，包括从数据输入到输出控制的整个过程。现代工业生产的过程控制基本上都以计算机控制为主，传统的过程控制的一些方法，如比例控制、微分控制、积分控制等，都可以通过计算机的运算来实现。

4. 计算机辅助

计算机辅助是计算机应用中非常广泛的一个领域。几乎所有过去由人进行的具有设计性质的过程都可以让计算机帮助实现部分或全部工作。计算机辅助或叫做计算机辅助工程主要有计算机辅助设计（Computer Aided Design，CAD）、计算机辅助制造（Computer Aided Manufacturing，CAM）、计算机辅助教育（Computer-Assisted/Aided Instruction，CAI）、计算机辅助测试（Computer Aided Testing，CAT）等。

5. 网络与通信

将一个建筑物内的计算机和世界各地的计算机通过电话交换网等方式连接起来，就可以构成一个巨大的计算机网络系统，做到资源共享，相互交流。计算机网络的应用所涉及的主要技术是网络互联技术、路由技术、数据通信技术，以及信息浏览技术和网络安全技术等。

6. 人工智能

计算机可以模拟人类的某些智力活动。利用计算机可以进行图像和物体的识别，模拟人类的学习过程和探索过程。如机器翻译、智能机器人等，都是利用计算机模拟人类的智力活动的应用。人工智能是计算机科学发展以来一直处于前沿的研究领域，其主要研究内容包括自然语言理解、专家系统、机器人以及定理自动证明等。

7. 数字娱乐

运用计算机网络进行娱乐活动，对许多计算机用户是习以为常的事情。网络上有丰富的电影、电视资源，有通过网络和计算机进行的游戏，甚至还有国际性的网络游戏组织和赛事。数字娱乐的另一个重要发展方向是计算机和电视的组合——“数字电视”走入家庭，使传统电视的单向播放模式进入交互模式。

8. 嵌入式系统

并不是所有计算机都是通用的。有许多特殊的计算机用于不同的设备中，包括大量的消费电子产品和工业制造系统，都是把处理器芯片嵌入其中，完成特定的处理任务。这些系统称为嵌入式系统。如数码相机、数码摄像机以及高档电动玩具等都使用了不同功能的处理器。

1.2 信息在计算机中的表示

任何信息，要让计算机进行处理，都必须转化为二进制。虽然计算机中的信息都是二进制代码，但是它们有多种表现形式，如数值、字符、声音、图像与图形等。计算机所表示和使用的数据大致可分为两大类：数值数据和非数值数据。数值数据用以表示量的大小、正负，如整数、小数等。非数值数据，用以表示一些符号、标记，如英文字母、数字，各种专用字符及标点符号等。当然，汉字、图形、声音数据也属于非数值数据。

1.2.1 数值数据的表示

用二进制代码表示数据信息有两种基本方法，一是按照数值的大小，二是按照符号在ASCII（美国标准信息交换码）表中的编码。对于第一种，要求在选定的进位制中正确表示数值，包括数字、小数点位置、正负号等，如“-3.5”用二进制表示为“-11.1”。而对于第二种表示方法，用 ASCII 表中的编码来表示，这种表示方法只代表这几个符号，并不能代表这个数的量的大小。

1. 进位计数制

日常生活中使用的数据一般是十进制（Decimal）表示，而计算机中所有的数据都是使用二进制（Binary）。但为了书写方便，也采用八进制（Octal）或十六进制（Hexadecimal）形式表示。若把它们统一称为 R 进制，则该进位制具有如下性质：

在 R 进制中，具有 R 个数字符号，它们是 0，1，2，3，…，(R-1)。

在 R 进制中，由低位向高位是按“逢 R 进一”的规则计数。

R 进制的基数（Base）是“R”，R 进制数的第 i 位权（Weight）为“R^i”，并约定整数最低位的位序号 i=0（i=n，n-1，…，2，1，0，-1，-2，…），如图 1-2 所示。

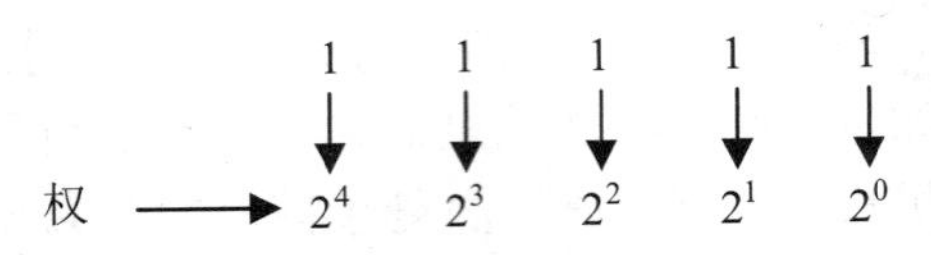

图 1-2 二进制各数位上的权

表 1-2 列出了不同进位制的上述特征。由表可知，不同进位制具有不同的“基数”。对于某一进位制，不同的数位具有不同的“权”。基数和权是进位制数的两个要素。基数表示了某进位制的基本特征，权表明了同一数字符号处于不同数位时所代表的值不同。

表 1-2 计算机中常用的几种进位计数制的表示

进位制	特点及举例	表示方法
二进制	具有 2 个数字符号 0，1；按“逢二进一”的规则计数；基数为 2，第 i 位的权为 2^i。如：$101.1B=1\times2^2+0\times2^1+1\times2^0+1\times2^{-1}$	$(101.1)_2$=101.1B
八进制	具有 0～7 共 8 个数字符号；按“逢八进一”的规则计数；基数为 8，第 i 位的权为。如：$532.4Q=5\times8^2+3\times8^1+2\times8^0+4\times8^{-1}$	$(532.4)_8$=532.4Q
十进制	具有 0～9 共 10 个数字符号；按“逢十进一”的规则计数；基数为 10，第 i 位的权为 10^i。如：$862.4D=8\times10^2+6\times10^1+2\times10^0+4\times10^{-1}$	$(862.3)_{10}$=862.3D
十六进制	具有 0～9、A～F 共 16 个数字符号；按“逢十六进一”的规则计数；基数为 16，第 i 位的权为 16^i。如：$5C.3H=5\times16^1+12\times16^0+3\times16^{-1}$	$(5C.3)_{16}$=5C.3H

从表 1-2 中可知，不同进制数的表示有两种方法，一是将数用括号括起来，且在数的括号外以下标形式附加进位制的数字，如 $(32)_{10}$，表示十进制数 32；二是在数后跟上该进位制的符号，即该进位制英文单词的首字母，D（十进制）、B（二进制）、Q（八进制，本应是 O，但为与 0 区别改为了 Q）、H（十六进制），如 32D，表示十进制数 32，而 32H 表示十六进制数 32，等等。

R 进制中的加法进位规则一定采用“逢 R 进一”，根据这个规则，十进制就是“逢十进一”，二进制就是“逢二进一”。例如，二进制 1B+1B=10B，因为 1+1 等于 2，而二进制是“逢二进一”的加法进位原则，因此就向高位进一，本位减去 2 以后为 0，因此本位落 0，结果就是 10B；同样的，十六进制数 8H+9H=11H，因为 8+9 等于 17，而十六进制的加法进位规则为“逢十六进一”，因此向高位进一，本位则为 17 中减去进位的 16 之后剩余的数，当然是 1，因此高位是 1，本位也是 1，结果就是 11H。

2. 各进制数的相互转换

同一个数值可以用不同的进制数进行表示，这表明不同进位制只是表示数的不同手段，它们之间必定可以相互转换。

（1）R 进制数转为十进制数。在我们熟悉的十进制系统中，9658 还可以表示成如下的多项式形式：

$$(9658)_{10}=9\times10^3+6\times10^2+5\times10^1+8\times10^0$$

上式中的 10^3、10^2、10^1、10^0 是各位数码的权，可以看出，个位、十位、百位和千位上的数字只有乘上它们的权值，才能真正表示它的实际数值。

基数为 R 的数字，要将 R 进制数按权展开求和，就实现了 R 进制对十进制的转换。如：

$(234)_{16} = 2\times16^2 + 3\times16^1 + 4\times16^0 = 512 + 48 + 4 = (564)_{10}$

$(234)_8 = 2\times8^2 + 3\times8^1 + 4\times8^0 = 128 + 24 + 4 = (156)_{10}$

$(10110)_2 = 1\times2^4 + 0\times2^3 + 1\times2^2 + 1\times2^1 + 0\times2^0 = 16 + 4 + 2 = (22)_{10}$

可以得到任意一个 R 进制数转为十进制数的方法是：按权展开并求和。

（2）十进制数转为二进制数。十进制数转为二进制数的基本方法是：对于整数部分采用“除 2 取余反向取”，对于小数部分采用“乘 2 取整正向取”。

【例 1-1】 $(255.8125)_{10} = (?)_2$

整数部分“除 2 取余反向取”，小数部分“乘 2 取整正向取”的计算过程如下：

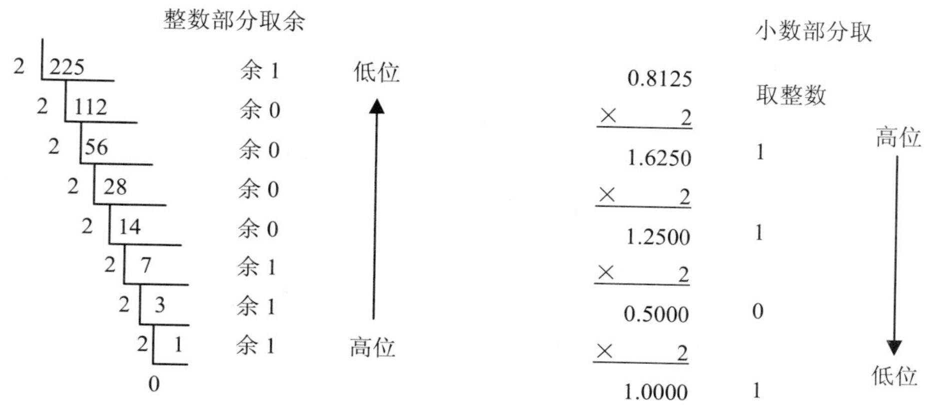

求得 $(255.8125)_{10} = (11100001.1101)_2$

（3）十进制数转为 R 进制数。由以上十进制数转为二进制数的方法可以推出将十进制数转换为 R 进制数的方法与转二进制数的方法类似，即十进制整数转换成 R 进制数采用“除 R 取余反向取”的方法；小数部分转换成 R 进制数采用“乘 R 取整正向取”的方法。

【例 1-2】 将十进制数 225.15 转换成八进制数。

```
8 | 225   余 1            0.15
  8 | 28  余 4          ×    8      取整数
    8 | 3 余 3             1.20     1
        0               ×    8
                           1.60     1
                        ×    8
                           4.80     4
```

转换结果为 $(225.15)_{10} \approx (341.114)_8$。

（4）二进制数、八进制数和十六进制数的相互转换。二进制数非常适合计算机内部数据的表示和运算，但书写起来位数比较长，如表示一个十进制数 1024，写成等值的二进制数就需 11 位，很不方便，也不直观。而八进制和十六进制数比等值的二进制数的长度短得多，而且它们之间的转换也非常方便。因此在书写程序和数据用到二进制数的地方，往往采用八进制数或十六进制数的形式。

由于二进制、八进制和十六进制之间存在特殊关系：$8^1=2^3$、$16^1=2^4$，即 1 位八进制数相当于 3 位二进制数，1 位十六进制数相当于 4 位二进制数，因此转换方法就比较容易，见表 1-3。

表 1-3　八进制数与二进制数、十六进制数之间的关系

八进制数	对应二进制数	十六进制数	对应二进制数	十六进制数	对应二进制数
0	000	0	0000	8	1000
1	001	1	0001	9	1001
2	010	2	0010	A	1010
3	011	3	0011	B	1011
4	100	4	0100	C	1100
5	101	5	0101	D	1101
6	110	6	0110	E	1110
7	111	7	0111	F	1111

根据这种对应关系，二进制数转换八进制数时，以小数点为中心向左右两边分组，每 3 位一组，两头不足 3 位补 0 即可。同样二进制数转换十六进制数只要 4 位为一组进行分组。

【例 1-3】 将二进制数 10101011.110101 转换成八进制数。

010　101　011　.　110　101

2　5　3　.　6　5

求得 10101011.110101B = 253.65Q。

【例 1-4】 将二进制数 10101011.110101 转换成十六进制数。

1010　1011　.　1101　0100

A　B　.　D　4

求得 10101011.110101B = AB.D4H。

【例 1-5】 将八进制数 2731.62 转换成二进制数。

将八进制数转换成二进制数，只要将 1 个八进制位转为 3 个二进制位即可。

2　7　3　1　.　6　2

010　111　011　001　.　110　010

转换结果为：2731.62Q = 10111011001.110010B。

【例 1-6】 将十六进制数 2D5C.74 转换为二进制数。

将十六进制数转换成二进制数，只要将 1 个十六进制位转为 4 个二进制位即可。

0010　1101　0101　1100　.　0111　0100

2　D　5　C　.　7　4

转换结果为：2D5C.74H = 10110101011100.01110100B。

3．数值运算基础

计算机中的基本运算有两类：一是算术运算（Arithmetic Operation），二是逻辑运算（Logic

Operation）。算术运算包括加、减、乘、除等；逻辑运算包括逻辑乘（与）、逻辑加（或）、逻辑非及逻辑异或等运算，它们都是按照位进行运算的。

（1）二进制数的四则运算。二进制数的四则运算即二进制数的加、减、乘、除四个运算，与十进制数的加、减、乘、除运算类似，只要把握住二进制只有两个数字：0 和 1，其加法进位规则为“逢二进一”即可。

【例 1-7】 1001+0101=?

算式如下：

$$\begin{array}{r} 1\,0\,0\,1 \\ +\quad 0\,1\,0\,1 \\ \hline 1\,1\,1\,0 \end{array} \qquad\qquad \begin{array}{r} 9 \\ +\quad 5 \\ \hline 1\,4 \end{array}$$

【例 1-8】 1110-1011=?

算式如下：

$$\begin{array}{r} 1\,1\,1\,0 \\ -\quad 1\,0\,1\,1 \\ \hline 0\,0\,1\,1 \end{array} \qquad\qquad \begin{array}{r} 1\,4 \\ -\quad 1\,1 \\ \hline 3 \end{array}$$

【例 1-9】 1101×1001=?

算式如下：

$$\begin{array}{r} 1\,1\,0\,1 \\ \times\quad 1\,0\,0\,1 \\ \hline 1\,1\,0\,1 \\ 0\,0\,0\,0 \\ 0\,0\,0\,0 \\ 1\,1\,0\,1 \\ \hline 1\,1\,1\,0\,1\,0\,1 \end{array} \qquad\qquad \begin{array}{r} 1\,3 \\ \times\quad 9 \\ \hline 1\,1\,7 \end{array}$$

【例 1-10】 1000001÷101=?

算式如下：

$$\begin{array}{r} 1101 \\ 101\overline{)1000001} \\ \underline{101} \\ 110 \\ \underline{101} \\ 101 \\ \underline{101} \\ 0 \end{array} \qquad\qquad \begin{array}{r} 13 \\ 5\overline{)65} \\ \underline{5} \\ 15 \\ \underline{15} \\ 0 \end{array}$$

（2）八进制数和十六进制数的加减法运算。八进制数、十六进制数的加减法与二进制数和十进制数的加减法也是类似的，只不过八进制数的加法进位规则为“逢八进一”，其基本数字为 0～7 共八个；十六进制数的加法进位规则为“逢十六进一”，其基本数字为 0～9、A～F 共十六个。

【例 1-11】 求八进制数 1537Q+234Q=？1753Q-66Q=？

算式如下：

```
    1 5 3 7          1 7 5 3
+     2 3 4      —       6 6
-----------      -----------
    1 7 7 3          1 6 6 5
```

求得：1537Q+234Q=1773Q，1753Q-66Q=1665Q。

【例 1-12】 求十六进制数 37DCH+59H=？，1A24H-87H=？

```
    3 7 D C          1 A 2 4
+       5 9      —       8 7
-----------      -----------
    3 8 3 5          1 9 9 D
```

求得：37DCH+59H=3835H，1A24H-87H=199DH。

1.2.2 计算机中信息的单位

1. 位（bit）

位是计算机存储数据的最小单位，在数字电路和计算机技术中采用二进制，代码只有 0 和 1，也称为二进制位。常常用小写字母“b”来表示。

2. 字节（Byte）

八个二进制位就组成一个字节（1 Byte＝8 bit）。字节是信息组织和存储的基本单位，也是计算机体系结构的基本单位。

早期的计算机并无字节的概念。20 世纪 50 年代中期，随着计算机逐渐从单纯用于科学计算扩展到数据处理领域，为了在体系结构上兼顾表示“数”和“字符”，就出现了“字节”。IBM 公司在设计其第一台超级计算机 Stretch 时，根据数值运算的需要，定义机器字长为 64 bit。对于字符而言，Stretch 的打印机只有 120 个字符，本来用 7 bit 表示即可，但其设计人员考虑到以后字符集扩充的可能，决定用 8 bit 表示一个字符，这样 64 位字长可容纳 8 个字符，设计人员把它叫做 8 个“字节”，这就是字节的来历。

为了便于衡量存储器的大小，统一以字节（Byte，常用大写字母“B”来表示）为基本单位。常用容量单位及其换算关系如下：

1KB = 1024B

1MB = 1024KB

1GB = 1024MB

1TB = 1024GB

1.2.3 字符的表示

字符包括西文字符（字母、数字、各种符号）和中文字符，即所有非数值数据。由于计算机是以二进制的形式存储和处理的，因此字符也必须按规则转换为二进制代码才能被计算机识别和处理，这种二进制代码称为字符编码。

1. 西文字符的编码

计算机中最常用的西文字符编码是 ASCII（American Standard Code for Information

Interchange，美国标准信息交换码），这个编码标准被国际标准化组织（ISO）指定为国际标准。ASCII 码有 7 位码和 8 位码两种版本。国际通用的是 7 位 ASCII 码，用 7 位二进制数表示一个字符的编码，共有 $2^7=128$ 个不同的编码值，相应可以表示 128 个不同字符的编码，见表 1-4。

表 1-4　7 位 ASCII 代码表

低四位＼高三位	000	001	010	011	100	101	110	111
0000	NUL	DLE	SP	0	@	P	`	p
0001	SOH	DC1	!	1	A	Q	a	q
0010	STX	DC2	“	2	B	R	b	r
0011	ETX	DC3	#	3	C	S	c	s
0100	EOT	DC4	$	4	D	T	d	t
0101	ENQ	NAK	%	5	E	U	e	u
0110	ACK	SYN	&	6	F	V	f	v
0111	BEL	ETB	‘	7	G	W	g	w
1000	BS	CAN	(	8	H	X	h	x
1001	HT	EM	)	9	I	Y	i	y
1010	LF	SUB	*	:	J	Z	j	z
1011	VT	ESC	+	;	K	[	k	{
1100	FF	FS	,	<	L	\	l	|
1101	CR	GS	-	=	M	]	m	}
1110	SO	RS	.	>	N	↑	n	～
1111	SI	US	/	?	O	↓	o	DEL

表 1-4 中是大小写英文字母、阿拉伯数字、标点符号及控制符等特殊符号的编码，表中每个字符都对应一个数值，称为该字符的 ASCII 码值。例如，字母“A”的 ASCII 码就为“1000001”，其中左端的“100”对应表中的“高三位”，右端的“0001”对应表中的“低四位”。可以看出，ASCII 码表示成了 7 个二进制位，我们知道，计算机中保存数据是以字节为单位的，一个字节为 8 个二进制位，因此，在计算机中用一个字节（8 个二进制位）来存放一个 7 位的 ASCII 码，显然其最高位为 0。

从表 1-4 中可以看到，ASCII 码表中字符码值的分布是具有一定规律的：

- 0～9 这十个阿拉伯数字的 ASCII 码值均小于大写字母的 ASCII 码值；A～Z 这 26 个英文大写字母的 ASCII 码值均小于小写字母的 ASCII 码值；
- 0～9 的 ASCII 码值、大小写英文字母的 ASCII 码值按其各自的顺序依次递增 1，例如：0 的 ASCII 码值为 30H，则 1 的 ASCII 码值为 31H，依此类推；大写字母“A”的 ASCII 码值为 41H，则大写字母“B”的 ASCII 码值为 42H；小写字母“a”的 ASCII 码值为 97D，则小写字母“b”的 ASCII 码值为 98D；

- 相同字母的 ASCII 码值，小写字母的 ASCII 码值等于大写字母的 ASCII 码值加上 32D（或 20H）。

【例 1-13】 已知大写字母 C 的 ASCII 码值为 43H，请给出小写字母 k 的 ASCII 码值。

求解方法如下：

大写字母 C 的 ASCII 码值为 43H，字母 C 与字母 K 的位置相差 8，所以大写字母 K 的 ASCII 码值为：43H＋8H＝4BH，由于小写字母的 ASCII 码值等于大写字母的 ASCII 码值加 20H，所以小写字母 k 的 ASCII 码值为：4BH＋20H＝6BH。

2. 中文字符的编码

ASCII 码只对英文字母、数字和标点符号作了编码。为了使计算机能够处理、显示、打印、交换汉字字符等，同样也需要对汉字进行编码。我国于 1980 年发布了国家汉字编码标准 GB 2312－80《信息交换用汉字编码字符集——基本集》(简称 GB 码，也称汉字信息交换码，即国标码)。根据统计，把最常用的 6763 个汉字分成两级：一级汉字有 3755 个，按汉语拼音排列；二级汉字有 3008 个，按偏旁部首排列。由于一个字节只能表示 256 种编码，所以一个国标码必须用两个字节来表示。为避开 ASCII 表中的控制码，只选取了 94 个编码位置，所以代码表分 94 个区和 94 个位。由区号和位号（区中的位置）构成了区位码。

为了与 ASCII 码兼容，汉字输入区位码和国标码之间有一个转换关系。具体方法是：将一个汉字的十进制区号和十进制位号分别转换成十六进制；然后再分别加上 20H（十进制就是 32，因是非图形字符码值），就成为汉字的国标码。

【例 1-14】 已知汉字“中”的区位码为 5448D，求其国标码。

将区位码中的区号和位号分别转换为十六进制，然后分别加 20H，连在一起得到其国标码，如下所示：

$$5448D\begin{cases}\text{区码}54D\xrightarrow{\text{转为十六进制}}36H\xrightarrow{\text{加}20H}56H\\\text{位码}48D\xrightarrow{\text{转为十六进制}}30H\xrightarrow{\text{加}20H}50H\end{cases}5650H$$

GB 2312－80 中因有许多汉字没有包括在内，为此有了 GBK（《汉字内码扩展规范》）编码，它是对 GB 2312－80 的扩展，共收录了 21003 个汉字。GBK 编码于 1995 年 12 月发布。目前 Windows 95 以上的版本都支持 GBK 编码，只要计算机安装了多语言支持功能，几乎不需要任何操作就可以在不同的汉字系统之间变换。2001 年我国发布了 GB18030－2000《(信息技术中文信息交换用汉字编码字符集基本集的扩充)》，它是 GBK 的升级，编码空间约为 160 万码位，目前已经纳入编码的汉字约为 2.6 万个。

3. 汉字的处理过程

从汉字编码的角度看，计算机对汉字信息的处理过程实际上是各种汉字编码间的转换过程。这些编码主要包括：汉字输入码、汉字内码、汉字地址码、汉字字形码等。这一系列的汉字编码及转换、汉字信息处理中的各编码及流程如图 1-3 所示。

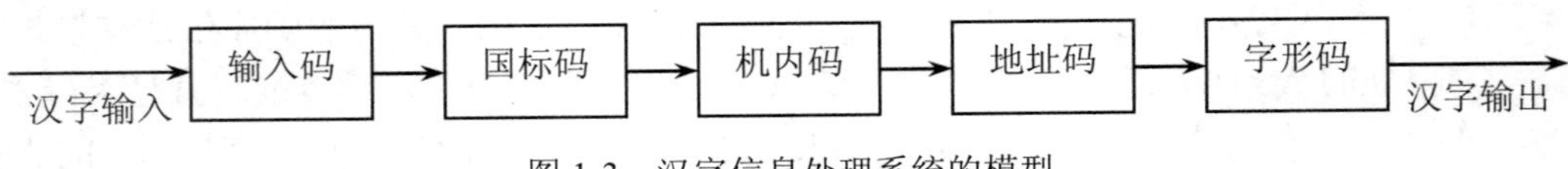

图 1-3 汉字信息处理系统的模型

（1）汉字输入码。为将汉字输入计算机而编制的代码称为汉字输入码，也叫外码，是利用计算机标准键盘上按键的不同排列组合来对汉字的输入进行编码。目前汉字输入编码法的研究发展迅速，已有几百种汉字输入编码法。一个好的输入编码应是：编码短，可以减少击键的次数；重码少，可以实现盲打；好学好记，可以便于学习和掌握。但目前还没有一种全部符合上述要求的汉字输入编码方法。目前常用的输入法大致有：音码（如各类拼音输入法）、形码（如五笔输入法）、音形码（如自然码）、语音、手写输入或扫描输入等。实际上，区位码也是一种输入法，其最大优点是一字一码的无重码输入法，最大的缺点是难以记忆。

可以想象，对于同一个汉字，不同的输入法有不同的输入码。例如："中"字的全拼输入码是"zhong"，其双拼输入码是"vs"，而五笔形的输入码是"kh"。这种不同的输入码通过输入字典转换统一到标准的国标码之下。

（2）汉字内码。汉字内码是为在计算机内部对汉字进行存储、处理的汉字代码，它能满足存储、处理和传输的要求。当一个汉字输入计算机后转换为内码，然后才能在机器内传输、处理。汉字内码的形式也有多种多样。一个汉字的内码用 2 个字节存储，并把每个字节的最高二进制位置"1"作为汉字内码的标识，以免与单字节的 ASCII 码产生歧义。如果用十六进制来表述，就是把汉字国标码的每个字节上加一个 80H（即二进制数 10000000）。所以，汉字的国标码与其内码有下列关系：

汉字的内码＝汉字的国标码＋8080H

【例 1-15】 已知"中"字的国标码为 5650H，求其内码。

根据以上公式，可以求得：

"中"字的内码＝"中"字的国标码 5650H＋8080H＝D6D0H

（3）汉字地址码。汉字地址码是指汉字库（这里主要指整字形的点阵式字模库）中存储汉字字形信息的逻辑地址码。需要向输出设备输出汉字时，必须通过地址码。汉字库中，字形信息都是按一定顺序（大多数按标准汉字交换码中汉字的排列顺序）连续存放在存储介质上，所以汉字地址码也大多是连续有序的。而且与汉字内码间有着简单的对应关系，以简化汉字内码到汉字地址码的转换。

（4）汉字字形码。经过计算机处理的汉字信息，如果要显示或打印出来阅读，则必须将汉字内码转换成人们可读的方块汉字。汉字字形码又称汉字字模，用于汉字在显示屏或打印机输出。汉字字形码通常有两种表示方式：点阵和矢量表示方式。

用点阵表示字形时，汉字字形码指的就是这个汉字字形点阵的代码。根据输出汉字的要求不同，点阵的点数也不同。简易型汉字为 16×16 点阵，普通型汉字为 24×24 点阵，提高型汉字为 32×32 点阵、48×48 点阵，等等。图 1-4 显示了中文汉字"次"字的 16×16 字形点阵和代码，将整个网格分为 16 行 16 列，每个小格用 1 位二进制编码表示，有点的用"1"表示，没有点的用"0"表示，如第一行的点阵编码是 0080H，这样，从上到下，每一行需要 16 个二进制位，占两个字节，对于 16×16 点阵而言，存储一个汉字所需要的空间就是：16×16＝256 b（即二进制位），如果用字节表示就是 16×16/8＝32 B（字节），即存储一个这样的汉字需要 32 字节的存储空间。

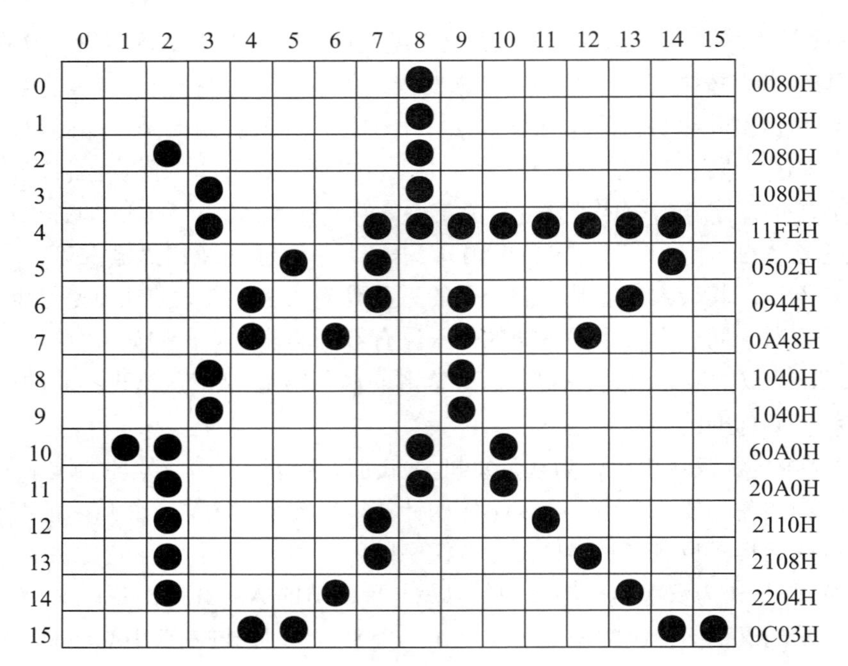

图 1-4 汉字字形点阵机器编码示例

【例 1-16】 计算存储 3755 个 32×32 点阵的汉字字形，需要多少存储空间。

求解方法：

存储 3755 个汉字所占用的字节数为：$3755 \times 32 \times 32 \div 8 = 480640\text{B}$

换算为 K 字节为：$480640\text{B} \div 2^{10} = 469.375\text{KB} \approx 470\text{KB}$

所以，存储 3755 个这样的汉字，需要存储空间约 470 KB。

汉字的点阵字形编码仅用于构造汉字的字库，一般对应不同的字体（如宋体、楷体、黑体），有不同的字库，字库中存储了每个汉字的点阵代码。字模点阵只能用来构成“字库”，而不能用于机内存储。输出汉字时，先根据汉字内码从字库中提取汉字的字形数据，然后根据字形数据显示和打印出汉字。点阵规模愈大，字形愈清晰美观，所占存储空间也愈大。缺点是字形放大后产生的效果差。

矢量表示方式存储的是描述汉字字形的轮廓特征，当要输出汉字时，通过计算机的计算，由汉字字形描述生成所需大小和形状的汉字点阵。矢量化字形描述与最终文字显示的大小、分辨率无关，因此可产生高质量的汉字输出。Windows 中使用的 TrueType 技术就是汉字的矢量表示方式，解决了汉字点阵字形放大后出现锯齿现象的问题。

1.2.4 多媒体信息的表示

1. 声音信息的表示

声音是一种连续且随时间变化的波，即声波。用连续波形表示声音的信息称为模拟信息或模拟信号。我们知道，计算机是一种纯数字设备，它只能识别和处理二进制数据，因此声音在计算机中也必须要用二进制才能表示和被处理，我们将其称为声波数字化，又称为量化。其方法是，在每一固定时间间隔内对声波进行采样，采得的波形称为样本，再把样本量化成二进制代码存储在计算机内。这个过程称为声音的离散化或数字化，也叫模/数转换。反之，将声音输出时，要进行逆向转换，即数/模转换。数字化声音的质量与采样频率、采样点数据的测量精度及声道数有关。存储一秒钟声音信息所需存储容量的字节数为：

采样频率×采样精度（位数）×声道数/8

在计算机中，存储声音的文件方式很多，常用的声音文件扩展名有.wav、.au、.voc 和.mp3 等。当记录和播放声音文件时，需要使用音频软件，如 Winamp、Foobar 等。

2. 图形图像信息的表示

在计算机中，图形和图像是两个不同的概念。图形一般是指通过计算机绘制工具绘制的由直线、圆、圆弧、任意曲线等组成的画面，即图形是由计算机产生的，且以矢量形式存储。图像是由扫描仪、数字照相机、摄像机等输入设备捕捉的实际场景或以数字化形式存储的任意画面，即图像是由真实的场景或现实存在的图片输入计算机产生的，图像以位图形式存储。

（1）颜色表示法。在计算机中，用 RGB（Red-Green-Blue）值来表示颜色，对应三个数值，每个数值取值 0～255，不同的数值说明了每种原色的对应份额。例如，0 表示该颜色完全没有，255 表示这种颜色完全参与了配色。这种用于像素编码的技术，称为真彩色。表 1-5 显示了一些真彩颜色对应的三种原色的值。

表 1-5 定义为真彩色的一些颜色

颜色	R（红）	G（绿）	B（蓝）	颜色	R（红）	G（绿）	B（蓝）
黑色	0	0	0	黄色	255	255	0
红色	255	0	0	青色	0	255	255
绿色	0	255	0	洋红色	255	0	255
蓝色	0	0	255	白色	255	255	255

（2）图形和图像的表示。

1）矢量图形。位图（即光栅图）有两个缺点，即文件尺寸太大和重新调整图像大小很麻烦。放大位图意味着扩大像素，导致放大的位图看上去很粗糙。但是，矢量图形并不存储每个像素的位模式，它是由一串可重构图形的指令构成。在创建矢量图形时，一个图像被分解成若干几何图形的组合，每个几何形状由数学公式来表达，图形文件中存储的就是这些公式信息。当要显示或打印图像时，根据图像的尺寸重新计算一遍图形组成的几何公式来输出图形，因此不存在图形放大缩小时图形失真的问题。

矢量图形文件的扩展名常见的有.wmf、.dxf、.mgx、.cgm 等。常用的矢量图形软件有 CorelDraw、Adobe Flash 等等。

矢量图相对位图有如下优点：

一是占用的存储空间小，二是比位图容易编辑修改。

但是，由于矢量图是使用数学公式来描绘图形，所以并不适合于存储细节丰富的照片图像，因此，位图更适合于以文件形式保存数码相机等设备对真实世界的反映，而矢量图更多用在了人为设计的图形（如使用 Flash 设计动漫、手绘等）、创建 TrueType 字体、计算机辅助设计（CAD）进行工程绘图等领域。

2）位图图像。计算机通过指定每个独立的点在屏幕上的位置来存储图像，这样的图像称为位图图像，也叫光栅图。一副图像可认为是由若干行和若干列的像素（Pixel）组成的阵列，每个像素点用若干二进制位进行编码，表示图像的颜色，这就是图像的数字化。描述图像的主要属性是图像分辨率和颜色深度。颜色深度是指每一个像素点表示颜色的二进制位数。如单色图像的颜色深度为 1 256 色图像的颜色深度为 8，因为 $2^8=256$；而上面介绍的真彩色就是 24 位的颜色深度。存储一幅图像所需的存储容量的字节数为：

图像分辨率×颜色深度/8

位图文件的默认扩展名为.bmp，图像文件的扩展名通常有.pcx、.tif、.jpg、.gif、.png、.tga 等，专业领域还有.psd、.eps 等。

3. 视频信息的表示

计算机中的视频数据一般分为以下两类：

（1）动画。动画是通过工具软件对图形图像素材进行编辑制作而成，是一种用人工方法对真实世界的模拟。

（2）视频。对视频信号源（如电视机、摄像机等）经过采样和数字化处理后保存下来的信息，是对真实世界的客观记录。

视频的数字化是指在一段时间内，以一定的速度对视频信息进行捕获，并加以采样后形成数字化数据的处理过程。视频是由一系列的帧组成，每帧是一幅静止的图像，可用位图文件形式表示。但视频每秒钟至少显示 30 帧，所以视频需要非常大的存储空间。

一幅全屏、分辨率为 640×480 的 256 色图像有 307 200 个像素。因此，一秒钟视频需要的存储空间是 9 216 000 字节，大约 9MB，那么两小时的电影需要 66 355 200 000 字节，超过 66GB，所以，视频数据都是需要一些特殊编码技术来产生兆字节数量级的视频文件，即人们通常所说的压缩。

常见的视频文件扩展名有.avi、.mpg、.ram、.rm、.rmvb 等。

1.3 计算机硬件系统

尽管目前各种计算机在性能、用途和规模上有所不同，但其基本结构都遵循冯·诺依曼型体系结构。冯·诺依曼模型决定了计算机由存储、运算、控制、输入和输出五个部分组成。图 1-5 较为详细地列举出了计算机系统的分类及组成。

1.3.1 中央处理器

中央处理器（Central Processing Unit，CPU）主要包括运算器（ALU）和控制器（CU）两大部件。它是计算机的核心部件，集成在一块超大规模集成电路芯片上，又称微处理器（Micro Processing Unit，MPU）。CPU 只能直接访问内存储器，它和内存储器构成了计算机的主机。其主要功能包括：

- 实现数据的算术运算和逻辑运算。
- 实现取指令、分析指令和执行指令操作的控制。
- 实现异常处理及中断处理等。如运算溢出错误等的处理，外设的请求服务处理等。

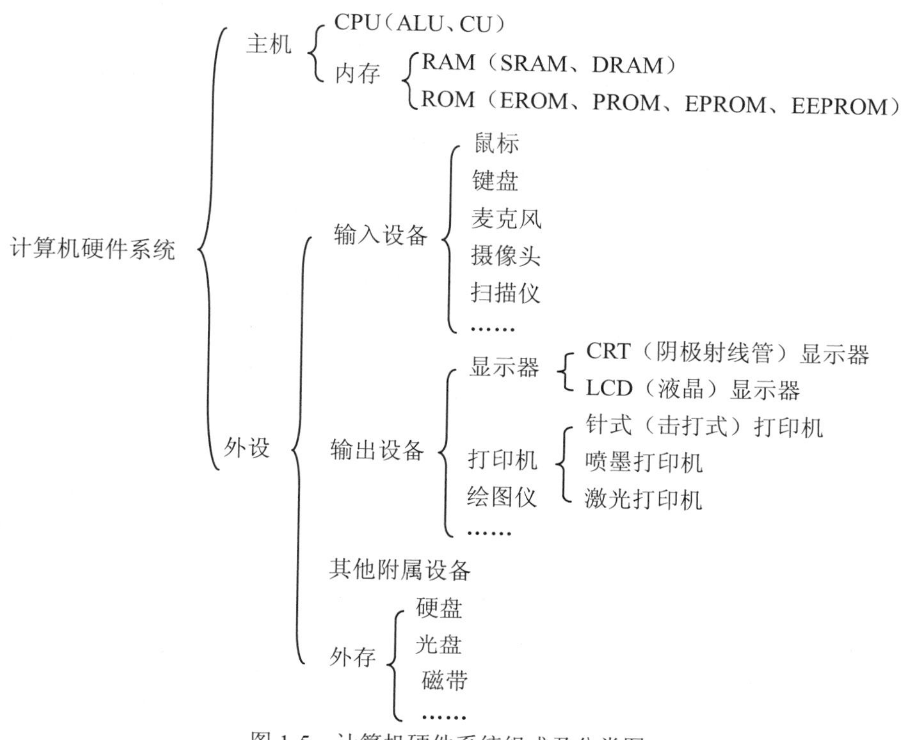

图 1-5　计算机硬件系统组成及分类图

CPU 的速度更多依赖于其主频，随着 CPU 主频的不断提高，它对内存的存取速度要求也不断提高，而内存的响应速度达不到 CPU 的速度，这样就可能成为整个系统的“瓶颈”。为了协调 CPU 与内存之间的速度差问题，在 CPU 芯片中又集成了高速缓冲存储器（Cache）。

在大多数计算机系统中，CPU 主要包括运算器和控制器两大部件，此外，还包括若干个寄存器和高速缓冲存储器，用内部总线连接。

1. 运算器（Arithmetic and Logic Unit，ALU）

运算器是计算机处理数据形成信息的加工厂，它的主要功能是对二进制数进行算术运算或逻辑运算。参加运算的数（称为操作数）一般是在控制器的统一指挥下从内存储器中取到运算器里参与运算。它主要由加法器（adder）组成，另外还包含若干个寄存器和一些控制线路。算术逻辑单元可以直接实现加法运算和逻辑运算。如，减法可通过“加补码”实现，乘除则可通过加法（或减法）和移位操作实现。ALU 就是运算器中实现四种算术运算和各种逻辑运算（“与”“或”“非”“异或”等）的核心部件。

2. 控制器（Control Unit，CU）

控制器是计算机的神经中枢，由它指挥各个部件自动、协调地工作。计算机的自动计算过程就是执行已存入存储器的程序的过程，而执行程序的过程就是执行一条条指令的过程，即周而复始地按一定的顺序取指令、分析指令和执行指令的过程。为了实现这些过程，控制器主要包含以下部件：指令部件（包括程序计数器、指令寄存器、指令译码器等）、时序部件、微操作控制部件等。所以，对控制器而言，真正的作用在于对机器指令执行过程的控制。

下面简单介绍一下指令部件中的程序计数器和指令寄存器的构成。

（1）程序计数器。程序计数器（Program Counter，PC）由若干位的触发器及逻辑门电路组成，用来存放将要执行的指令在存储器中的存放地址。通常，指令是按顺序执行的，每当用程序计数器所提供的地址从存储器取出现行指令后，它就自动加 1，指向下一条即将被执行的指令在存储器中的地址。因此，程序计数器也叫指令地址计数器，简称指令计数器。

（2）指令寄存器。指令寄存器（Instruction Register，IR）是由若干位触发器组成的，用来存放从存储器取出的指令。我们通常所说的计算机指令就是指机器指令，它是计算机硬件真正可以“执行”的命令。机器指令是一个按照一定的格式构成的二进制代码串，用来描述计算机可以理解并能执行的一个基本操作，它们以指令集的方式固化在 CPU 中。一条机器指令包括两个部分：

1）操作性质部分（即操作码）。描述操作的性质，即当前指令所要完成的操作类型，称为操作码。如描述加、减、数据传送等操作的二进制代码就是操作码。

2）操作对象部分（即操作数）。描述操作的对象，即当前指令所要处理的对象，称为操作数或操作数地址。它可能是要处理的数据，也可能是保存着要处理的数据的内存单元地址，或者是保存着要处理的数据的寄存器编号。操作数（或操作数地址）一般又分为源操作数和目的操作数，源操作数（或地址）指明了参加运算的操作数来源，目的操作数地址指明了保存运算结果的存储单元地址或寄存器编号。指令的基本格式如图 1-6 所示。

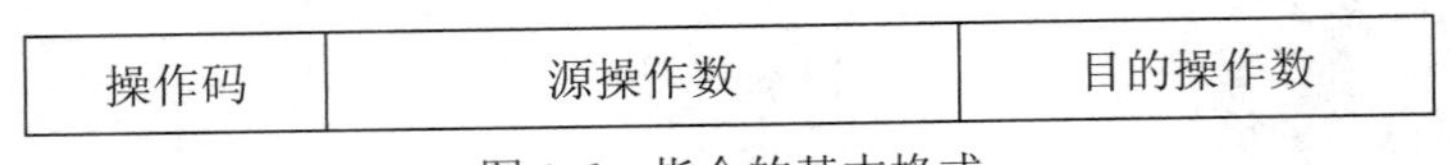

图 1-6　指令的基本格式

1.3.2　主存储器

存储器是计算机的记忆装置，用来存储当前要执行的程序和数据，可以分为主存储器（Memory，也称内存储器）和辅助存储器（Auxiliary Memory，也称外存储器）两大类。显然，存储器应该具备存数和取数功能，存数是指往存储器里“写入”数据，取数是指从存储器里“读取”数据。读写操作统称为对存储器的访问。

目前，主存储器（简称主存）都由半导体存储器（Semiconductor Memory）组成，辅助存储器（简称辅存）则由磁带机、磁盘机（硬磁盘和软磁盘）及光盘机等组成。其中，主存储器分为随机存取存储器（Random Access Memory，RAM）和只读存储器（Read Only Memory，ROM）两种。本节主要介绍主存的相关知识。

1. 随机存取存储器（RAM）

通常所说的计算机内存容量均指 RAM 的存储器容量，即计算机的主存。RAM 具有如下两个特点：

一是可读、可写性。也就是说对 RAM 既可以读操作，又可以写操作。读操作时不破坏内存已有的内容，写操作时才改变原来已有的内容。

二是易失性。即电源断开（关机或异常断电）时，RAM 中的内容立即丢失。因此 RAM 只能用于暂时存储信息。

目前在微机上使用的 RAM 有两种，动态随机存储器（Dynamic RAM，DRAM）和静态随机存储器（Static RAM，SRAM）。

DRAM，也叫单极型半导体（Metal Oxide Semiconductor，MOS）存储器，它具有功耗低、集成度高、制造简单、成本低的特点，因此被广泛用来制造计算机的主存，是目前使用最广泛的半导体存储器。DRAM 用电容来存储信息，由于电容存在漏电现象，存储的信息不可能永远保持不变，为了解决这个问题，每隔一个固定的时间必须对存储器重新加一次电，即对存储的信息刷新一次，这就是动态的含义。

SRAM，也叫双极型半导体（Transistor-Transistor Logic，TTL）存储器，是用触发器的状态来存储信息，只要电源正常供电，触发器就能稳定地存储信息，无需刷新，所以 SRAM 的存取速度比 DRAM 快。但 SRAM 具有集成度低、功耗大、价格贵的缺陷。因此，SRAM 往往用于制造高速缓冲存储器。

2. 只读存储器（ROM）

只读存储器（Read Only Memory，ROM）是在程序执行过程中只能将内部信息读出而不能写入的存储器，其内部信息是使用专门的设备写入的。因此，用户对 ROM 中存储的内容只能取出但不能修改，即使断电，ROM 中的信息也不会丢失。因此，ROM 中一般存放计算机系统管理程序，如监控程序、基本输入/输出系统模块等。

按照 ROM 存取信息的方法不同，可以分为四类：

- 固定掩膜型（MROM）。这类 ROM 的内容是在制作集成电路芯片时用定做的掩膜“写入”的，制作后用户不能修改。
- 可编程只读存储器（Programmable ROM，PROM）。这类 ROM 的内容是由用户按需要写入的，但只允许编程写入一次。
- 可擦除可编程只读存储器（Erasable Programmable ROM，EPROM）。这类 ROM 的内容可多次改写。当用户自行写入的信息不需要时，可用“擦除器”（一般是使用紫外线照射）将原有信息擦掉，再写入新内容。
- 电可擦除可编程只读存储器（Electrically Erasable Programmable ROM，EEPROM）。它是通过加入大电流擦除芯片内某一个存储单元的原有信息，从而减少重新编程的工作量，而且这一擦除与重新编程的工作可在线完成，为用户使用 ROM 芯片提供方便。

3. 高速缓冲存储器（Cache）

前面已经介绍过，Cache 的作用是匹配高速度的 CPU 与低速度的内存之间速度差的问题。Cache 的好坏直接影响着计算机系统的速度。Cache 按其功能通常分为两类：CPU 内部的 Cache 和 CPU 外部的 Cache。CPU 内部的 Cache 也称为一级 Cache，它是 CPU 内核的一部分，负责在 CPU 内部的寄存器与外部的 Cache 之间的缓冲。

CPU 外部的 Cache 是二级 Cache，它相对于 CPU 是独立的部件，主要用于弥补 CPU 内部 Cache 的容量过小，负责整个 CPU 与内存之间的缓冲。早期的外部 Cache 都安装在主板上，称为板载 Cache，一般由 SRAM 存储芯片构成，因为 SRAM 的存取速度比 DRAM 快。微机中配置的 Cache 的容量相对内存来说要小得多，一般为 256 KB 或 512 KB。自 Pentium Ⅲ开始，将板载的 Cache 与 CPU 内核封装在同一芯片中，不能随意选择大小，它也不属于 CPU，这种设计的 Cache 叫做片载，由于其工作频率与 CPU 内核相同，也被称为全速 Cache。而主板继续使用的效率更高、容量更大的 Cache 就成了三级 Cache。

1.3.3 辅助存储器

辅助存储器用于存放当前不立即使用的信息。目前，常用的辅助存储器有磁盘存储器、光盘存储器和闪存盘（卡）等。它们最大的特点是存储容量大、可靠性高、价格低，在一般情况下可以长久保存信息。

1. *磁盘存储器*

磁盘存储器是用某些磁性材料涂在铝合金、玻璃或塑料等材质的盘片表面作为载体来存储信息，同时使用金属磁头来进行数据存取的存储器。目前仍然被广泛使用的磁盘存储器的典型代表是硬盘（Hard Disk）。

硬盘由一组盘片组成。它是一种可移动磁头（磁头可在磁盘径向移动）、盘片组固定安装在驱动器中的磁盘存储器（图 1-7）。其主要特点是将盘片、磁头、电机驱动部件乃至读/写电路等做成一个不可随意拆卸的整体，并密封起来。所以，防尘性能好、可靠性高，对环境要求不高。

图 1-7 硬盘内部结构示意图

硬盘通常用来作为大型机、小型机和微型机的外部存储器。它有很大的容量，常以千兆字节（GB）为单位。随着硬盘技术的发展，其容量已提升至目前的 TB 级别（$1\text{TB}=2^{10}\text{GB}$），转速也由 5400 r/m（转/分）、7200 r/m 提升到现在的 10000r/m，但 7200 r/m 的硬盘仍然是主流。由于硬盘是高精度的设备，在工作时金属磁头悬浮在磁盘表面，因此硬盘在使用过程中一定要避免震动。

在一张圆形的磁盘上，我们把用于存储数据的若干同心圆称为磁道，由外向里分别为 0 磁道、1 磁道、……、n 磁道。每条磁道上又分成若干扇区（即磁道同心圆上的一小段圆弧），每个扇区存放若干字节的信息（一般都是 512 字节）。由于硬盘是由多张盘片组成的，因此，又把不同盘片上的相同位置的磁道统称为一个柱面（即处于同一个圆柱体的外表面上的意思）。

目前，台式机普遍采用 3.5 英寸、7200 r/m 的硬盘；笔记本普遍采用 2.5 英寸、5400 r/m 和 7200 r/m 的硬盘。这些硬盘都是固定于主机箱内部的。为了便于携带，出现了一种叫“硬盘盒”的东西，它是一个塑料或金属的盒子，可以将硬盘插入其中，通过 USB 等外置接口与主机相连，人们通常将这种硬盘叫“移动硬盘”。移动硬盘的直径除了上述两种外，还有一种1.8 英寸的，大约只有一个打火机大小，非常便携。

磁盘容量的计算：

磁盘的存储容量可用下面的公式进行计算：

$$C = n \times k \times s \times b$$

式中，n 为存储信息的磁盘面数，k 为磁盘面上的磁道数，s 为每一磁道上的扇区数，b 为每个扇区可存储的字节数。若计算硬盘的存储容量，则 k 表示柱面数。

例如，曾经流行的高密度 3.5 英寸软磁盘，n=2，k=80，s=18，b=512，则其存储容量为：

$$C = 2 \times 80 \times 18 \times 512 = 1474560\text{B} \approx 1.44\text{MB}$$

随着科技的进步出现了固态磁盘。固态硬盘（Solid State Drive，SSD）由控制单元和存储单元（FLASH 芯片）组成，简单的说就是用固态电子存储芯片阵列而制成的硬盘，如图 1-8 所示。固态硬盘的接口规范和定义、功能及使用方法上与普通硬盘的相同，在产品外形和尺寸上也与普通硬盘一致。其芯片的工作温度范围很宽（-40℃～85℃）。虽然目前成本较高，但也正在逐渐普及到 DIY 市场。由于固态硬盘技术与传统硬盘技术不同，所以产生了不少新兴的存储器厂商。厂商只需购买 NAND 存储器，再配合适当的控制芯片，就可以制造固态硬盘了。新一代的固态硬盘普遍采用 SATA.M.2 和 PCI-E 接口。

图 1-8 固态硬盘

固态硬盘相对传统机械硬盘的特点：

- 读写速度快。由于固态硬盘采用闪存作为存储介质，读取速度相对机械硬盘更快。由于不用磁头，寻道时间几乎为 0，持续写入的速度非常惊人，其持续读写速度达到了每秒数千兆比特（如三星旗舰产品 970 PRO，采用全新的产品架构和 64 层 VNAND 封装技术，读写速度分别达到了惊人的 3500MB/s 和 2300MB/s），这相对机械硬盘的 100MB/s 左右的速度提升显著。固态硬盘的快绝不仅仅体现在持续读写上，随机读写速度快才是固态硬盘的主要特点，这最直接体现在绝大部分的日常操作中。与之相关的还有极低的存取时间，目前机械硬盘最快也要 14 毫秒左右，而固态硬盘可以轻易达到 0.01 毫秒甚至更低。
- 防震抗摔性好。目前的传统硬盘都是磁碟型的，数据储存在磁碟扇区里。而固态硬盘是使用闪存颗粒（即目前内存、U 盘等存储介质）制作而成，所以 SSD 固态硬盘内部不存在任何机械部件，这样即使在高速移动甚至伴随翻转倾斜的情况下也不会影响到正常使用，而且在发生碰撞和震荡时能够将数据丢失的可能性降到最小。
- 功耗低。固态硬盘的功耗上也要高于传统硬盘。
- 重量轻。固态硬盘在重量方面更轻，与常规 1.8 英寸硬盘相比，重量轻 20～30 克。
- 无噪音。由于固态硬盘没有机械装置，所以具有了发热量小、散热快等特点，并且没有机械马达和风扇，工作噪音值为 0 分贝。
- 工作温度低。典型的硬盘驱动器只能在 5℃～55℃范围内工作，而大多数固态硬盘可在-10℃～70℃工作。
- 使用寿命有限。SLC 只有 10 万次的读写寿命，成本低廉的 MLC，读写寿命仅有 1

万次；比起传统硬盘毫无优势可言。闪存完全擦写一次叫做 1 次 P/E，因此闪存的寿命就以 P/E 作单位。34nm 的闪存芯片寿命约是 5000 次 P/E，而 25nm 的寿命约是 3000 次 P/E。是不是看上去寿命更短了？理论上是这样没错，但随着 SSD 固件算法的提升，新款 SSD 都能提供更少的不必要写入量。以一款 120GB 的固态硬盘为例，要写入 120GB 的文件才算做一次 P/E。普通用户若正常使用，即使每天写入 50GB，平均 2 天完成一次 P/E，那么一年就有 180 次 P/E，3000 个 P/E 能用 16 年，完全能满足人们的日常使用。

2. 光盘存储器

（1）光盘的原理。光盘即高密度光盘（Compact Disc，CD），是不同于完全磁性载体的光学存储介质，用聚焦的氢离子激光束处理记录介质的方法来存储和再生信息，又称激光光盘。它是光盘存储器（Opticaldisk Storage）中用来记录信息的载体。

光盘是利用激光在盘片上灼烧出的小坑代表“1”，空白处代表“0”的方式来保存二进制数据的。在从光盘上读取数据的时候，定向光束（激光）在光盘的表面上迅速移动。从光盘上读取数据的计算机或激光唱机会观察激光经过的每一个点，以确定它是否反射激光。如果它不反射激光（那里有一个小坑），那么计算机就知道它代表一个“1”。如果激光被反射回来，计算机就知道这个点是一个“0”。然后，这些成千上万，或者数以百万计的“1”和“0”又被计算机或激光唱机恢复成音乐、文件或程序。

光盘上的数据记录在一条轨上，轨从光盘中心呈螺旋状不断展开直至光盘边沿（磁盘的磁道是同心圆）。这条轨又均分为多个段，数据以有无凹痕的方式记录在这些段上。

（2）光盘的分类。根据性能的不同，光盘可分为下列三类：

- 只读型光盘（Compact Disk ROM，CD-ROM）。光盘中的数据是由生产厂家预先写入的，用户只能读取其中数据而无法修改。
- 一次性写入光盘（Compact Disk Recordable，CD-R），也称 WORM（Write Once Read Many times）。这类光盘用户可以写入，而且可以分期分批写入数据，但对于光盘的同一存储空间只能写入一次。一旦写入，可多次读取。
- 可擦除型光盘（Compact Disk Rewritable，CD-RW），其存储功能与磁盘相似，用户可以多次对其进行读或写。

以上光盘的标准容量为 650MB，传输速度以 n 倍速来标称，其一倍速为 150KB/s。如 40X（即 40 倍速）的光盘驱动器，其数据传输的速度为 40×150KB=6MB/s。

（3）DVD-ROM。DVD-ROM（Digital Video Disc ROM）的容量、质量和速度都远远超过 CD-ROM。其单面单层的标称容量为 4.7GB，一倍速为 1350KB/s。现在一次性写入和可擦除的 DVD 光盘已经十分普及，DVD 光驱设备的价格也越来越便宜，可以说，目前 DVD 已经全面代替 CD-ROM。

3. 闪存盘（卡）

闪存盘（Flash Memory Disk）又名 U 盘（优盘，全称“USB 闪存盘”，USB Flash Disk）。它是一个 USB 接口的无需物理驱动器的微型高容量移动存储产品，可以通过 USB 接口与计算机连接，实现即插即用。U 盘的称呼最早来源于朗科公司生产的一种新型存储设备，名曰“优盘”，使用 USB 接口进行连接。USB 接口连接到计算机的主机后，U 盘的资料可与计算机交换。由于朗科已进行专利注册，而之后生产的类似技术的设备不能再称之为“优盘”，而改称谐音的“U 盘”。后来，U 盘这个称呼因其简单易记而广为人知，而直到现在这两者也已经通用，并对它们不再作区分。

U 盘具有如下优点：小巧便于携带、存储容量大、价格便宜、性能可靠。U 盘体积很小，仅手指般大小，重量极轻，一般在 15 克左右，特别适合随身携带，我们可以把它挂在胸前，吊在钥匙串上，甚至放进钱包里。一般的 U 盘容量有 8GB、16GB、32GB、64GB、128GB 等，价格已经非常便宜。闪存盘中无任何机械式装置，抗震性能极强。另外，闪存盘还具有防潮防磁、耐高低温等特性，安全可靠性很好。

与其他的闪存设备相同，闪存盘在总读取与写入次数上也有限制。闪存盘在正常使用状况下可以读取与写入数十万次，但当闪存盘变旧时，写入的动作会更耗费时间。

许多闪存盘支持写入保护的机制。这种在外壳上的开关可以防止计算机写入或修改磁盘上的数据。写入保护可以防止计算机病毒文件写入闪存盘，以防止该病毒的传播。没有写保护功能的闪存盘，则成了多种病毒随自动运行等功能传播的途径。

1.3.4 输入/输出设备

输入/输出设备是实现计算机系统与人（或其他系统）之间信息交换的设备。通过输入设备可以把程序、数据、图像甚至语音送入到计算机中，通过输出设备可以将计算机的处理结果显示或打印处理结果给用户。输入/输出设备是通过其接口（Interface）实现与主机交换信息的。

1. 输入设备

计算机的输入设备（图 1-9）按功能可分为下列几类：

- 字符输入设备：如键盘。
- 光学阅读设备：如光学标记阅读器、光学字符阅读器。
- 定位设备：如鼠标、操纵杆、触摸屏、轨迹球、光笔。
- 图像输入设备：如摄像机、扫描仪、数码相机。
- 模拟输入设备：如语音输入设备、模/数转换器。

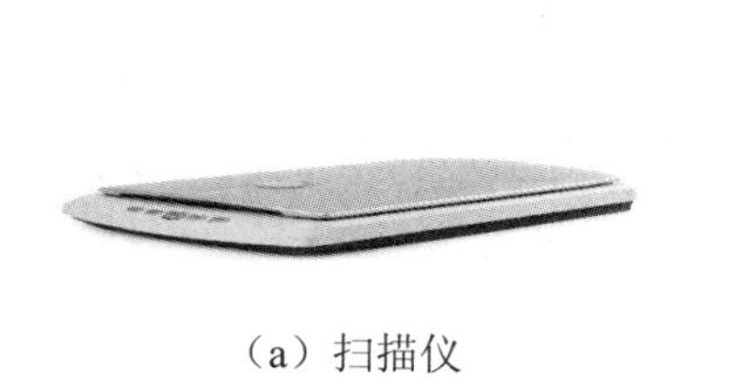
（a）扫描仪

（b）条形码阅读器

（c）手写笔

（d）数码摄像机

（e）数码相机

图 1-9 常见输入设备

下面简要介绍一些常用的输入设备。

（1）键盘（Keyboard）。键盘是最常见的计算机输入设备，它广泛应用于微型计算机和各种终端设备上。PC XT/AT 时代的键盘主要以 83 键为主，并且延续了相当长的一段时间，但随着视窗系统近几年的流行。取而代之的是 101 键和 104 键键盘，并占据市场的主流地位，当然也曾出现过 102 键、103 键的键盘，但由于推广不善，都只是昙花一现。紧接着 104 键键盘出现的是新兴多媒体键盘，它在传统的键盘基础上又增加了不少常用快捷键或音量调节装置，使 PC 操作进一步简化，对于收发电子邮件、打开浏览器软件、启动多媒体播放器等都只需要按一个特殊按键即可，同时在外形上也做了重大改善，着重体现了键盘的个性化。起初这类键盘多用于品牌机，如 HP、联想等品牌机都率先采用了这类键盘，受到广泛的好评，并曾一度被视为品牌机的特色。随着时间的推移，渐渐地市场上也出现独立的具有各种快捷功能的产品，并带有专用的驱动和设定软件，在兼容机上也能实现个性化的操作。

随着笔记本电脑的普及，人们对便携性要求越来越高，一种便携型新原理键盘诞生，这就是四节输入法键盘。该键盘进一步提高了操作简便性和输入性能，并将鼠标功能融合在键盘按键中，还有对长时间面对电脑的身体有好处的人体工学键盘。

（2）鼠标（Mouse）。鼠标是计算机显示系统纵横坐标定位的指示器，因形似老鼠而得名“鼠标”。鼠标的使用是为了使计算机的操作更加简便，来代替键盘那烦琐的指令。

鼠标按其工作原理的不同可以分为机械鼠标和光电鼠标。机械鼠标主要由滚球、辊柱和光栅信号传感器组成。当拖动鼠标时，带动滚球转动，滚球又带动辊柱转动，装在辊柱端部的光栅信号传感器产生的光电脉冲信号反映出鼠标器在垂直和水平方向的位移变化，再通过计算机程序的处理和转换来控制屏幕上光标箭头的移动。光电鼠标器是通过检测鼠标器的位移，将位移信号转换为电脉冲信号，再通过程序的处理和转换来控制屏幕上的鼠标箭头的移动。光电鼠标用光电传感器代替了滚球。这类传感器需要特制的、带有条纹或点状图案的垫板配合使用。

（3）光学标记阅读器。光学标记阅读器（Optical Mark Reader，OMR）是一种利用光电原理读取纸上标记的输入设备，如用作计算机评卷记分的输入设备，广泛用于商品和图书管理的条形码阅读器（Bar Code Reader）等。

（4）扫描仪。扫描仪（Scanner）是一种高精度的光电一体化的高科技产品，它是将各种形式的图像信息输入计算机的重要工具。是继键盘和鼠标之后的第三代计算机输入设备。它是功能极强的一种输入设备。人们通常将扫描仪用于计算机图像的输入，而图像这种信息形式是一种信息量最大的形式。从最直接的图片、照片、胶片到各类图纸图形以及各类文稿资料都可以用扫描仪输入到计算机中，进而实现对这些图像形式信息的处理、管理、使用、存储、输出等。

衡量扫描仪性能优劣的主要性能指标有如下两个：

1）光学分辨率。它是扫描仪最重要的性能指标之一，直接决定了扫描仪扫描图像的清晰程度。扫描仪的分辨率通常用每英寸长度上的点数，即 dpi 来表示，市场上多数扫描仪的光学分辨率为 300×600dpi，较高档次的扫描仪其光学分辨率通常为 600×1200dpi。从个人用户的应用角度来看，300×600dpi 的扫描仪就能够满足需要，但 600×1200dpi 的产品价格与 300×600dpi 的相差有限，为了适应技术发展的需求，推荐使用 600×1200dpi 的扫描仪。

2）色彩深度、灰度值。就像显示卡输出图像有 16bit、24bit 色的分别一样，扫描仪也有自己的色彩深度值，较高的色彩深度位数可以保证扫描仪反映的图像色彩与实物的真实色彩尽可能的一致，而且图像色彩会更加丰富。扫描仪的色彩深度值一般有 24bit、30bit、32bit、36bit几种，一般光学分辨率为300×600dpi的扫描仪其色彩深度为24bit、30bit，而600×1200dpi的为 36bit，最高的有 48bit。灰度值是指进行灰度扫描时对图像由纯黑到纯白整个色彩区域进行划分的级数，编辑图像时一般都用到 8bit，即 256 级，而主流扫描仪通常为 10bit，最高可达 12bit。

2. 输出设备

计算机的输出设备种类很多，常用的有打印机、显示器、绘图仪、投影仪等。

（1）打印机。打印机是把文字或图形在纸上输出以供阅读和保存的计算机外部设备，如图 1-10 所示。一般微型机使用的打印机有点阵式打印机、喷墨式打印机和激光打印机三种。

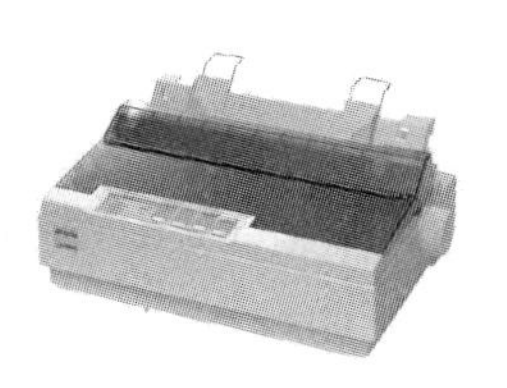

（a）点阵式打印机

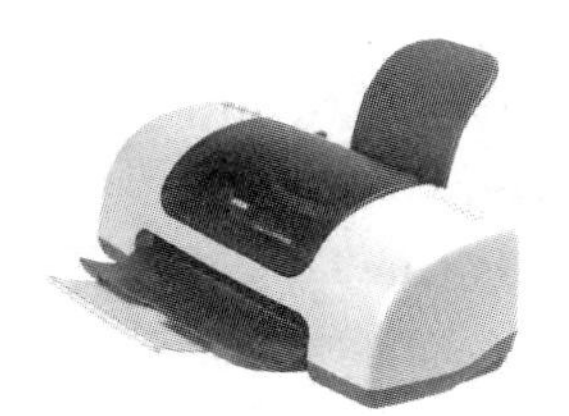

（b）喷墨打印机

（c）激光打印机

图 1-10　常见的三种打印机

1）点阵打印机。点阵式打印机（也叫击打式或针式打印机）主要由打印头、运载打印头的小车机构、色带机构、输纸机构和控制电路等几部分组成。打印头是点阵式打印机的核心部分。点阵打印机有 9 针、24 针打印机之分，24 针打印机可以打印出质量较高的汉字，是使用较多的点阵打印机。其最大优点是耗材（包括色带和打印纸）便宜，缺点是依靠机械动作实现印字，打印速度慢、噪声大、打印质量差（字符的轮廓不光顺、有锯齿形）。

2）喷墨打印机。喷墨打印机属非击打式打印机。其工作原理是，喷嘴朝着打印纸不断喷出极细小的带电的墨水雾点，当它们穿过两个带电的偏转板时接受控制，然后落在打印纸的指定位置上，形成正确的字符，无机械击打动作。喷墨打印机的优点是设备价格低廉、打印质量高于点阵打印机，还能彩色打印，无噪声。缺点是打印速度慢、耗材（主要指墨盒）贵。

3）激光打印机。激光打印机属非击打式打印机，工作原理与复印机相似，涉及光学、电磁、化学等。简单说来，它将来自计算机的数据转换成光，射向一个充有正电的旋转的鼓上。鼓上被照射的部分便带上负电，并能吸引带色粉末。鼓与纸接触，再把粉末印在纸上，接着在一定压力和温度的作用下熔结在纸的表面。激光打印机的优点是无噪声、打印速度快、打印质量好，常用来打印正式公文及图表。其缺点是设备价格高、耗材贵，打印成本是三种打印机中最高的。后两种是非击打式打印机，打印过程中无噪音，速度快，打印质量高。

当前流行的是喷墨打印机和激光打印机。

（2）显示器。显示器（Display）是计算机必备的输出设备，通常也被称为监视器，常用的有阴极射线管显示器、液晶显示器等，如图 1-11 所示。

（a）阴极射线管（CRT）显示器　　（b）液晶显示器（LCD）

图 1-11　常见的显示器

阴极射线管（Cathode Ray Tube，CRT）显示器，是对使用 CRT 显像管的显示器的统称。其原理是当显示器接收到计算机（显示卡）传来的视频信号后，通过转换电路转换为特定强度的电压，电子枪根据这些高低不定的电压放射出一定数量的阴极电子，形成电子束，电子束经过聚焦和加速后，在偏转线圈的作用下穿过遮罩上的小孔，打在荧光层上，从而形成一个发光点。CRT 纯平显示器具有可视角度大、无坏点、色彩还原度高、色度均匀、可调节的多分辨率模式、响应时间极短等 LCD 显示器难以超过的优点。

液晶显示器（Liquid Crystal Display，LCD），优点是机身薄，占地小，辐射小，给人以一种健康产品的形象。但液晶显示屏不一定可以保护到眼睛，这需要看各人使用计算机的习惯。液晶显示器的工作原理，在显示器内部有很多液晶粒子，它们有规律的排列成一定的形状，并且它们的每一面的颜色都不同，分为红色、绿色、蓝色。这三原色能还原成任意的其他颜色，当显示器收到计算机的显示数据时会控制每个液晶粒子转动到不同颜色的面，来组合成不同的颜色和图像。也因为这样液晶显示屏的缺点是色彩不够艳，可视角度不广、响应速度不快等。

CRT 显示器的主要性能指标包括下列三项：

1）像素（Pixel）与点距（Pitch）。屏幕上图像的分辨率或清晰度取决于能在屏幕上独立显示点的直径，这种独立显示的点称作像素，屏幕上两个像素之间的距离叫点距。它直接影响显示效果。像素越小，在同一个字符面积下，像素数量就越多，则显示的字符就越清晰。目前微机常见的点距有 0.31mm、0.28mm、0.25mm 等。点距越小，分辨率就越高，显示器清晰度越高。

2）分辨率。每帧的线数和每线的点数的乘积（整个屏幕上像素的数目=列×行）就是显示器的分辨率，这个乘积数越大，分辨率就越高，是衡量显示器的一个常用指标。常用的分辨率是：640×480 像素（256 种颜色）、1024×768 像素、1280×1024 像素等。如 640×480 像素的分辨率是指在水平方向上有 640 个像素，在垂直方向上有 480 个像素。

3）刷新频率。从显示器原理上讲，在屏幕上看到的任何字符、图像等全都是由垂直方向和水平方向排列的点阵组成。由于显像管荧光粉受电子束的击打而发光的延时很短，所以此扫描显示点阵必须得到不断的刷新。刷新频率就是屏幕刷新的速度。刷新频率越低，图像闪烁和抖动的就越厉害，眼睛疲劳得就越快。有时会引起眼睛酸痛，头晕目眩等症状。过低的刷新频率，会产生令人难受的频闪效应。而当采用 75Hz 以上的刷新频率时可基本消除闪烁。因此，75Hz 的刷新频率应是 CRT 显示器稳定工作的最低要求。

1.3.5　计算机的结构

计算机的结构反映的是计算机各个组成部件之间的连接方式。常见的结构连接方式有直接连接和总线（Bus）结构两种。

现代计算机普遍采用总线结构（图 1-12）。总线是计算机各种功能部件之间传送信息的公共通信干线，它是由导线组成的传输线束。严格地说，总线作为计算机的一个部件，是由传输信息的物理介质（如导线）、管理信息传输的硬件（如总线控制器）及软件（如传输协议）等构成。根据总线所连接的对象所在位置不同，可将总线分为三类：

- 片内总线。指计算机各芯片内部传送信息的通路，如 CPU 内部寄存器之间、寄存器与 ALU 之间传送信息的通路。
- 系统总线。指计算机各部件之间传送信息的通路，如 CPU 与主存储器之间、CPU 与外设接口之间传送信息的通路。
- 通信总线。指计算机系统之间、计算机系统与其他系统之间传送信息的通路。

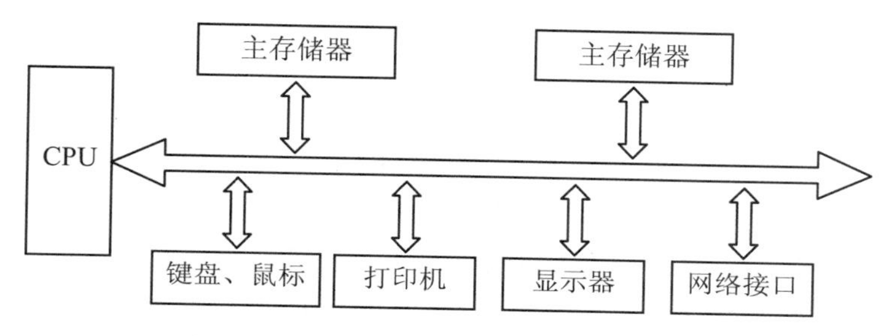

图 1-12　基于总线结构的计算机的示意图

这里简要介绍系统总线。按照信号的性质划分，系统总线可以分为如下三种：

（1）数据总线（Data Bus，DB）。用于传送数据信息。数据总线是双向三态形式的总线，即它既可以把 CPU 的数据传送到存储器或 I/O 接口等其他部件，也可以将其他部件的数据传送到 CPU。数据总线的位数是微型计算机的一个重要指标，通常与微处理的字长相一致。例如 Intel 8086 微处理器字长 16 位，其数据总线宽度也是 16 位。需要指出的是，数据的含义是广义的，它可以是真正的数据，也可以是指令代码或状态信息，有时甚至是一个控制信息，因此，在实际工作中，数据总线上传送的并不一定仅仅是真正意义上的数据。

（2）地址总线（Address Bus，AB）。是专门用来传送地址的，由于地址只能从 CPU 传向外部存储器或 I/O 端口，所以地址总线总是单向三态的，这与数据总线不同。地址总线的位数决定了 CPU 可直接寻址的内存空间大小，比如 8 位微机的地址总线为 16 位，则其最大可寻址空间为 $2^{16}=64KB$，16 位微型机（x 位处理器指一个时钟周期内微处理器能处理的位数（1、0）多少，即字长大小）的地址总线为 20 位，其可寻址空间为 $2^{20}=1MB$。一般来说，若地址总线为 n 位，则可寻址空间为 2^n 字节。是 CPU 向主存储器和 I/O 接口传送地址信息的公共通路。

（3）控制总线（Control Bus，CB）。是一组用来在存储器、运算器、控制器和 I/O 部件之间传输控制信号的公共通路。控制总线的传送方向由具体控制信号而定，（信息）一般是双向的，控制总线的位数要根据系统的实际需要而定，主要取决于 CPU。

按照传输数据的方式划分，总线又可以分为串行总线和并行总线。串行总线中，二进制数据逐位通过一根数据线发送到目的器件；并行总线的数据线通常超过 2 根。常见的串行总线有 SPI、I2C、USB 及 RS232 等。

1.3.6 微型计算机的主要性能指标

当用户选购一台计算机时，无疑希望能以相对低的价格获得相对较高的性能。那么，如何评价一台计算机的性能呢？

一般来说，计算机的性能与下列技术指标有关。

1. 机器字长（Size）

计算机的字长是指计算机能并行处理的二进制信息的位数。字长是由 CPU 内部的寄存器、加法器和数据总线的位数决定的。字长越长，则计算机的运算精度越高，处理能力也就越强。通常，字长都是字节（8 位二进制位）的整数倍，如 8 位、16 位、32 位、64 位等。

2. 机器速度（Speed）

计算机的时钟频率（常称主频）在一定程度上反映了机器的速度。它是指 CPU 在单位时间（秒）内发出的脉冲数。它在很大程度上决定了计算机的运算速度。主频的单位是兆赫兹（MHz）或吉赫兹（GHz），一般主频越高速度越快。如目前 Intel Pentium 4 的最高主频已经达到了 3GHz。时钟主频一般是用跟在 CPU 名称后的数字来表示的，如 P4 2.4，表示 Intel 的奔腾 4 处理器，时钟主频为 2.4GHz。计算机执行指令的速度与机器时标系统的设计有关，并与计算机的体系结构有关，因此，还可以用计算机每秒钟能执行的加法指令数目来衡量计算机的速度，通常用百万次每秒（1 秒内可以执行多少百万条指令，Million Instruction Per Second，简称 MIPS）来表示。

3. 存储器容量（Capacity）

存储器容量分为内存容量和外存容量，这里主要指内存的容量。内存容量越大，机器所能运行的程序就越大，处理能力就越强，运行速度也越快。目前微机普通主板的内存容量一般为 2GB、4GB、8GB 及以上。

4. 指令系统（Instruction Set）

指令系统包括指令的格式、指令的种类和数量、指令的寻址方式等。显然，指令的种类和数量越多，指令的寻址方式越灵活，计算机的处理能力就越强。一般计算机的指令多达几十条至几百条。

5. 机器可靠性（Reliability）

计算机的可靠性常用平均无故障时间（MTBF）来表示。它是指系统在两次故障间能正常工作的时间的平均值。显然，该时间越长，计算机系统的可靠性越高。实际上，引起计算机故障的因素很多，除所采用的器件外，还与组装工艺、逻辑设计等有关。因此，不同厂商生产的兼容机，即使采用相同的元器件，其可靠性也可能相差很大，这就是人们愿意出高价购买品牌原装机的原因。

1.4 计算机软件系统

计算机系统的硬件只提供了执行机器指令的“物质基础”，要用计算机来解决一个具体任务，需要根据求解该任务的“算法”，用指令来编制实现该算法的程序，计算机通过运行该程序才能获得解决这一任务的结果。随着计算机硬件技术的不断发展及广泛应用，计算机软件技术也日趋完善与丰富。作为信息处理的计算机似乎有神奇的力量，什么都能干，这种神奇之力就来自于软件！

1.4.1　软件的概念

程序是一种信息，它的传播需要借助于某种介质。程序作为商品以有形介质（如磁盘、光盘）为载体进行交易，就称为软件（Software）。确切地说，软件是指为运行、维护、管理及应用计算机所编制的所有程序及其文档资料的综合。软件具有如下特征：

- 软件是功能、性能相对完备的程序系统。程序是软件，但软件不仅是程序，还包括说明其功能、性能的说明性信息，如使用维护说明、指南、培训教材等。
- 软件是具有使用性能的软设备。我们编制一个应用程序，可以解决自己的问题，但不能称之为软件。一旦使用良好并转让给他人则可称为软件。
- 软件是信息商品。软件作为商品，不仅有功能、性能要求，还要有质量、成本、交货期、使用寿命等要求。
- 软件是一种只有过时而无“磨损”的商品。硬件和一般产品都有使用寿命，长时间使用会“磨损”，就会变得不可靠。软件和硬件不同，用得越多的软件，其内部的错误将被清除得越干净。所以软件只有过时，而无用坏一说。

1.4.2　软件系统及其组成

计算机软件系统由系统软件（System Software）和应用软件（Application Software）两部分组成，如图 1-13 所示。

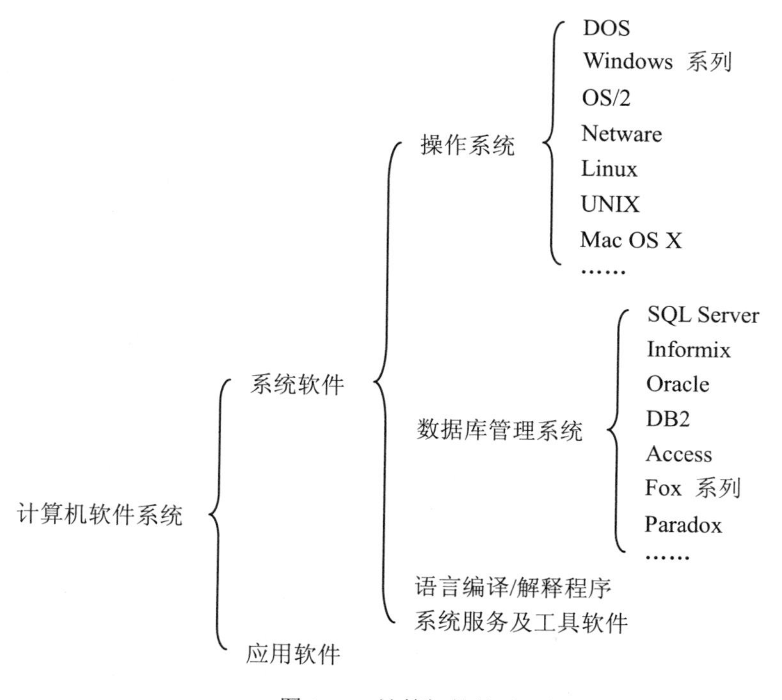

图 1-13　计算机软件系统的组成

系统软件指软件厂商为释放硬件潜能、方便使用而配备的软件，主要包括操作系统、网络软件、数据库管理系统、各种服务程序、界面工具、各种语言编辑/解释系统、系统性能检测和实用工具软件等支持计算机支持运作的“通用”软件。应用软件是指为解决某一应用领域问题的软件，如财会软件、通信软件、科学计算软件、计算机辅助设计与制造（CAD/CAM）软件等。在当今整个社会信息化的现状下，系统软件和应用软件的界限越来越模糊。例如，数据库系统早期只在数据处理领域中使用，科学计算、工程控制领域有的文件系统就不一定需要它，但它现在已经是系统软件了。

一台机器上提供的系统软件的总和叫软（开发）平台，在此平台上编制应用程序就是应用开发。应用程序通用化、商品化后就是应用软件。随着计算机应用领域越来越广泛，应用软件的类别不胜枚举。通常从技术特点的角度将软件分为业务（Business）软件、科学计算软件、嵌入式（Embedded）软件、实时（Real-time）软件、个人计算机软件、人工智能软件等。

1.4.3 典型软件简介

1. 操作系统

操作系统（Operating System，OS）是计算机系统中最重要的系统软件。它管理计算机系统的软硬件资源（如 CPU、内存、硬盘、打印机等外部设备及各种软件），合理地组织计算机的工作流程，并为用户使用计算机提供良好的工作环境。操作系统与硬件关系密切，它实现了对硬件的首次扩充，并为上层软件提供服务，其他所有软件都是在它的基础上运行的。目前比较常见的操作系统有运行于 X86 平台的 Windows XP/7/8/10、Server 2003/2008/2012，OS/2、Netware、Linux、SCO UNIX 等；运行于苹果机上的 Mac OS X；运行于多种硬件平台上的 UNIX。

（1）操作系统的功能。操作系统的功能主要是管理，即管理计算机的所有资源（软件和硬件）。一般认为操作系统具有处理器、内存储器、设备和计算机文件等方面的管理功能。操作系统是计算机硬件与用户之间的接口，它使用户能够方便地操作计算机。下面对照图 1-14 简单介绍一下操作系统的几项主要功能。

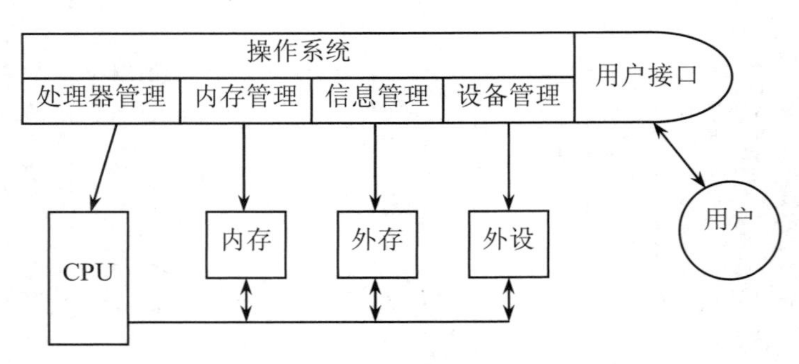

图 1-14　操作系统的基本功能

1）处理器管理。处理器就是指 CPU。CPU 是执行程序（包括系统程序和用户程序）的唯一部件，是计算机中最宝贵的硬件资源。如何管理好 CPU，提高 CPU 的使用率就成为操作系统的核心任务。管理 CPU 的目的是为了更有效地执行程序，而正在执行的程序就是“进程”。

进程也是操作系统管理的对象，进程管理与处理器管理密不可分。

2）内存管理。内存管理主要包括内存空间的分配、保护和扩充。凡是要执行的程序都要进入内存。所以在内存中，有操作系统（及其他系统软件），也有工具软件和用户程序。如何为它们分配内存，如何保证系统及用户程序的存储区互不冲突，这就是内存管理要解决的问题。

在内存管理中，操作系统还通过虚拟存储器技术为用户提供一个比实际内存大得多的“虚拟内存”，以解决物理内存空间不足的问题。

3）信息管理。在计算机的外存上存储着大量的信息（包括程序和数据），如何组织和管理好这些信息，并方便用户的使用，这就是操作系统信息管理的内容。

信息的共享和保护也是文件系统所要解决的问题。尤其是在多用户系统中，硬盘上存储着大量的文件，哪些文件可以为用户共享，哪些文件只能为部分用户或特定用户使用，都需要系统管理员利用操作系统提供的权限管理功能为文件设定不同的访问权。

4）设备管理。设备管理的任务是根据预定的分配策略，将设备接口及外设分配给请求输入/输出的程序，并启动设备完成输入/输出操作。

5）用户接口。前面 4 项功能都是对计算机软硬件资源的管理。此外，操作系统的一个主要功能就是为用户提供一个友好的用户接口。用户接口有两种类型（两种层次）：一种是程序级接口，即系统提供了一组“系统调用”供用户在编程时调用。另一种是作业级接口，也就是大家熟悉的操作系统用户界面。如 Windows 界面、DOS 命令、UNIX 系统的 shell 命令等，都是这种接口的具体表现。

（2）操作系统的典型结构。操作系统的种类繁多，依其功能和特性分为批处理操作系统、分时操作系统和实时操作系统等；按同时管理用户数的多少分为单用户操作系统和多用户操作系统；还有适合管理计算机网络环境的网络操作系统。通常操作系统有以下 5 类：

1）单用户操作系统（Single User Operating System）。单用户操作系统的主要特征是计算机系统内一次只能支持运行一个用户程序。这类系统的最大缺点是计算机系统的资源不能充分被利用。微型机的 DOS、Windows 操作系统属于这一类。

2）批处理操作系统（Batch Processing Operating System）。批处理操作系统是 20 世纪 70 年代运行于大、中型计算机上的操作系统，当时由于单用户单任务操作系统的 CPU 使用效率低，I/O 设备资源未充分利用，因而产生了多道批处理系统，它主要运行在大、中型机上。多道是指多个程序或多个作业（Multi Programs or Multi Jobs）同时存在和运行，故也称为多任务操作系统。IBM 的 DOS/VSE 就是这类系统。

3）分时操作系统（Time-Sharing Operating System）。分时系统是一种具有如下特征的操作系统：在一台计算机周围挂上若干台近程或远程终端，每个用户可以在各自的终端上以交互的方式控制作业运行。

在分时系统管理下，虽然各个用户使用的是同一台计算机，但却能给用户一种“独占计算机”的感觉。实际上是分时操作系统将 CPU 时间资源划分成极短的时间片（毫秒量级），轮流分给每个终端用户使用，当一个用户的时间片用完后，CPU 就转给另一个用户，前一个用户只能等待下一次轮到。由于人的思考、反应和键入的速度通常比 CPU 的速度慢得多，所以只要同时上机的用户不超过一定数量，人不会有延迟的感觉，好像每个用户都独占着计算机资源一样。分时系统的优点是：第一，经济实惠，可充分利用计算机资源：第二，由于采用交互会话方式控制作业，用户可以坐在终端前边思考、边调整、边修改，从而大大缩短了解题周期；第三，分时系统的多个用户间可以通过文件系统彼此交流数据和共享各种文件，在各自的终端上协同完成共同任务。分时操作系统是多用户多任务操作系统，UNIX 是国际上最流行的分时操作系统。此外，UNIX 具有网络通信与网络服务的功能，也是广泛使用的网络操作系统。

4）实时操作系统（Real-Time Operating System）。在某些应用领域，要求计算机对数据能进行迅速处理。例如，在自动驾驶仪控制下飞行的飞机、导弹的自动控制系统中，计算机必须对测量系统测得的数据及时、快速地进行处理和反应，以便达到控制的目的，否则就会失去战机。这种有响应时间要求的快速处理过程叫做实时处理过程。当然，响应的时间要求可长可短，可以是秒、毫秒或微秒级的。对于这类实时处理过程，批处理系统或分时系统均无能为力了，因此产生了另一类操作系统——实时操作系统。

5）网络操作系统（Network Operating System）。提供网络通信和网络资源共享功能的操作系统称为网络操作系统。

（3）进程与线程。

1）进程（Process）。进程是操作系统中的一个核心概念。进程是程序的一次执行过程，是系统进行调度和资源分配的一个独立单位。或者说，进程是一个程序与其数据一道在计算机上顺利执行时所发生的活动。简单地说，就是一个正在执行的程序。一个程序被加载到内存，系统就创建了一个进程，程序执行结束后，该进程也就随即结束了。当一个程序同时被执行多次时，系统就创建了多个进程，尽管是同一个程序，但可以被多个进程执行。在 Windows、UNIX、Linux 等操作系统中，用户可以查看到当前正在执行的进程。有时“进程”又称“任务”，在 Windows 中可以通过按 Ctrl+Alt+Del 组合键调出任务管理器，就可以快速查看进程信息，或者强行终止某个进程。当然，结束一个应用程序的最好方式是在应用程序的界面中正常退出，而不是在进程管理器中删除一个进程，除非应用程序出现异常而不能正常退出时才这样做。

程序是用户编制完成特定任务的代码，被存放在外存（硬盘或其他存储设备）上。根据用户使用计算机的需要，它可能会成为一个作业，也可能不会成为一个作业。

作业是程序被选中到运行结束并再次成为程序的整个过程。显然，所有作业都是程序，但不是所有程序都是作业。

进程是正在内存中被运行的程序，当一个作业被选中后进入内存运行，这个作业就成为进程。等待运行的作业不是进程。同样，所有的进程都是作业，但不是所有的作业都是进程。

2）线程（Threads）。随着硬件和软件技术的发展，为了更好地实现并发处理和共享资源，提高 CPU 的利用率，目前许多操作系统把进程再“细分”成线程。这并不是一个新的概念，实际上它是进程概念的延伸。

一般意义上，如果一个程序只有一个进程就可以处理所有的任务，那么它就是单线程的。如果一个程序可以被分解为多个进程共同完成程序的任务，那么被分解的不同进程就叫做线程。

2. 数据库管理系统

数据库管理系统（Data Base Management System，DBMS）是信息管理的核心，大多数应用系统都涉及信息管理，因而都具有数据库管理系统。数据库管理系统的种类很多，例如：在微型计算机的 Windows 平台下就有 Access、FoxPro、Paradox 等数据库管理系统。常见的大型关系型数据库系统有 SQL Server、Informix、Oracle、DB2 等；国产的有东软的 OpenBASE、DM2 等。现在的大型数据库大都支持多媒体数据类型，并以各种方式提供对 WWW 的支持。

3. 计算机语言与程序开发集成

（1）计算机语言。像人们交往需要语言一样，人与计算机交往也要使用相互理解的语言，以便人把意图告诉计算机，而计算机则把工作结果告诉人。人们用以同计算机交互的语言叫程序设计语言。程序设计语言通常分为三类：机器语言、汇编语言和高级语言。

1）机器语言。在计算机中，指挥计算机完成某个基本操作的命令称为指令。所有的指令集合称为指令系统，直接用二进制代码表示指令系统的语言称为机器语言。机器语言是计算机硬件系统真正理解和执行的唯一语言，因此，它的效率最高，执行的速度最快，而其无需“翻译”。由于机器语言直接用二进制代码表示，方便了机器，但如果直接用机器语言来编写程序，程序员可就苦不堪言了。

2）汇编语言。为了克服机器语言上述的缺点，出于程序设计语言的抽象，让它尽可能地接近于算法语言。为此，人们首先注意到的是可读性和可移植性，因为它们相对地容易通过抽象而得到改善。于是，很快就出现了汇编语言。

对机器来讲，汇编语言是无法直接执行的。所以必须将用汇编语言编写的程序翻译成机器语言程序，机器才能执行。用汇编语言编写的程序一般称为汇编语言源程序，翻译后的机器语言一般称为目标程序。将汇编语言源程序翻译成目标程序的软件称为汇编程序。这个翻译过程称为汇编。

3）高级语言。所谓高级语言，是一种用表达各种意义的“词”和“数学公式”按照一定的“语法规则”编写程序的语言，也称为高级程序设计语言或算法语言。这里的“高级”是指这种语言与自然语言和数学式子相当接近，而且不依赖于计算机的型号，通用性好。

用高级语言编写的程序叫做高级语言源程序，必须翻译成机器语言程序（即目标程序）才能被计算机执行，这种翻译有两种方式：编译方式和解释方式。

编译方式是将高级语言源程序整个编译成目标程序，然后通过链接程序将目标程序链接成可执行程序的方式。将高级语言源程序翻译成目标程序的软件称为编译程序，这种翻译过程称为编译。

解释方式是将源程序逐句翻译、逐句执行的方式，解释过程不产生目标程序。显然，解释的方式在运行效率上比编译方式要低得多。

2019 年 1 月“TIOBE 编程语言排行榜”显示，Python 语言已经成为当前最流行最受欢迎的编程语言，排名第二的是 Visual Basic .Net，第三是 Java。

（2）程序开发集成环境。程序开发语言有近百种之多，常见的语言也有十来种。现在所用到的编程语言一般是以集成环境的形式出现的，在这个集成环境中，包含了编辑器、调试工具、编译工具、运行工具、图标图像制作工具等。例如，在 Windows 环境下，常用的应用程序开发环境有 Microsoft 的 Visual Studio.Net 开发套件，其中包括 Visual C++、Visual C#、Visual Basic 等开发工具。

习题 1

单项选择题

1．天气预报能为我们的生活提供良好的帮助，它应该属于计算机的（　　）类应用。

A．科学计算　B．信息处理　C．过程控制　D．人工智能

2．二进制数 101001 转换成十进制整数等于（　　）。

A．41　B．43　C．45　D．39

3．计算机软件系统包括（　　）。

A．程序、数据和相应的文档（软件）　B．系统软件和应用软件

C．数据库管理系统和数据库　D．编译系统和办公软件

4．用于汉字信息处理系统之间或者与通信系统之间进行信息交换的汉字代码是（　　）。

A．国标码　B．存储码　C．机外码　D．字形码

5．构成 CPU 的主要部件是（　　）。

A．内存和控制器　B．内存、控制器和运算器

C．高速缓存和运算器　D．控制器和运算器

6．RAM 的特点是（　　）。

A．海量存储器　B．存储在其中的信息可以永久保存

C．存储的数据断电后消失，无法恢复　D．只是用来存储数据的

7．将高级语言编写的程序翻译成机器语言程序，采用的翻译方式是（　　）。

A．编译和解释　B．编译和汇编

C．编译和连接　D．解释和汇编

8．下面关于显示器的叙述中，正确的一项是（　　）。

A．显示器是输入设备　B．显示器是输入/输出设备

C．显示器是输出设备　D．显示器是存储设备

9．计算机之所以能按人们的意图自动进行工作，最直接的原因是采用了（　　）。

A．二进制　B．高速电子元件　C．程序设计语言　D．存储程序控制

10．二进制数 1100100 转换成十进制整数等于（　　）。

A．96　B．100　C．104　D．112

11．某电脑显示屏的分辨率为 1024×768 像素，则该显示屏在水平方向排列的像素个数为（　　）。

A．768　B．1024　C．80 万　D．0

12．计算机的性能指标中机器字长与计算机的结构有关的是（　　）。

A．片内总线　B．系统总线　C．数据总线　D．地址总线

13．存储 1024 个 24×24 点阵的汉字字形码需要的字节数是（　　）。

A．720B　B．72KB　C．7000B　D．7200B

14．微机硬件系统中最核心的部件是（　　），用以完成指令的解释和执行。

A．内存储器　B．输入/输出设备　C．CPU　D．硬盘

15．一个字长为 5 位的无符号二进制数能表示的十进制数范围是（　　）。

A．1～32　　B．0～31　　C．1～31　　D．0～32

16．在下列字符中，其 ASCII 码最大的一个是（　　）。

bcbcbbabcbbcbbc

A．9　　B．Z　　C．d　　D．X

17．下列叙述中，错误的是（　　）。

A．把数据从内存传输到硬盘叫写盘

B．WPS 2013 属于系统软件

C．把源程序转换为机器语言的目标程序的过程叫编译

D．在计算机内部，数据的传输、存储和处理都使用二进制编码

18．下列各存储器中，存取速度最快的一种是（　　）。

A．Cache　　B．动态 RAM　　C．CD-ROM　　D．硬盘

19．CD-ROM 是（　　）。

A．大容量可读可写外部存储器　　B．大容量只读外部存储器

C．可直接与 CPU 交换数据的存储器　　D．只读内部存储器

20．计算机工作时，内存储器用来存储（　　）。

A．程序和指令　　B．数据和信号　　C．程序和数据　　D．汉字和 ASCII 码

21．世界上公认的第一台电子计算机诞生的年份是（　　）。

A．1943　　B．1946　　C．1950　　D．1951

22．1946 年首台电子数字计算机 ENIAC 问世后，冯·诺依曼在研制 EDVAC 计算机时，提出两个重要的改进，它们是（　　）。

A．引入 CPU 和内存储器的概念　　B．采用机器语言和十六进制

C．采用二进制和存储程序控制的概念　　D．采用 ASCII 编码系统

23．下列叙述中，正确的是（　　）。

A．高级程序设计语言的编译系统属于应用软件

B．高速缓冲存储器（Cache）一般用 SRAM 来实现

C．CPU 可以直接存取硬盘中的数据

D．存储在 ROM 中的信息断电后全部丢失

24．下列各存储器中，存取速度最快的是（　　）。

A．CD-ROM　　B．内存储器　　C．软盘　　D．硬盘

25．某台式计算机的内存容量为 256MB，硬盘容量为 20GB。硬盘容量是内存容量的（　　）。

A．40 倍　　B．60 倍　　C．80 倍　　D．100 倍

26．显示器的（　　）指标越高，显示的图像越清晰。

A．对比度　　B．亮度　　C．对比度和亮度　　D．分辨率

27．计算机能直接识别的语言是（　　）。

A．高级程序语言　　B．机器语言

C．汇编语言　　D．C++语言

28．存储一个 48×48 点阵的汉字字形码需要的字节个数是（　　）。

A．384　　B．288　　C．256　　D．144

29．现代计算机中所采用的电子元器件是（　　）。
A．电子管　　B．晶体管
C．小规模集成电路　　D．大规模和超大规模集成电路

30．市政道路及管线设计软件，属于计算机（　　）。
A．辅助教学　　B．辅助管理　　C．辅助制造　　D．辅助设计

31．存储一个32×32点阵的汉字字形码需用的字节数是（　　）。
A．256　　B．128　　C．72　　D．16

32．下列叙述中，正确的是（　　）。
A．用高级程序语言编写的程序称为源程序
B．计算机能直接识别并执行用汇编语言编写的程序
C．机器语言编写的程序必须经过编译和连接后才能执行
D．机器语言编写的程序具有良好的可移植性

33．计算机技术中，下列不是度量存储器容量的单位是（　　）。
A．KB　　B．MB　　C．GHz　　D．GB

34．SRAM指的是（　　）。
A．静态随机存储器　　B．静态只读存储器
C．动态随机存储器　　D．动态只读存储器

35．下列设备组中，完全属于计算机输出设备的一组是（　　）。
A．喷墨打印机、显示器、键盘　　B．激光打印机、键盘、鼠标器
C．键盘、鼠标器、扫描仪　　D．打印机、绘图仪、显示器

36．Cache的中文译名是（　　）。
A．缓冲器　　B．只读存储器
C．高速缓冲存储器　　D．可编程只读存储器

37．下列叙述中，正确的是（　　）。
A．C++是高级程序设计语言的一种
B．用C++程序设计语言编写的程序可以直接在机器上运行
C．当代最先进的计算机可以直接识别、执行任何语言编写的程序
D．机器语言和汇编语言是同一种语言的不同名称

38．计算机系统软件中最核心的是（　　）。
A．语言处理系统　　B．操作系统
C．数据库管理系统　　D．诊断程序

39．英文缩写ROM的中文译名是（　　）。
A．高速缓冲存储器　　B．只读存储器
C．随机存取存储器　　D．优盘

40．冯•诺依曼型体系结构的计算机硬件系统的五大部件是（　　）。
A．输入设备、运算器、控制器、存储器、输出设备
B．键盘和显示器、运算器、控制器、存储器和电源设备
C．输入设备、中央处理器、硬盘、存储器和输出设备

D．键盘、主机、显示器、硬盘和打印机

41．微机中采用的标准 ASCII 编码用（　　）位二进制数表示一个字符。

A．6　　B．7　　C．8　　D．16

42．下列两个二进制数进行算术运算，10000-101=（　　）。

A．01011　　B．1101　　C．101　　D．100

43．磁盘的存取单位是（　　）。

A．柱面　　B．磁道　　C．扇区　　D．字节

44．1946 年诞生的世界上公认的第一台电子计算机是（　　）。

A．UNIVAC-I　　B．EDVAC　　C．ENIAC　　D．IBM 650

45．如果在一个非零无符号二进制整数之后添加两个 0，则此数的值为原数的（　　）。

A．4 倍　　B．2 倍　　C．1/2　　D．1/4

46．二进制数 111111 转换成十进制数是（　　）。

A．71　　B．65　　C．63　　D．62

47．无符号二制整数 00110011 转换成十进制整数是（　　）。

A．48　　B．49　　C．51　　D．53

48．下列各进制的整数中，值最大的一个是（　　）。

A．十六进制数 6A　　B．十进制数 134

C．八进制数 145　　D．二进制数 1100001

49．下列软件中，不是操作系统的是（　　）。

A．Linux　　B．UNIX　　C．MS-DOS　　D．MS Office

50．CPU 主要技术性能指标有（　　）。

A．字长、运算速度和时钟主频　　B．可靠性和精度

C．耗电量和效率　　D．冷却效率

第 2 章　Windows 7 操作系统

2.1　Windows 7 基础入门

2.1.1　Windows 7 简介

Windows 7 是微软公司推出的操作系统，具有强大的功能、稳定的性能和美观的界面，能提供更可靠的安全机制和更强大的服务及网络功能。

微软公司向不同用户推出了 6 个不同的 Windows 7 版本，分别是 Windows 7 简易版、Windows 7 家庭普通版、Windows 7 家庭高级版、Windows 7 专业版、Windows 7 旗舰版和 Windows 7 企业版。

家庭普通版：使日常操作变得更快、更简单。使用 Windows 7 家庭普通版，可以更快、更方便地访问使用最频繁的程序和文档。

家庭高级版：在计算机上享有最佳的娱乐体验。使用 Windows 7 家庭高级版，可以轻松地欣赏和共享电视节目、照片、视频和音乐。

专业版：提供办公和家用所需的一切功能。Windows 7 专业版具备各种商务功能，并拥有家庭高级版卓越的媒体和娱乐功能。

旗舰版：集各版本功能之大全。Windows 7 旗舰版具备 Windows 7 家庭高级版的所有娱乐功能和专业版的所有商务功能，同时增加了安全功能以及在多语言环境下工作的灵活性。

企业版：仅能通过微软与企业间的软件保障协议获得，它与旗舰版的差别仅在于授权模式的不同，功能完全一致。

在 Windows 7 的各个版本中，家庭普通版支持的功能最少，旗舰版和企业版支持的功能最多。

2.1.2　Windows 7 的启动、退出和注销

1. Windows 7 的启动

要使用计算机就必须先启动它，即人们常说的“开机”。计算机在启动时，会自动对计算机的内存、显卡和键盘等重要硬件设备进行检测，直到确认各设备工作正常后才会将系统的引导权交给操作系统。

【例 2-1】 启动计算机进入 Windows 7 操作系统。

（1）打开连接计算机的外部电源开关，再按下显示器上的电源开关。

（2）按下主机上的电源开关，稍后显示器屏幕上显示提示信息，表示系统开始自检。

（3）稍后将出现如图 2-1 所示的引导界面，然后将出现 Windows 7 欢迎界面，稍等片刻即可进入 Windows 7 操作系统。

若计算机中已添加了用户账户密码，在如图 2-2 所示界面中，在“密码”框中输入密码后，

按 Enter 键或单击后面的按钮进入操作系统并显示桌面。

图 2-1 Windows 7 启动引导界面

图 2-2 显示账户图标

提示：给计算机添加密码步骤：打开“控制面板”，依次选择“用户账户和家庭安全”→“添加或删除用户账户”，点选需要添加密码的账户，选择“创建密码”命令即可为用户创建密码。

2. Windows 7 的退出

在每次使用计算机后，用户都应退出 Windows 7 操作系统并关闭计算机。非正常的关闭将可能导致对计算机系统甚至硬件的伤害。用户可以按以下步骤安全退出系统：

（1）保存打开的文档及其他数据。

（2）关闭所有正在运行的应用程序。

（3）单击“开始”按钮→“关机”按钮右边的扩展按钮。如图 2-3 所示。

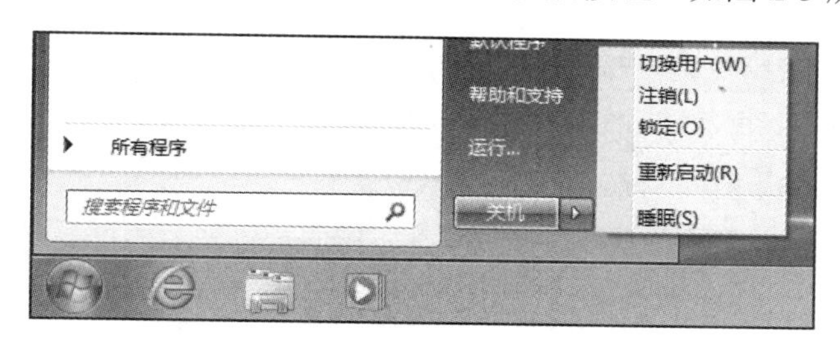

图 2-3 “关机”菜单

3. 睡眠和注销用户

在使用计算机过程中需要短暂离开时，可以让计算机进入锁定状态；如果需要在这段时间内保护计算机的使用安全，则可以暂时注销用户。

（1）睡眠。睡眠就是将计算机转为低耗能状态。进入睡眠状态后，计算机的显示器和硬盘都被自动关闭，但是内存中的信息将仍然保留。计算机睡眠操作步骤如下：单击“开始”按钮，再单击“关机”按钮右边的扩展按钮，如图 2-3 所示，选择“睡眠”，计算机即可进入睡眠状态。

（2）注销和切换用户。Windows 7 是一个支持多用户的操作系统，为了便于不同的用户快速登录来使用计算机，Windows 7 提供了注销的功能，它能使用户不必重新启动计算机就可以实现多用户登录，这样既方便快捷，又减少了对硬件的损耗。

Windows 7 的注销，可执行下列操作：单击“开始”按钮，再单击“关机”按钮右边的扩展按钮，选择“注销”，如图 2-3 所示，计算机即可注销当前用户。

"注销"是指关闭程序并注销当前登录用户，"切换用户"是指在不关闭当前登录用户的情况下切换到另一个用户。当再次返回时，系统会保留原来的状态。

2.2 Windows 7 的基本操作

2.2.1 鼠标和键盘的基本操作

1. 鼠标操作

在 Windows 7 操作系统中，鼠标是最基本的输入设备。利用鼠标可以方便、快速、准确地完成除了输入字符外的几乎所有操作，如选择菜单、打开窗口、运行程序以及执行复制、移动和删除等基本操作。表 2-1 列举了几种常见鼠标光标的形状及其所代表的含义。

表 2-1 鼠标光标形态与含义

指针形态	含义
	表示 Windows 准备接受输入命令
	表示 Windows 正处于忙碌状态
	表示系统正在处理较大的任务，用户需等待
	此光标出现在文本编辑区，表示此处可输入文本内容
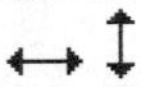	鼠标光标位于窗口的边缘时出现该形状，此时拖动鼠标即可改变窗口大小
	鼠标光标位于窗口的四角时出现该形状，拖动鼠标可同时改变窗口的高度和宽度
	表示鼠标光标所在的位置是个超链接
	该鼠标光标在移动对象时出现，拖动鼠标可移动对象位置
	该鼠标光标常出现在制图软件中，此时可作精确定位
	表示鼠标光标所在的按钮或某些功能不能使用

鼠标的基本操作有以下 5 种：

（1）指向：移动鼠标，使鼠标指针指向某个对象或置于某个位置。

（2）单击：快速按下并松开鼠标左键，用于选择某个对象。

（3）右击：快速按下并松开鼠标右键，用来弹出与指向对象相关的快捷菜单。

（4）双击：快速、连续按下并松开鼠标左键两次，用于打开选中的对象。

（5）拖动：指向某个对象，按住左键，移动鼠标，到达目标位置后释放鼠标。

2. 键盘操作

Windows 7 中凡是鼠标可以控制的操作，采用键盘也能实现。有些操作需要几个键组合而成，为了说明方便，以下采用"+"表示组合，例如，Ctrl+Esc 表示按住 Ctrl 键的同时按下 Esc 键。表 2-2 列出了 Windows 提供的常用快捷键。

表 2-2　Windows 7 的常用快捷键

快捷键	说明	快捷键	说明
F1	打开帮助	Ctrl+C	复制
F2	重命名文件或文件夹	Ctrl+V	粘贴
F3	搜索文件或文件夹	Ctrl+X	剪切
F5	刷新当前窗口	Ctrl+Z	撤销
Del	删除所选对象	Ctrl+A	全部选中
Shift+Del	永久删除，不放入“回收站”	Alt+Tab	在最近打开的两个程序窗口之间切换
Tab	切换到对话框中的下一个对象	Alt+F4	关闭当前活动窗口
Shift+Tab	切换到对话框中的上一个对象	Alt+Space	打开窗口左上角的控制菜单
Print+Screen	复制当前屏幕图像到剪贴板中	Alt+Print+Screen	复制当前活动窗口图像到剪贴板中

2.2.2　Windows 7 的桌面介绍

“桌面”就是用户启动计算机登录到操作系统后看到的整个屏幕界面，它是用户和计算机进行交流的窗口。

为了便于叙述，先介绍 Windows 7 的几个有关术语。

对象：是指 Windows 7 中的各种实体，如窗口、程序、文档、文件夹、快捷方式等。

图标：代表对象的各种小图像，如桌面上的“计算机”“回收站”等。

快捷方式：为了方便打开某些程序而复制的一些对象的指针。例如，可以把一些应用程序的快捷方式放到桌面上，以便快速打开应用程序。

1．桌面上的图标说明

图标是指桌面上排列的小图像，它包含图形和说明文字两部分，双击图标就可以启动其对应的程序。一般包含如下两种：

（1）系统默认图标，如表 2-3 所示。

表 2-3　系统图标

图标	作用及说明
计算机	管理计算机中的所有资源，包括软硬件设置和文件的管理。它和资源管理器的作用基本相同
网络	用于网络配置以访问其他计算机上的资源
回收站	用于暂时存放用户删除的文件或文件夹。在未清空回收站时，可以从中还原删除的文件或文件夹
Internet Explorer	Windows 7 附带的 Web 浏览器，用于浏览网页

（2）应用程序图标：即应用程序的快捷方式图标。这种图标的特点是图标左下方有一个黑色的小箭头。

2. 任务栏

任务栏是位于桌面最下方的一个小长条。所有正在运行的应用程序和打开的文件夹均以任务按钮的形式显示在任务栏上，如图 2-4 所示。任务栏分为“开始”菜单按钮、快速启动区、窗口按钮栏和通知区域等几个部分。

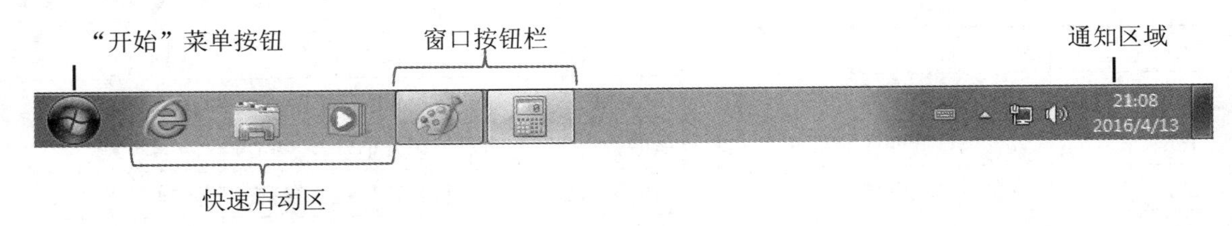

图 2-4 任务栏

（1）“开始”菜单按钮：打开“开始”菜单。可运行程序、打开文档及执行其他常规任务，用户要求的所有功能几乎都可以由“开始”菜单提供。

（2）快速启动区：可以通过单击鼠标快速启动程序，一般情况下，它包括网上浏览工具 Internet Explorer 图标、资源管理器图标和媒体播放器图标等。

（3）窗口按钮栏：执行应用程序而打开一个窗口后，在任务栏上会出现相应的有立体感的按钮，通过单击这些按钮可以在各应用程序间进行切换。

（4）通知区域：包含音量、输入法、网络连接、时间或某些已运行的应用程序（如杀毒软件）图标。

3. 桌面的基本操作

（1）添加系统常用图标。如果要在桌面上添加常用的系统图标，可执行下列操作步骤：

1）右击桌面空白处，在弹出的快捷菜单中选择“个性化”命令，选择左上方的“更改桌面图标”命令打开“桌面图标设置”对话框，如图 2-5 所示。

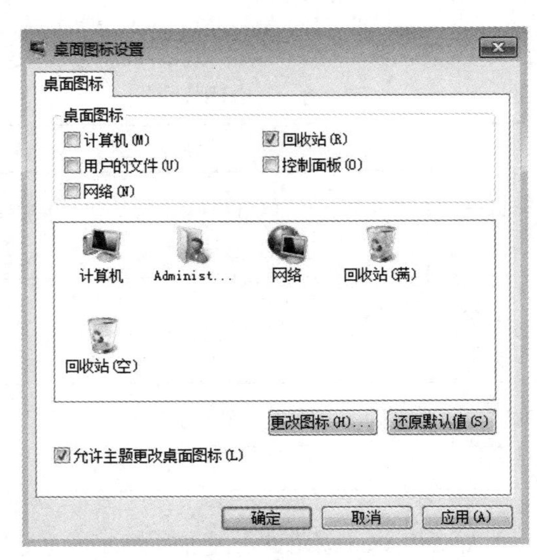

图 2-5 “桌面图标设置”对话框

2）在“桌面图标”选项卡中选择需要添加到桌面的图标项，如“计算机”和“用户的文件”，如图 2-5 所示。

3）设置完成后单击“确定”按钮。

（2）添加桌面图标。桌面上的图标通常是用来打开各种程序和文件的快捷方式。可以用拖动的方法将经常使用的程序、文件和文件夹等对象拖放到桌面上，以建立新的桌面对象。

在桌面上添加图标可使用以下两种方法：

1）用鼠标右键拖动对象到桌面后释放鼠标按键，在弹出的快捷菜单中选择一种方式，如图 2-6 所示。

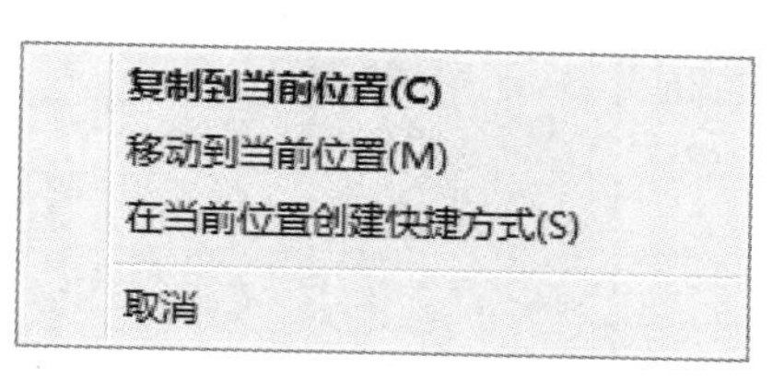

图 2-6　右键拖动对象的快捷菜单

2）用鼠标右击桌面空白处，在弹出的快捷菜单中选择“新建”→“快捷方式”命令。

（3）删除桌面图标。如果要删除桌面上的对象，可右击相应的图标，然后在弹出的快捷菜单中选择“删除”命令；也可将需要删除的图标直接拖放到桌面上的“回收站”中。

（4）排列桌面图标。右击桌面空白处，在弹出的快捷菜单中选择“排序方式”的下级菜单命令，可按名称、类型、大小等多种方式重新排列桌面上的图标，如图 2-7 所示；还可以在桌面上自行排列图标，但必须取消选中“自动排列”选项。

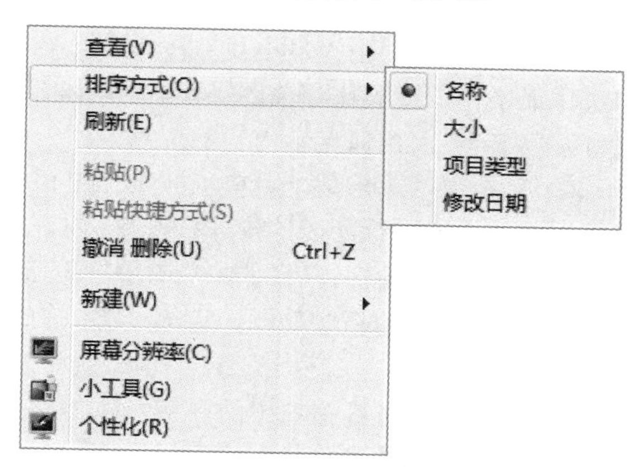

图 2-7　“排列方式”的下级菜单

2.2.3　窗口的基本操作

1．窗口

窗口是桌面上用于查看应用程序或文档等信息的一块矩形区域。Windows 中有应用程序窗口、文件夹窗口、对话框窗口等。在同时打开的几个窗口中，有前台窗口和后台窗口之分。用户当前操作的窗口称为活动窗口或前台窗口，其他窗口则称为非活动窗口或后台窗口。

这里以“计算机”窗口为例介绍窗口组成及基本操作。双击桌面上“计算机”图标，即可打开如图 2-8 所示的窗口。窗口由以下几部分组成：

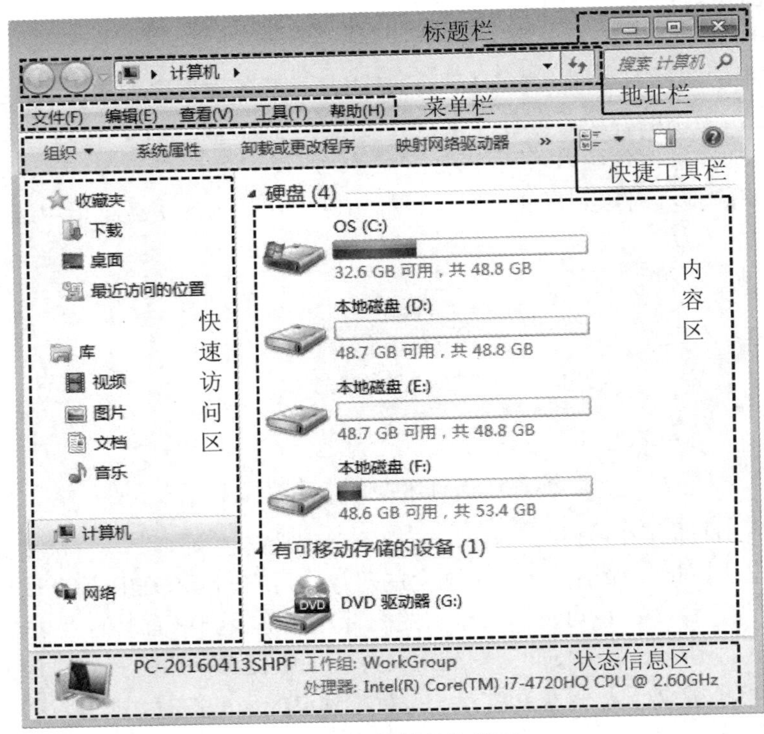

图 2-8 “计算机”窗口

（1）标题栏：位于窗口的顶部，右端由“最小化”按钮、“最大化”按钮和“关闭”按钮组成，可以分别对窗口进行最小化、最大化和关闭操作。

（2）地址栏：地址栏用于确定当前窗口显示内容的位置。

（3）菜单栏：包含了多个菜单项，单击某个菜单项即可弹出相应的下拉菜单，其中又包含多个命令，可对“计算机”中的内容进行相应的操作。

（4）快捷工具栏：该栏提供了处理窗口内容的一些常用快捷工具按钮。

（5）快速访问区：是 Windows 7 中的新增功能，它位于窗口的左侧，其作用是为窗口操作提供快速访问对象和查看相关信息。

（6）内容区：内容区中显示了当前打开窗口中的内容及执行操作后的结果。

（7）状态信息区：显示了所选内容的当前状态信息。

2. 窗口的几种基本操作

窗口的基本操作包括移动窗口、最大化/最小化窗口、改变窗口大小、切换窗口、选择命令、操作窗口中的对象和关闭窗口等。

（1）移动窗口。窗口是显示在桌面上的，当打开的窗口遮盖了桌面上其他的内容或打开的多个窗口出现重叠现象时，可通过移动窗口位置来显示其他内容。移动窗口的方法是：单击窗口标题栏后按住鼠标左键不放拖动窗口标题栏到适当位置后释放鼠标左键。

（2）最大化/最小化窗口。

1）单击标题栏中[最大化按钮]和[最小化按钮]按钮，可对窗口进行最大化、最小化操作。

2）单击[按钮]按钮可使窗口最大化，此时窗口将布满整个屏幕，且该按钮变成“还原”按钮[按钮]，单击[按钮]按钮可将窗口还原为原来的大小。

3）单击[按钮]按钮可将窗口最小化为任务栏中的一个任务按钮。

（3）改变窗口大小。要改变窗口的大小，可将鼠标光标移动到窗口的四边，当鼠标光标变为↔或↕形状时按住鼠标左键不放并拖动可改变窗口的宽度或高度；若将鼠标光标指向窗口的四角，当鼠标光标变为↘或↗形状时，按住鼠标左键不放并拖动可同时改变窗口的高度和宽度。

（4）切换窗口。当有多个窗口同时打开时，只有一个是当前活动窗口，其标题栏通常呈深蓝色。切换窗口有以下方法：

1）单击任务栏上的窗口按钮，可以很方便地实现活动窗口的切换。

2）单击某个窗口的可见部分，把它变换为活动窗口。

3）按 Alt+Tab 组合键，屏幕上出现“切换任务”窗口界面（图 2-9），其中列出了当前正在运行的窗口。按住 Alt 键的同时按 Tab 键从“切换任务”中选择一个正在运行的程序图标，选中后再松开这两个键，所选窗口即成为当前窗口。

图 2-9 “切换任务”窗口

（5）关闭窗口。当不需要对窗口进行操作时可将其关闭，关闭窗口的方法主要有以下几种：

1）单击窗口右上角的[按钮]按钮。

2）双击窗口标题栏左侧的程序或文件夹图标。

3）将该窗口切换至当前窗口，然后按 Alt+F4 组合键。

4）在任务栏中右击窗口对应按钮，在弹出的快捷菜单中选择“关闭”命令。

2.2.4 菜单的基本操作

Windows 中有各类菜单，如“开始”菜单、控制菜单、应用程序菜单、快捷菜单等。不同类型的菜单的打开方法如下：

（1）“开始”菜单：单击任务栏上的“开始”按钮。

（2）下拉菜单：单击下拉按钮并点选菜单项。

（3）窗口控制菜单：单击窗口标题栏左端的窗口控制图标。

（4）快捷菜单：右击某个对象图标。

菜单栏由不同的菜单项组成，它们分别代表不同的命令。Windows 为了方便用户操作，在一些菜单项的前面或后面加上了某些特殊标记，如图 2-10 为“查看”菜单，有关的说明如表 2-4 所示。

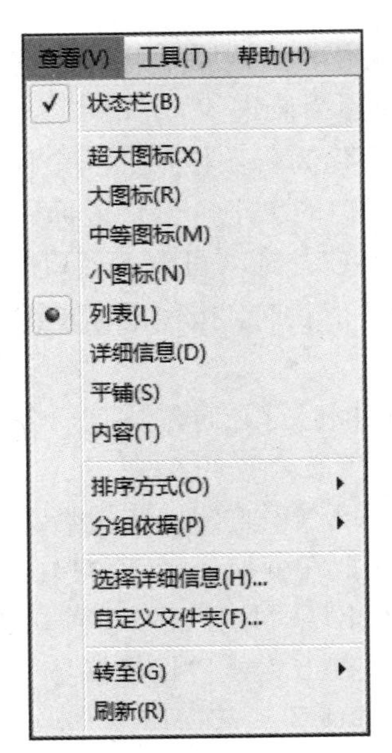

图 2-10 “查看”菜单

表 2-4 菜单项的约定

菜单项	说明
黑色字符	正常的菜单项，表示当前可用
暗淡字符	变灰的菜单项，表示当前不可用
后面带省略号“…”	执行命令后会打开一个对话框，供用户输入信息或修改设置
后面带三角“▶”	表示含有下级菜单，用鼠标指向或单击会打开一个子菜单
分组线	菜单项之间的分割线条，通常按功能将一个菜单分为若干组
前面带符号“•”	选择标记。在分组菜单中，有且仅有一个选项标有“•”，表示被选中
前有符号“√”	选择标记。“√”表示命令有效，再次单击可删除标记，表示命令无效
后面带组合键	用组合键可直接执行菜单命令

2.2.5 对话框的基本操作

对话框是 Windows 与用户进行信息交流的一个界面，Windows 为了获得必要的操作信息，会打开对话框向用户提问，通过对选项的选择、属性的设置或修改完成必要的交互操作。Windows 还使用对话框来显示一些附加信息或警告信息，或解释没有完成操作的原因。

对话框的组成和窗口有相似之处，但对话框要比窗口更侧重于与用户的交流，两者的主要区别是：对话框没有菜单、工具栏，没有“最大化/还原”按钮和“最小化”按钮。

对话框通常由以下几部分组成：

（1）标题栏：位于对话框的顶部，包含了对话框的名称、“帮助”按钮和“关闭”按钮。用鼠标拖动标题栏可移动对话框。

（2）选项卡：位于标题栏的下面，用来选择对话框中某一组功能。

（3）单选按钮：用来在一组选项中选择一个，且只能选择一个，当选中单选按钮时小圆圈为◉形状；当没有选中单选按钮时小圆圈为○形状。

（4）复选框：当复选框被选中时，方形框为☑；若没有被选中，则方形框为□，若要选中或取消选中某个复选框，只需单击复选框前的方形框即可。

（5）下拉列表框：单击其右侧的⌄按钮，在弹出的下拉列表框中可以选择其他所需的选项。

（6）数值框：用于设置各参数，其方法是在数值框中直接输入数值或单击其右侧“调整”按钮⇕来按固定步长调整数值大小。

（7）命令按钮：命令按钮简称按钮，其外形为一个矩形块，上面显示该按钮的名称。如[确定]和[取消]都是命令按钮。单击命令按钮，即可执行相应的操作。

（8）文本框：用于输入文本的方框。

（9）列表框：列表框与下拉列表框不同的是在没对列表框进行任何操作前它就已经显示出了部分内容。

2.3 Windows 7 的文件管理

2.3.1 文件和文件夹的概念

1. 文件和文件夹

文件是指计算机存取的特定数据和信息的集合。任何程序和数据都是以文件的形式存放在外存储器上的。每一个文件都有自己的名字，称为文件名。如图 2-11 中所示的文件“数据.rar”和文件“view.bmp”等。

为了便于管理，一般把文件存放在不同的“文件夹”中。在文件夹里除了可以包含文件外，还可以包含文件夹，包含的文件夹称为“子文件夹”。如果一个文件夹里包含子文件夹，则称这个文件夹为这些子文件夹的“父文件夹”。在图 2-11 中 movies、music 等为文件夹。

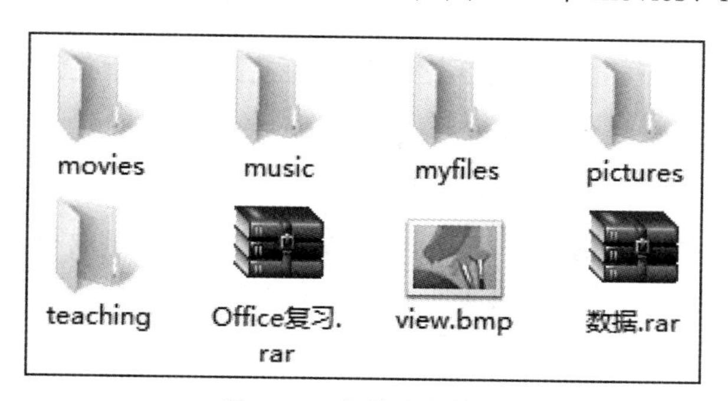

图 2-11 文件和文件夹

在磁盘上，所有的文件及文件夹以这种父子关系形成的逻辑结构称为树状结构，最顶端的文件夹称为根文件夹（或根目录），每个磁盘上只有一个根文件夹。

2. 文件和文件夹的命名

文件名分为文件主名和扩展名两部分。如图 2-12 所示。

图 2-12　文件名

文件主名应该是有意义的词汇或数字，而扩展名代表的是文件的类型，文件主名和扩展名之间由英文的句点分开。

注意：只有文件的名字才有扩展名，而文件夹的名字则没有扩展名的说法。Windows 7 中的文件名是不区分大小写的。在文件名中不能使用的符号有：左右尖括号（<>）、正斜杠（/）、反斜杠（\）、竖杠（|）、冒号（:）、双引号（“”）、星号（*）和问号（?）。不允许命名的文件名是：Aux、Com1、Com2、Com3、Com4、Con、Lpt1、Lpt2、Prn、Nul，因为系统已对这些文件名作了定义。同一个文件夹中的文件不能同名。

3. 文件类型

文件的扩展名表示文件的类型，不同类型文件的处理方式是不同的，或者说打开或运行的应用程序是不同的。操作系统就是靠文件的扩展名来确定该用什么应用程序来打开这些文件，所以了解常见文件的扩展名是很有必要的，如表 2-5 所示。

表 2-5　常见文件扩展名及其意义

文件类型	扩展名	含义
文本文件	TXT	存储文字信息的文件
可执行文件	EXE、COM	可执行程序文件
Office 文档	DOCX、XLSX、PPTX	Microsoft Office 中用 Word、Excel、PowerPoint 创建的文件
图像文件	BMP、JPG、GIF	不同格式的图像文件
视频文件	WMV、RMVB、QT、AVI	前三种为流媒体文件
音频文件	WMA、MP3、WAV、MID	不同格式的声音文件
压缩文件	ZIP、RAR	压缩文件

4. 文件夹的树状结构和文件的存储路径

对于磁盘上的存储文件，Windows 是通过文件夹进行管理的。Windows 采用多级层次的文件夹结构。根文件夹的名称用“\”表示。根文件夹内可以存放文件，也可以建立子文件夹（下级文件夹）。子文件夹也可以存放文件和子文件夹。就像一棵倒置的树，根文件夹是树的根，各子文件夹是树的枝杈，而文件是树的叶子，这种多级层次文件夹结构称为树状文件夹结构。

在描述一个文件时，要包括文件的路径和文件名。文件名和路径之间用英文符号“\”间隔。如图 2-13 所示，“数据.rar”文件存放在 C 盘的 Users\Administrator\Documents 文件夹中，文件的路径表示为 C:\Users\Administrator\Documents，完整表示这个文件为 C:\Users\Administrator\Documents\数据.rar。

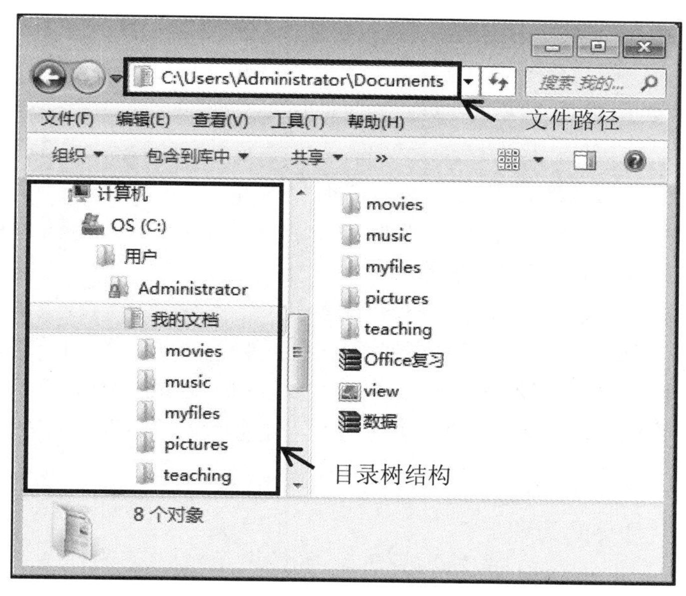

图 2-13　目录结构

路径是表示文件或文件夹在磁盘中存放的位置。通常以树状结构描述文件的路径。

文件路径的表示格式为：盘符:\最外层文件夹名\…\最内层文件夹名。

2.3.2　资源管理器

计算机中所有的软硬件资源都可以通过 Windows 7 中的资源管理器来浏览查看。

1．资源管理器的启动

双击桌面上“计算机”图标或者单击任务栏的“资源管理器”图标打开“计算机”窗口，如图 2-14 所示。

图 2-14　“资源管理器”窗口

使用资源管理器查看磁盘中的文件时，要按文件所属的层次关系从“计算机”出发，依次双击打开指定的磁盘和文件夹，以显示用户选择的对象所包含的内容。

2. 用资源管理器浏览资源

Windows 7 的资源管理器是一个用于文件管理的实用程序，它可以提供关于磁盘文件的信息，可以将文件分类，清晰地显示文件夹的结构及内容。

在选中文件或文件夹对象后，可以在资源管理器的菜单栏、右键菜单中找到对象的操作任务，如重命名、移动、复制、删除等。

在“资源管理器”窗口中，左边的任务窗格引入了“快速访问区”的概念，并在功能上带来了许多便利。这个区域显示了所有磁盘和文件夹的列表，右边的窗格用于显示选定的磁盘和文件夹中的内容。如果左窗格对象的左侧有标记“▷”，表示该对象包含下一级子文件夹，单击该标记可展开其包含的内容，同时标记“▷”变为标记“◢”，再次单击该标记，该对象将重新折叠。

2.3.3 文件和文件夹的管理

1. 文件和文件夹的显示方式

在资源管理器中，有许多浏览文件和文件夹的方式，可以根据需要随时改变文件和文件夹的显示方式。

打开“资源管理器”窗口，单击菜单栏中的“查看”菜单或快捷工具栏上的按钮，打开如图 2-15 所示的“查看”菜单。选择“超大图标”“大图标”“中等图标”“小图标”或“详细信息”中的某一项，可立即改变文件和文件夹的显示方式。

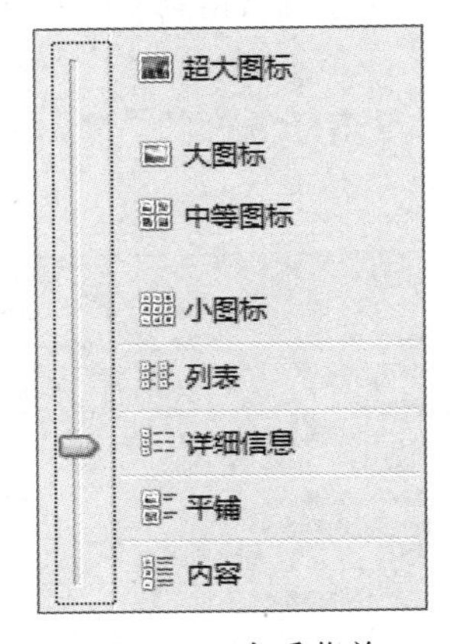

图 2-15　查看菜单

“详细信息”方式可以显示文件和文件夹的名称、大小、类型及修改时间等信息。在使用“详细信息”方式显示文件时，待鼠标指针变为双向箭头时，拖动鼠标调整列的宽度，以便显示出所需的信息。

2. 文件和文件夹的排列方式

为了方便查看，可以对文件和文件夹按不同的顺序排列。在“资源管理器”窗口中，选择“查看”→“排序方式”命令，可以根据需要选择不同的排列方式，如按文件和文件夹的“名称”“大小”“类型”或按“修改时间”排列等。

3. 文件或文件夹的创建

在日常生活中，经常会用到一些电子文档类的学习资料。如果能将这些资料按其科目分类存放，管理起来会更加方便。

【例 2-2】 建立一个名为“音乐”的文件夹来存放相关文件。

（1）启动“资源管理器”，双击打开 E 盘。

（2）在右边窗格的空白处右击，会弹出一个快捷菜单，选择“新建”→“文件夹”，如图 2-16 所示。

（3）在新建的文件夹名称框中输入文件夹的名称“音乐”，按 Enter 键。

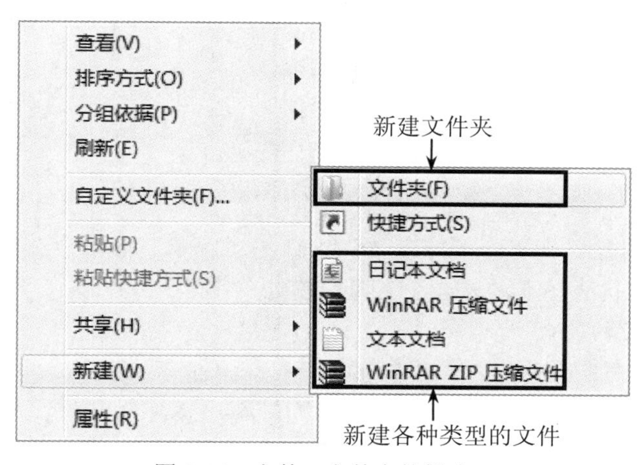

图 2-16　文件、文件夹的新建

4. 文件或文件夹的选取

在新建了文件夹后，就可以把相关文件移动或复制到里面了，但在移动或复制之前必须先选取需要操作的文件，下面就对如何选取文件做简单介绍。

（1）选取多个连续对象。如果所要选取的文件或文件夹的排列位置是连续的，则可用下例方法进行选取。

【例 2-3】 同时选择“qinghuaci.mp3”“彩虹.mp3”“稻香.mp3”“发如雪.mp3”“菊花台.mp3”“千里之外.mp3”6 个连续的音乐文件，步骤如下：

1）在“列表”或“详细信息”显示方式下，单击选中第一个文件“qinghuaci.mp3”。

2）按住 Shift 键，单击最后一个文件“千里之外.mp3”，即可选取这两个文件及其之间的多个连续文件，如图 2-17 所示。

图 2-17　选取多个连续文件

（2）选取多个不连续对象。如果要选取的文件或文件夹在窗口中的排列位置是不连续的，则可按下例所示方法进行选取。

【例 2-4】 同时选择“彩虹.mp3”“发如雪.mp3”“千里之外.mp3”3 个不连续的音乐文件，步骤如下。

1）单击选中第一个文件“彩虹.mp3”。

2）按住 Ctrl 键，依次单击“发如雪.mp3”“千里之外.mp3”即可，如图 2-18 所示。

图 2-18　选取多个不连续文件

（3）选取全部对象。在“资源管理器”窗口的“编辑”菜单中选择“全选”命令或使用快捷键 Ctrl+A。若要取消选定，只需在窗口空白处单击。

5. 文件或文件夹的复制

选取了文件（或文件夹）后，就可以把这些文件（或文件夹）复制或移动到别的地方了。复制就是制作一个与原文件（或文件夹）相同的副本，执行复制操作后，原位置和目标位置均有该文件（或文件夹）。下面举例介绍如何复制文件（或文件夹）。

【例 2-5】 将例 2-3 中选取的文件复制到 MP3 播放器中。

（1）先按例 2-3 中的方法同时选中这几个连续文件。

（2）在选中的文件（任何一个文件）上右击，然后在弹出的快捷菜单中选择“复制”，如图 2-19（a）所示。

（3）在可移动磁盘（即 MP3 播放器所在磁盘）窗口空白处右击，在弹出的快捷菜单中选择“粘贴”，如图 2-19（b）所示。

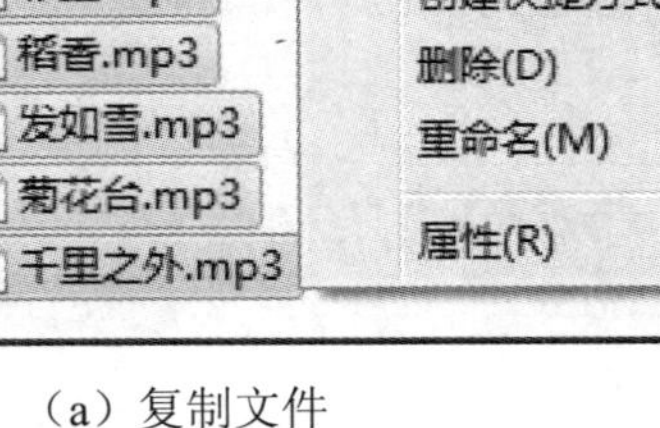

（a）复制文件

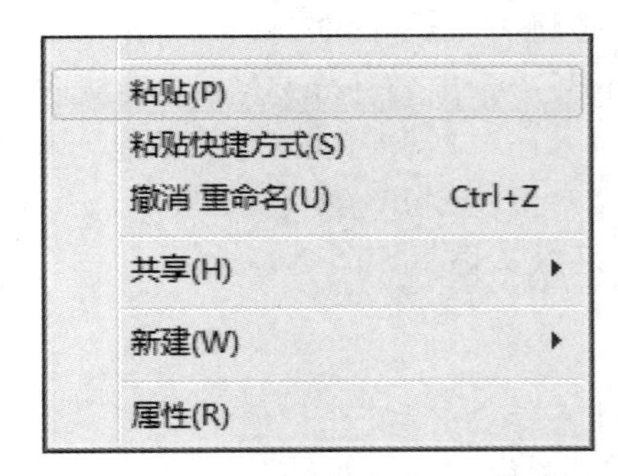

（b）粘贴文件

图 2-19　复制文件

除上述方法外，还可以用快捷键 Ctrl+C（复制）和 Ctrl+V（粘贴）来完成复制操作。

6. 文件或文件夹的移动

移动就是将文件或文件夹从一个地方放到另一个地方，执行移动命令后，原位置的文件

（或文件夹）消失，移动到了目标位置。

【例 2-6】 将例 2-3 中选取的文件移动到例 2-2 中建立的“音乐”文件夹中。

（1）先按例 2-3 中的方法同时选中这几个连续文件。

（2）在选中的文件（任何一个文件）上右击，然后在弹出的快捷菜单中选择“剪切”。

（3）在“音乐”文件夹窗口空白处或选中“音乐”文件夹右击，在弹出的快捷菜单中选择“粘贴”。

除上述方法外，还可以用快捷键 Ctrl+X（剪切）和 Ctrl+V（粘贴）来完成移动操作。

7. 文件或文件夹的删除

删除的方法很简单，先选定要删除的文件或文件夹，再按键盘上的删除键（Del 键）或右击要删除的文件或文件夹，在弹出的快捷菜单中选择“删除”命令，最后在弹出的“确认文件/文件夹删除”对话框中单击“是”按钮。但这样的删除并未真正删除文件或文件夹，而是被 Windows 7 放入了“回收站”中。“回收站”为误删文件或文件夹提供了补救措施，如果错删了某个文件或文件夹，还可以到“回收站”中将其还原。

8. 文件或文件夹的重命名

有时需要给文件或文件夹重新取一个新的名字，这就要用到文件或文件夹的重命名。

【例 2-7】将文件“qinghuaci.mp3”的名字改为“青花瓷.mp3”。

（1）先选中文件“qinghuaci.mp3”，然后在选中的文件上右击。

（2）在弹出的快捷菜单中选择“重命名”，如图 2-20（a）所示。

（3）在文件的名称处于编辑状态（蓝色反白显示）时直接输入新的名字“青花瓷.mp3”后，按 Enter 键删除，如图 2-20（b）所示。

（a）选择“重命名”

（b）输入新文件名

图 2-20 重命名文件

文件夹的重命名操作类似。

9. 查看并设置文件和文件夹的属性

在 Windows 中，可以很方便地查看文件或文件夹的属性，了解有关文件或文件夹的大小、创建日期及重新设置和取消某种属性。

设置文件或文件夹的属性时，右击文件或文件夹，在弹出的快捷菜单中选择“属性”命令删除。图 2-21 是文件属性对话框，图 2-22 是文件夹属性对话框。

文件属性对话框中的“常规”选项卡包括文件名称、文件打开方式、文件位置、文件大小、创建和修改的时间、文件属性等相关信息。在这个选项卡中，不仅可以直接修改文件名，还可以通过单击“更改”按钮修改文件的打开方式。

文件和文件夹可以没有属性，也可以是这些属性的组合：“存档”“隐藏”“只读”。

“存档”属性说明了文件夹在上次备份以后已被更改。每次创建一个新文件或改变一个旧文件时，Windows 都会为其分配“存档”属性。

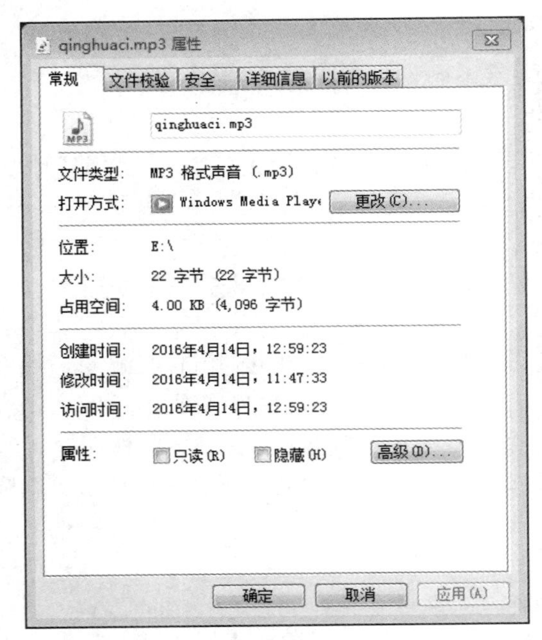

图 2-21　文件属性对话框

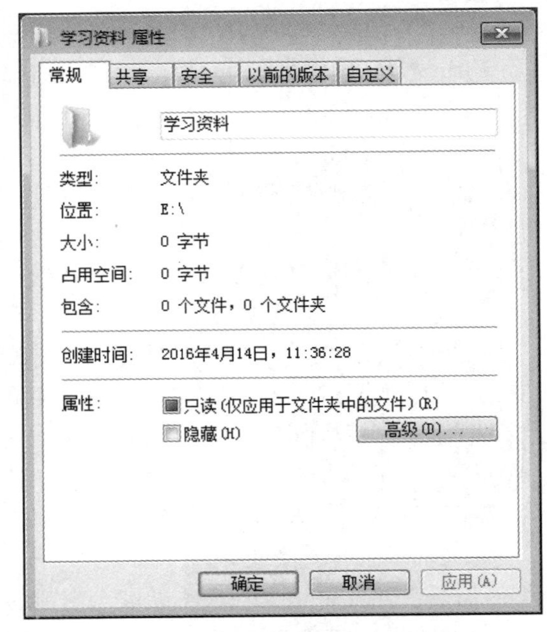

图 2-22　文件夹属性对话框

可以使用“隐藏”属性来保护重要文件。如果选中了“隐藏”复选框，那么该文件默认将不出现在文件的正常列表中。

为防止文件被意外地更改，可将其设置成“只读”属性，这样用户就不能修改文件中的内容，当删除只读文件时，系统还会给出相应的提示。

10. 快捷方式的建立

快捷方式用于快速访问系统中的各种资源，如快速启动应用程序、访问常用文件等，它以一种图标方式来表示与各种资源的链接。如果你经常听音乐，就可以将存放音乐的文件夹的快捷方式创建到桌面上，方便访问。

【例 2-8】 为 E 盘下的“音乐”文件夹建立快捷方式，存放在桌面上。

（1）打开“资源管理器”窗口，选定 E 盘下要创建快捷方式的文件夹“音乐”。

（2）选择“文件”→“创建快捷方式”命令，或在选中的文件夹上右击，在弹出的快捷菜单中选择“创建快捷方式”命令。

（3）将快捷方式图标移动（剪切→粘贴）到桌面上。

11. 文件夹选项

在使用 Windows 的时候，出于某种需要，我们往往希望文件或文件夹被隐藏起来，某个时候又希望能把它们显现出来，这就需要用到文件夹选项。而对于文件来说，扩展名代表文件的类型，是非常重要的，因此为了避免用户操作过程中的失误或意外，导致修改或删除了文件扩展名而造成文件不可用，默认的文件扩展名是被隐藏起来的，在需要查看的时候也可以通过文件夹选项来设置。

（1）启动资源管理器，选择“工具”→”文件夹选项”。

（2）在打开的“文件夹选项”对话框中选择“查看”选项。

（3）分别选择“不显示隐藏的文件、文件夹或驱动器”和“显示隐藏的文件、文件夹和驱动器”选项，可以实现隐藏和显示隐藏文件或文件夹；分别勾选、取消“隐藏已知文件类型的扩展名”可以实现隐藏、显示文件扩展名，如图 2-23 所示。

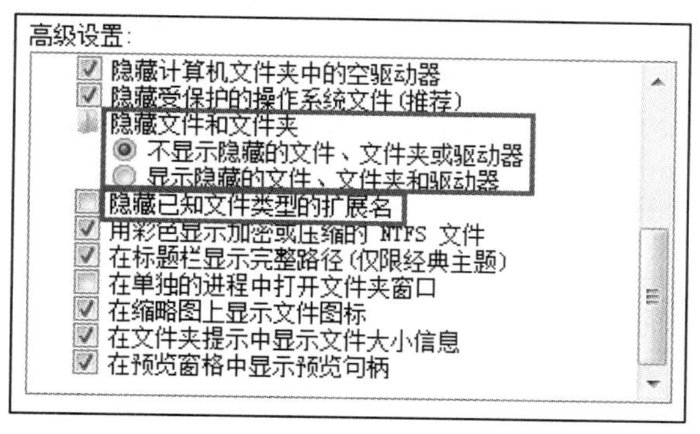

图 2-23　文件夹选项“查看”

2.4　控制面板

控制面板是 Windows 系统下对计算机软硬件资源进行控制、设置、维护的工具集成，如图 2-24 所示。如果想很好地掌握 Windows 7，熟悉并掌握控制面板是至关重要的。

图 2-24　控制面板

2.4.1　启动控制面板

启动控制面板的方法有以下两种：

（1）在“资源管理器”窗口中单击快速访问窗格中的“打开控制面板”。

（2）选择“开始”→“控制面板”。

2.4.2 显示属性的设置

选择“控制面板”→“外观和个性化”→“个性化”，或右击桌面空白处，在弹出的快捷菜单中选择“个性化”命令，将打开显示个性化界面，如图 2-25 所示。

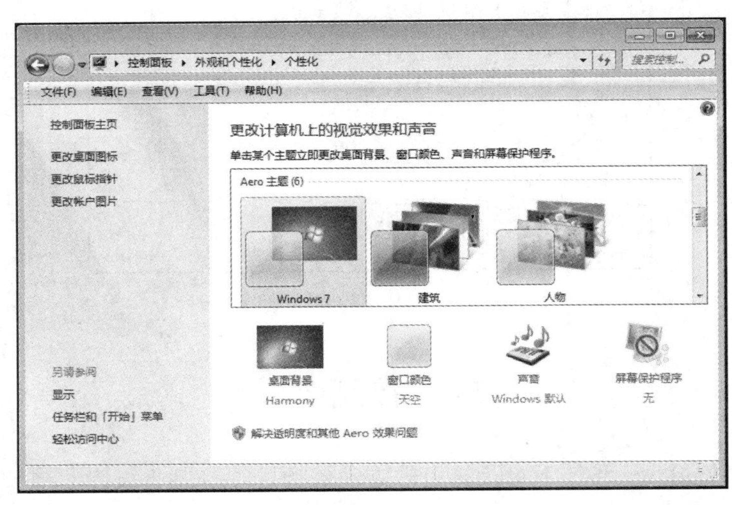

图 2-25 外观个性化设置

1. 设置桌面背景

桌面背景就是用户打开计算机后出现的桌面背景颜色或图片。

在外观和个性化设置界面中选择不同的主题可以快速切换系统预置的桌面主题，比如“建筑”“人物”等，默认是“Windows 7”主题；还可以单击下方的“桌面背景”图标，浏览计算机中存放的图片文件作为桌面。需要注意的是“桌面背景”的显示方式有以下 5 种：

“居中”：将图片放在桌面正中；

“平铺”：将图片以多张平铺的形式铺满整个桌面；

“拉伸”：改变图片大小的形式，使其铺满整个桌面；

“适应”：将在保持图片比例的情况下刚好铺满桌面（不裁剪图片）；

“填充”：将在保持图片比例的情况下完全铺满桌面（可能会裁剪图片）。

如果用户想将一个图片文件作为屏幕桌面，也可以先选中该图片文件，右击打开快捷菜单，选中“设为桌面背景”命令。

2. 设置屏幕保护程序

用户可以设置屏幕保护程序，使计算机在不进行任何操作时会自动启动一个动画程序来保护屏幕。设置屏幕保护程序的方法如下：

在外观和个性化设置界面中单击下方的“屏幕保护程序”图标，打开“屏幕保护程序”对话框，用户可以从“屏幕保护程序”下拉列表框中选择自己喜欢的屏幕保护程序。

2.4.3 时钟、语言和区域设置

时钟、语言和区域设置用于更改系统的日期、时间、区域等显示方式，还可以根据需要添加、删除或设置输入法。

1. 区域和语言选项

（1）在“控制面板”窗口中选择“时钟、语言和区域”，继续单击“区域和语言”，可以打开“区域和语言”对话框。

（2）在“键盘和语言”选项卡中，单击“键盘和其他输入语言”中的“更改”按钮，打开“文本服务和输入语言”对话框；或右击任务栏中的语言栏图标，选择快捷菜单中的“设置”命令，也可以打开“文本服务和输入语言”对话框，如图 2-26 所示。

（3）在“已安装的服务”列表框中列出了已经安装的输入法。如果要添加某种输入法，可单击“添加”按钮，在“使用下面的复选框选择要添加的语言”列表框中勾选需要添加的输入法，如图 2-27 所示，单击“确定”按钮。如果要删除某种输入法，只需在如图 2-27 所示列表框中取消勾选这种输入法，单击“确定”按钮。

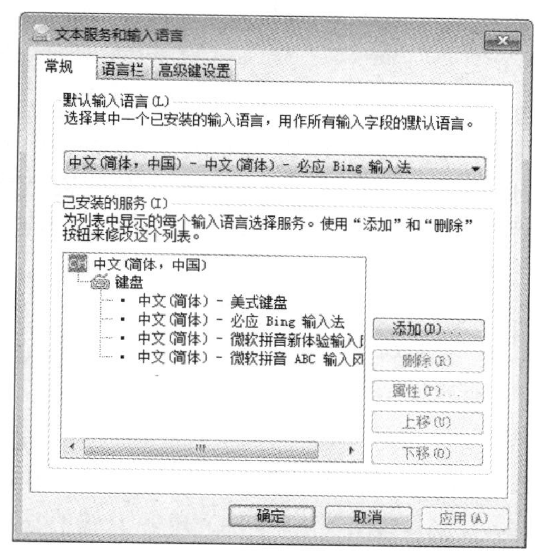

图 2-26 “文本服务和输入语言”对话框

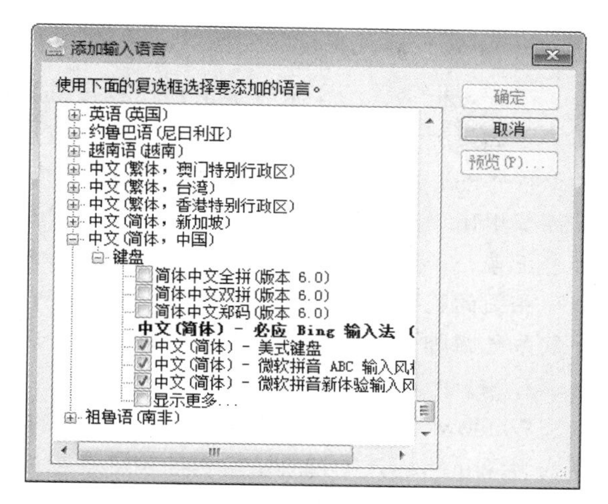

图 2-27 “添加输入语言”对话框

2. 日期和时间

若需要更改系统日期和时间，可按以下步骤进行操作。

（1）在“控制面板”窗口中选择“时钟、语言和区域”，继续单击“日期和时间”，可以打开“日期和时间”对话框。

（2）在“日期和时间”选项卡中单击“更改日期和时间”按钮，打开“日期和时间设置对话框”，分别调整日期和时间。

（3）完成后，单击“确定”按钮完成日期和时间设置。

2.4.4 程序和功能

在使用计算机的过程中，经常需要安装新程序、更新或删除已有的应用程序。可以使用控制面板的“程序和功能”完成。

在“控制面板”窗口中单击“程序和功能”图标，打开如图 2-28 所示的“程序和功能”窗口，在列表框中列出了当前安装的所有程序，这里可以选择列表框上方的功能按钮对程序进行卸载、更新、修复等操作。

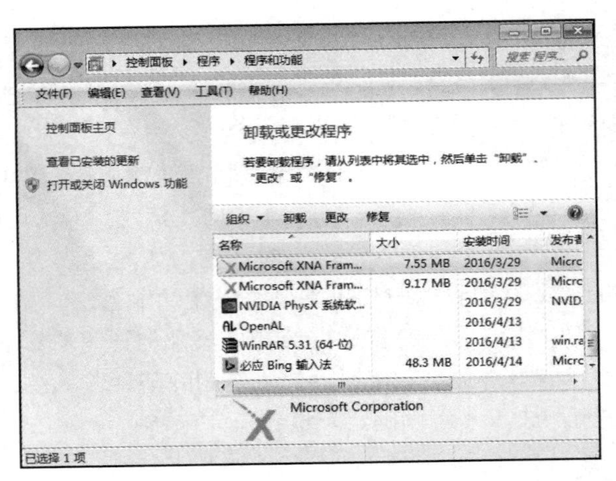

图 2-28　程序和功能

1. 更改或卸载程序

在列表框中，给出已安装的应用程序的详细信息，包括程序所占用的磁盘空间、安装时间等。如果要卸载该程序，可再选中相应程序项的情况下单击“卸载”按钮，系统会自动启动该程序的卸载功能，开始卸载应用程序。如果需要对该程序的功能和组件进行添加或删除，则需要单击“更改”按钮，系统会启动该程序的相应更新功能，开始更新。

注意：不要通过打开其所在文件夹然后删除其中文件的方式来删除某个应用程序。因为程序相关的某些组件或 DLL 文件是安装在 Windows 目录中的，因此不可能删除干净，轻则会导致系统臃肿影响性能，重则会导致程序错误甚至系统崩溃。

2. 打开或关闭 Windows 功能

Windows 7 提供了丰富且功能齐全的组件功能，包括应用程序、工具、管理和服务软件，在安装 Windows 7 的过程中，可能由于需求或硬件条件的限制，一些组件功能默认没有安装。在使用过程中，可随时根据需要打开或关闭 Windows 功能组件。

单击“打开或关闭 Windows 功能”按钮，打开“Windows 功能”对话框，如图 2-29 所示。在“打开或关闭 Windows 功能”列表框中选中或取消选中组件名称左边的复选框，单击“确定”按钮，按照提示即可完成操作。

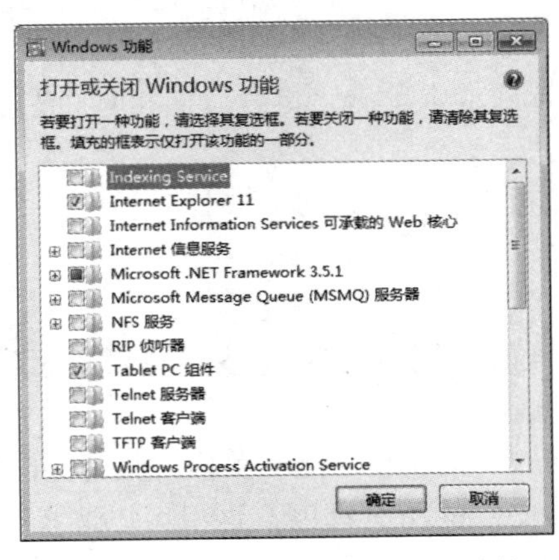

图 2-29　打开或关闭 Windows 功能

习题 2

一、单项选择题

1. Windows 7 目前有（　　）个版本。
   A．3　　B．4　　C．5　　D．6
2. 下面 Windows 7 的各个版本中，支持的功能最少的是（　　）。
   A．家庭普通版　　B．家庭高级版　　C．专业版　　D．旗舰版
3. Windows 7 是一种（　　）。
   A．数据库软件　　B．应用软件　　C．系统软件　　D．中文字处理软件
4. 在 Windows 7 操作系统中，将打开窗口拖动到屏幕顶端，窗口会（　　）。
   A．关闭　　B．消失　　C．最大化　　D．最小化
5. Windows 7 中，文件的类型可以根据（　　）来识别。
   A．文件的大小　　B．文件的用途　　C．文件的扩展名　　D．文件的存放位置
6. 要选定多个不连续的文件或文件夹，要先按住（　　），再选定文件。
   A．Alt 键　　B．Ctrl 键　　C．Shift 键　　D．Tab 键
7. 在 Windows 7 中使用删除命令删除硬盘中的文件后，（　　）。
   A．文件确实被删除，无法恢复
   B．在没有存盘操作的情况下，还可恢复，否则不可以恢复
   C．文件被放入"回收站"，可以通过"查看"菜单的"刷新"命令恢复
   D．文件被放入"回收站"，可以通过"回收站"操作恢复
8. 在 Windows 7 中，要把选定的文件剪切到剪贴板中，可以按（　　）组合键。
   A．Ctrl+X　　B．Ctrl+Z　　C．Ctrl+V　　D．Ctrl+C
9. 在 Windows 7 中可以完成窗口切换的方法是（　　）。
   A．Alt+Tab　　B．Win+Tab　　C．Win+P　　D．Win+D
10. 在 Windows 操作系统中，Ctrl+C 是（　　）命令的快捷键。
    A．复制　　B．粘贴　　C．剪切　　D．打印
11. 在 Windows 7 环境中，鼠标是重要的输入工具，而键盘（　　）。
    A．无法起作用　　B．仅能配合鼠标输入字符
    C．不能在窗口的其他地方操作　　D．也能完成几乎所有操作
12. 记事本的默认扩展名为（　　）。
    A．.doc　　B．.com　　C．.txt　　D．.xls
13. 关闭对话框的正确方法是（　　）。
    A．单击"最小化"按钮　　B．单击鼠标右键
    C．单击"关闭"按钮　　D．单击鼠标左键
14. 当一个应用程序窗口被最小化后，该应用程序将（　　）。
    A．被终止执行　　B．继续在前台执行
    C．被暂停执行　　D．转入后台执行

15．正常退出 Windows 7，正确的操作是（　　）。

A．在任何时刻关掉计算机的电源

B．选择 Windows 菜单中“关机”按钮

C．在计算机没有任何操作的状态下关掉计算机的电源

D．在任何时刻按 Ctrl+Alt+Del 组合键

16．大多数操作系统，如 DOS、Windows、UNIX 等，都采用（　　）的文件夹结构。

A．网状结构　　B．树状结构　　C．环状结构　　D．星状结构

17．在 Windows 7 中，下列文件名正确的是（　　）。

A．Myfile1.txt　　B．file1/　　C．A<B.C　　D．A>B.DOC

18．如果一个文件的名字是“AA.bmp”，则该文件是（　　）。

A．可执行文件　　B．文本文件　　C．网页文件　　D．位图文件

19．若想将一些文件从计算机永久性删除，而不是放到“回收站”中，可以使用（　　）快捷键完成。

A．Shift+Del　　B．Shift+Tab　　C．Ctrl+Del　　D．Ctrl+Tab

20．下列不是文件查看方式的是（　　）。

A．详细信息　　B．平铺显示　　C．层叠平铺　　D．图标显示

二、操作练习

1．在 D 盘 ABC 文件夹下新建 HAB1 文件夹和 HAB2 文件夹。

2．在 D:\ABC 文件夹下新建 DONG.docx 文件，在 D:\HAB2 文件夹下建立名为 PANG 的文本文件。

3．为 D:\ABC\HAB2 文件夹建立名为 KK 的快捷方式，存放在 D 盘根目录下。

4．将 D:\ABC\DONG.docx 文件复制到 HAB1 文件夹中，命名为 NAME.docx。

5．将 D:\ABC\HAB1 文件夹设置为“只读”属性。

6．将 D:\ABC\HAB1 文件夹的“只读”属性撤销，并设置为“隐藏”属性。

7．将 D:\ABC\HAB2\PANG.txt 文件移动到桌面上并重命名为 BEER.txt。

8．删除 D:\ABC\NAME.docx 文件。

第 3 章　Word 2010 的使用

3.1　Word 2010 概述

Word 2010 是 Microsoft Office 2010 套装软件中的文字处理软件，也是目前功能最为强大的文字处理软件。Office 2010 是 Microsoft 公司推出的办公系统软件，它包含 Word 2010、Excel 2010、PowerPoint 2010、Outlook 2010、Access 2010 等 10 个办公应用软件，可用于公文信函处理、统计报表、演示制作和数据库管理等多个方面。

3.1.1　Word 2010 的启动与退出

1. *启动* Word 2010

启动 Word 2010 有以下几种方法：

（1）双击桌面上的 Microsoft Word 快捷图标。

（2）单击“开始”按钮，将鼠标指针指向“所有程序”选项，在级联菜单中单击“Microsoft Word 2010”选项。

（3）在桌面空白处右击，在弹出的快捷菜单中选择“新建”→“Microsoft Word 文档”，然后打开该文档。

（4）打开任意一个 Word 文档文件。

2. *退出* Word 2010

（1）选择“文件”选项卡中的“退出”选项。

（2）右击文档标题栏，在弹出的控制菜单中选择“关闭”命令。

（3）按 Alt+F4 组合键。

（4）单击标题栏最右边的“关闭”按钮。

（5）双击应用程序控制图标。

3.1.2　Word 2010 的用户界面

Word 2010 的窗口主要包括标题栏、“文件”选项卡、功能区、快速访问工具栏、文本编辑区和状态栏等部分组成，如图 3-1 所示。下面介绍各部分功能：

（1）标题栏。标题栏位于 Word 应用程序窗口的顶端。显示当前的应用程序及当前的文档的文件名（如文档 1-Microsoft Word）；右侧包含了控制窗口的三个按钮（“最小化”按钮、“向下还原/最大化”按钮和“关闭”按钮）。

（2）“文件”选项卡。“文件”选项卡取代了 Word 2007 中的 Office 按钮，可以实现打开、保存、打印、新建和关闭等功能。

（3）快速访问工具栏。快速访问工具栏位于标题栏左侧，用户可以使用快速访问工具栏实现常用的功能，如保存、恢复和打印预览等。单击快速访问工具栏右边的倒三角按钮，在弹出的下拉列表中可以选择快速访问工具栏中显示的工具按钮。

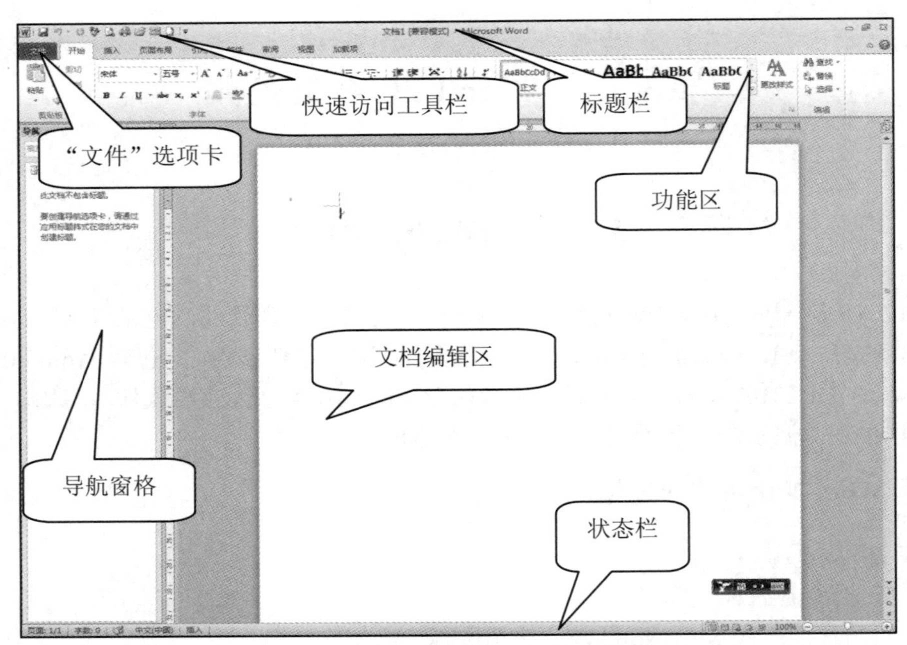

图 3-1 Word 2010 的工作界面

（4）功能区。功能区主要由选项卡、功能组和按钮命令组成，单击选项卡的名称就可以在不同的选项卡之间切换，需单击各组中的相应按钮即可完成相应操作。

功能区几乎涵盖了所有的按钮、库和对话框。功能区首先将控件对象分为多个选项卡，然后在选项卡中将控件细化为不同的组。

注：选项卡分为固定选项卡和隐藏选项卡。例如：当用户选择了一张图片，则会显示"图片工具"的"格式"隐藏选项卡。

（5）文档编辑区。文档编辑区是用户工作的主要区域，用来实现文档、表格、图形和图像等的显示和编辑。Word 2010 的文档编辑区除了可以进行文档的编辑之外，还有水平标尺、垂直标尺、水平滚动条和垂直滚动条等辅助功能。

编辑区中有一个闪烁的竖线光标，表示当前插入点。每个段落结束有一个段落标志。

（6）导航窗格。导航窗格的上方是搜索框，用于搜索文档中的内容。在下方的列表框中通过单击按钮，分别可以浏览文档中的标题、页面和搜索结果。

（7）状态栏。状态栏位于窗口底部，它提供页码、字数统计、拼音、语法检查、改写/插入、视图方式、显示比例和缩放滑块等辅助功能，以显示当前的各种编辑状态。在插入状态时，状态栏显示"插入"二字，在改写状态时，状态栏显示"改写"二字。"插入"与"改写"的切换可通过键盘上 Insert 键或单击状态栏的"改写/插入"按钮。

3.1.3 Word 2010 的个性化设置

人们常用 Word 编辑文档和处理表格。Word 2010 文字和表格处置功能更加强大，外观界面更为美观，功能按钮的布局也更为合理。但是要使编辑的文挡更能得到用户满意的个性化要求，仅用默认功能进行设置仍然不够得心应手。在 Word 2010 中这类问题都可以通过自定义来满足用户的个性化需求。

下面介绍外观界面自定义和功能区自定义：

（1）外观界面自定义。与老版本相比，特别是与 Word 2003 及更早的版本相比，外观界面较大的变化，内置的“配色计划”允许用户依据本人的爱好自定义外观界面的主色调。

单击“文件”选项卡“选项”组，打开“Word 选项”对话框，切换到“常规”选项卡，打开“配色方案”下拉列表框，下拉列表框中有蓝色、银色和黑色三种颜色方案供用户选择，选择不同的配色方案，界面外观会浮现不同的风格，从而满足不同用户的个性化需求。

（2）功能区自定义。Word 2007 第一次引进了“功能区”的概念，而 Word 2010 不但延用了功能区设计，并且允许用户自定义功能区，可以创建功能区，也可以在功能区下创建组，让功能区更符合自己的使用习惯。

单击“文件”选项卡 “选项”组，打开“Word 选项”对话窗口，在“Word 选项”对话窗口中，切换到“自定义功能区”选项卡，在“自定义功能区”列表框中勾选相应的选项，可以自定义功能区显示的主选项。

3.2　Word 2010 的基本文档操作

3.2.1　创建文档

在文本输入与编辑之前，首先需新建一个文档。在启动 Word 2010 时，系统就会自动为用户创建一个名为“文档 1”的空白文档，此时可直接输入内容。除此而外，还可用其他的方法建立新的文档，常用的有用“文件”选项卡和快速访问工具栏两种创建方法：

（1）用“文件”选项卡创建。单击“文件”选项卡中的“新建”按钮，弹出如图 3-2 所示的窗口，在该对话框中单击“空白文档”图标即可。

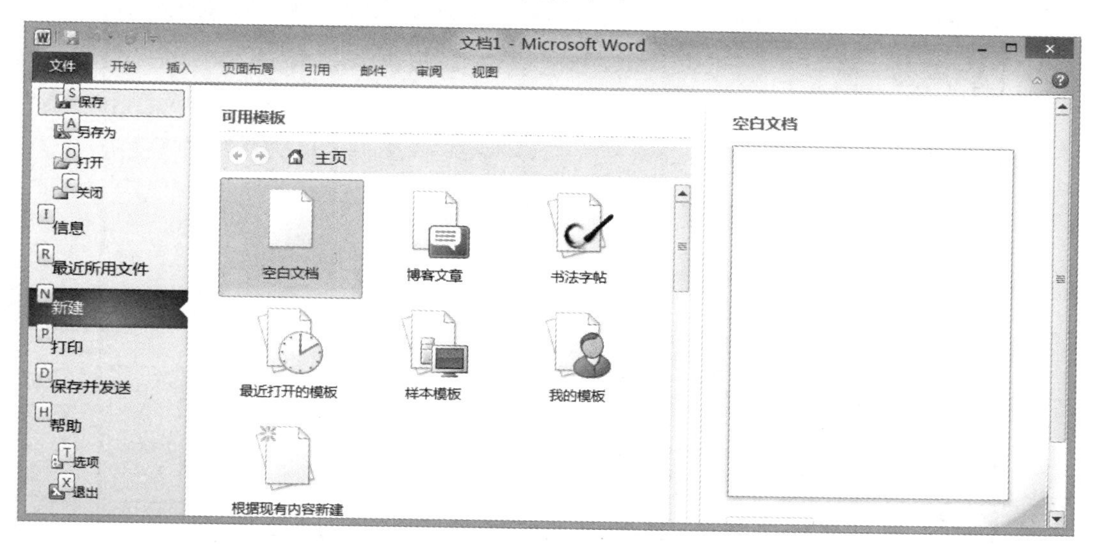

图 3-2　新建文件窗口

（2）用快速访问工具栏创建。单击快速访问工具栏右侧按钮，在下拉菜单中勾选“新建”选项，则在快速访问工具栏出现“新建”按钮，再单击此按钮即可。

3.2.2 打开文档

打开文档是指在 Word 2010 程序中，将已经存储在磁盘上的文档装入计算机内存，并显示在编辑区中。用户可以对一个已经存在的文档进行编辑、查看和打印等操作。操作前首先要打开文档。打开文档的方法有两种：

（1）启动 Word 2010 后打开文档。启动 Word 2010 后，选择“文件”选项卡中的“打开”命令，或单击快速访问工具栏右侧的按钮，在下拉菜单中勾选“打开”选项，则在快速访问工具栏出现“打开”按钮，再单击“打开”按钮，弹出“打开”文件对话框，在对话框中指定文档文件的存储位置，双击需要打开的文档文件名即可打开相应文档文件。

（2）直接打开文档。在没有启动 Word 2010 的情况下，可以单击 Windows 7“开始”按钮，单击“文档”打开文档库指向相应的文档文件，双击该文件即可在启动 Word 程序的同时打开该文档文件；或者直接打开目标文件夹，双击其中的文档文件。

3.2.3 保存文档

当文档输入完毕后，为了永久保存所建立的文档，在退出 Word 2010 前应将它作为磁盘文件保存起来。

（1）保存文档的方法。

1）单击快速访问工具栏中的“保存”按钮。

2）单击“文件”选项卡的“保存”或“另存为”命令。

3）直接按快捷键 Ctrl+S。

用“保存”命令保存新文档时，会弹出如图 3-3 所示的“另存为”对话框。

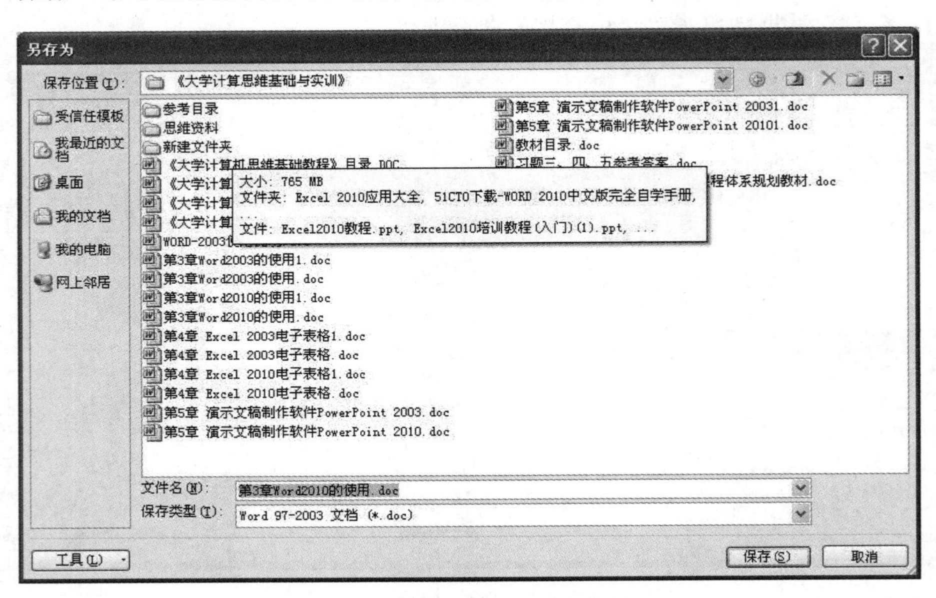

图 3-3 “另存为”对话框

（2）保存已有的文档。对于已有文档打开和修改后，同样可用上述的方法将修改后的文档以原来的文件名保存在原来的文件夹中。

（3）自动保存。自动保存是 Word 2010 每隔一定时间就为用户保存一次正在编辑的文档。Word 2010 默认每 10 分钟自动保存一次，以便在发生计算机意外掉电等原因造成不正常退出又忘记存盘的情况下，Word 2010 有足够的信息来恢复文档。

在停电频繁时需要设置更灵活的自动保存时间间隔，其设置方法是在文档窗口中单击“文件”选项卡中的“选项”命令，在“选项”对话框中单击“保存”选项卡，在“保存自动恢复信息时间间隔”编辑框中设置自动保存的分钟数值，单击“确定”按钮即可。也可以在“保存选项”对话框进行设置。

3.2.4 关闭文档

关闭文档有以下几种方法：

（1）单击标题栏上的“关闭”按钮。

（2）选择“文件”选项卡的“关闭”命令。

（3）选择控制菜单中的“关闭”命令。

（4）按组合键 Alt+F4。

上述几种方法都可以关闭当前文档。对于修改后未保存的文档，系统还会给出提示信息，如图 3-4 所示。

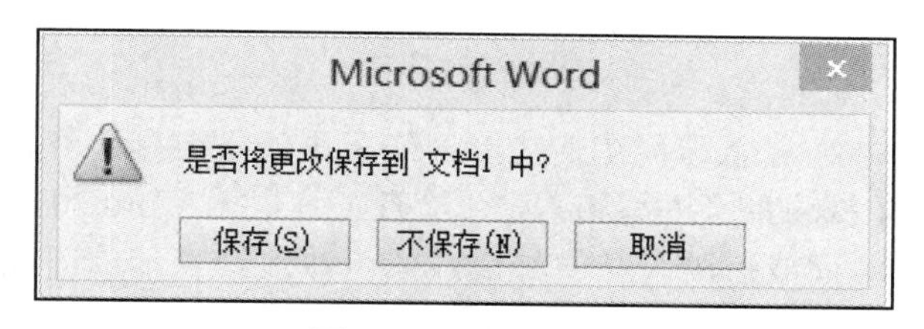

图 3-4 提示对话框

单击“保存”按钮，Word 2010 将保存修改并关闭当前文档；单击“不保存”按钮，Word 2010 将忽略该文档最后一次保存后的修改并关闭当前文档；单击“取消”按钮，Word 2010 将返回编辑窗口，可以继续对其进行编辑。

如果打开了多个文档，想要一次关闭所有打开的文档，可单击“文件”选项卡，在左侧的列表中选择“退出”选项，即可关闭所有打开的 Word 文档。

3.2.5 保护文档

为了使创建的文档不被他人修改和打开，就需要对文档进行保护，设置密码是保护文档的一种简单而有效方法。Word 2010 提供了两种加密文档的方法。

（1）使用“保护文档”按钮加密文档。在需要设置口令的文档窗口中单击“文件”选项卡，在左侧的列表中选择“信息”选项，在“信息”窗口中单击“保护文档”按钮下拉按钮，在弹出的下拉菜单中选择“用密码进行加密”命令。在完成密码的输入和确认后单击“确定”按钮，就为文档进行了加密。此时“保护文档”按钮右侧的“权限”二字也由原来的黑色变为了红色。

（2）使用“另存为”选项加密文档。在需要设置口令的文档窗口中单击“文件”选项卡，在左侧的列表中选择“另存为”按钮，在弹出的“另存为”对话框中单击“工具”按钮，在弹出的下拉菜单中选择“常规选项”命令弹出“常规选项”对话框，在该对话框中可以设置打开文件时的密码和修改文件时的密码。

3.2.6 自动更正错误

Word 2010 在默认情况下，“自动更正”功能自动检测并更正键入错误、误拼的单词、语法错误和错误的大小写。例如，如果键入“this”及空格，则“自动更正”会将键入内容更正为“This”。

还可以使用“自动更正”快速插入文字、图形或符号。例如，在英文输入状态可通过键入“(c)”来插入“©”，或通过键入“ac”来插入“Acme Corporation”。其操作步骤如下：

（1）单击“文件”选项卡中“选项”命令按钮，在对话框中选择“校对”，单击“自动更正选项”命令按钮，选择“自动更正”选项卡，在“替换”文本框中输入“ac”，在“替换为”文本框中输入更正后的内容“Acme Corporation”。

（2）输入完毕单击“添加”按钮完成自动更正条目的添加，再单击“确定”按钮关闭对话框。

通过上述设置，用户在输入“ac”时，系统将自动将其更正为“Acme Corporation”。要设置其他更正，方法类似。

3.2.7 拼写与语法检查

在 Word 2010 文档中经常会看到在某些单词或短语的下方标有红色、蓝色或绿色的波浪线，这是由 Word 2010 中提供的“拼写和语法”检查工具根据 Word 2010 的内置字典标示出的含有拼写或语法错误的单词或短语，其中红色或蓝色波浪线表示单词或短语含有拼写错误，而绿色下划线表示语法错误（当然这种错误仅仅是一种修改建议）。用户可以在 Word 2010 文档中使用“拼写和语法”检查工具检查 Word 文档中的拼写和语法错误。

（1）键入时自动检查拼写和语法错误。打开 Word 2010 文档窗口，单击“文件”选项卡，在左侧的列表中单击“选项”按钮。在打开的“Word 选项”对话框中切换到“校对”选项卡，在“在 Word 中更正拼写和语法时”区域选中“随拼写检查语法”复选框，并单击“确定”按钮，可以打开或关闭自动检查功能。

（2）集中检查拼写和语法错误。默认情况下，Microsoft Word 同时检查拼写和语法两类错误。如果只想检查拼写错误，可以单击“文件”选项卡，在左侧的列表中选择“选项”按钮。在打开的“Word 选项”对话框中切换到“校对”选项卡，在“在 Word 中更正拼写和语法时”区域选中“键入时检查拼写”复选框，并单击“确定”按钮。或单击快速访问工具栏上的“拼写和语法”按钮，在打开的对话框中对当前文本进行集中检查。

3.2.8 文档视图

Word 2010 为用户提供了五种视图方式：页面视图、阅读版式视图、Web 版式视图、大纲视图和草稿视图。用户可通过不同的视图方式来查阅文档，例如想查看打印的效果，就切换到页面视图；想看文档的大纲，就切换到大纲视图。

（1）页面视图。页面视图是一种按照文档打印效果进行显示的视图。在此方式下可以显示页眉、页脚、图形对象、分栏设置和页面边距等元素，是最接近打印结果的文档视图。

如要切换到页面视图方式，可单击状态栏上的“页面视图”按钮；或单击“视图”选项卡“页面视图”按钮。

（2）阅读版式视图。阅读版式视图以图书的分栏样式显示 Word 2010 文档，“文件”选项卡、功能区等窗口元素被隐藏起来。在阅读版式视图中，还可以单击“工具”按钮选择各种阅读工具。

（3）大纲视图。大纲视图主要用于设置显示标题的层级结构，并可以方便地折叠和展开各种层级的文档。

在大纲视图方式下，可以只查看标题。在此方式下，将会显示文档的组织结构，可以看到不同级别的详细内容。单击大纲工具栏上的“显示级别”下拉列表框，可查看不同的层级。大纲视图广泛用于 Word 2010 长文档的快速浏览和设置中。

（4）Web 版式视图。Web 版式视图以网页的形式显示 Word 2010 文档，Web 版式视图适用于发送电子邮件和创建网页。在这种视图方式下，整个文档就像一张写满字的纸，各页之间没有特定的分隔符。

（5）草稿视图。这是在 Word 2010 中新增加的独特的一种视图方式，草稿视图取消了页面边距、分栏、页眉页脚和图片等元素，仅显示标题和正文，是最节省计算机系统硬件资源的视图方式。

3.3　文档的编辑

在 Word 中，输入文字就好比在白纸上写字一样容易。输入完文字后，用户可以设置文字的大小、字体和字形等属性，以便使文字看起来更加漂亮美观。

3.3.1　文本的录入

在 Word 中，用户除了可以输入文字、数字外，还可以插入特殊符号及图形。

1. 文字录入

打开 Word 窗口后，窗口中有一个闪烁的黑竖线，即“插入点”，输入的文字就出现在插入点闪动的位置。

在输入文本时，有“插入”和“改写”两种方式。默认方式为“插入”方式；按键盘上的 Insert 键，可以在两种方式之间进行切换，也可单击状态栏的“改写”图标来进行切换。

当文字输入到页面右边界时，Word 会自动换行，“插入点”自动跳到下一行；如果输入完一个自然段，应按键盘上的 Enter 键形以成一个段落标记。此时，“插入点”跳到下一行另起一个段落。

2. 符号插入

在 Word 中用户也可以插入一些键盘上没有的特殊字符和漂亮的符号，插入特殊符号的具体操作步骤如下：

（1）单击“插入”选项卡。

（2）单击“符号”的“其他符号”命令，弹出如图 3-5 所示的“符号”对话框。

（3）选中所需符号并单击“插入”按钮。

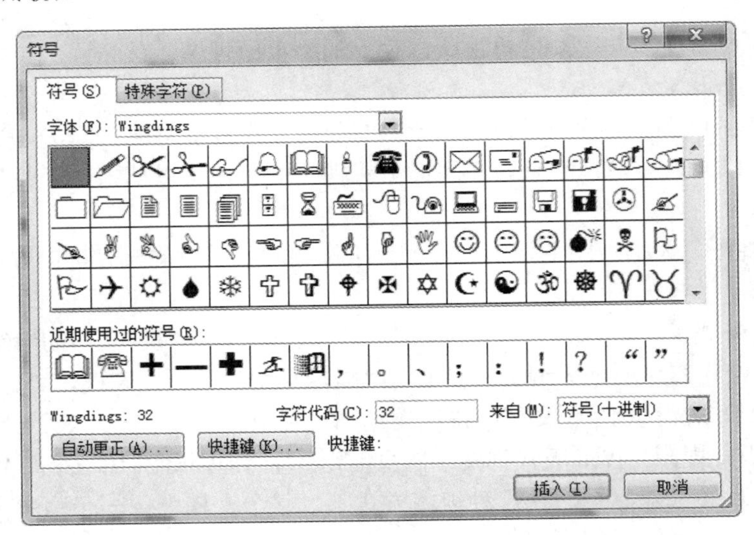

图 3-5 “符号”对话框

【例 3-1】在 Word 中输入如图 3-6 所示的诗句和符号。

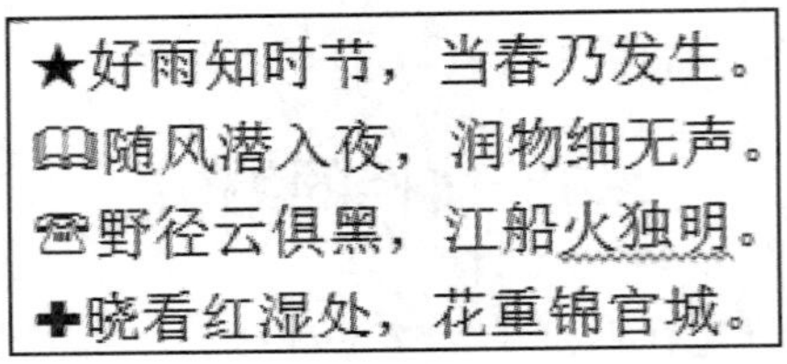

★好雨知时节，当春乃发生。
🕮随风潜入夜，润物细无声。
☎野径云俱黑，江船火独明。
✚晓看红湿处，花重锦官城。

图 3-6 插入特殊符号

切换到中文输入法后可按如下步骤进行输入诗句和插入符号。

（1）直接输入文字：好雨知时节，当春乃发生。把鼠标移至“好”前插入★。

（2）按 Enter 键，继续输入：随风潜入夜，润物细无声。把鼠标移至把“随”前插入🕮。

（3）按 Enter 键，继续输入：野径云俱黑，江船火独明。把鼠标移至“野”前插入☎。

（4）按 Enter 键，继续输入：晓看红湿处，花重锦官城。把鼠标移至“晓”前插入✚。

3.3.2 文本的编辑

文本编辑过程中，可使用选定文本、复制文本、移动文本和删除文本等方法，以简化重复操作和提高效率。

1. 选定文本

在文档中，若要对某一区域的文本进行某一操作，必须先选定该文本。一般情况下，Word 2010 显示的是白底黑字，而被选定的文本则是高亮显示，即蓝底黑字。常用的选定文本方法有两种：鼠标选定和键盘选定。

（1）鼠标选定。鼠标是最常用的文本选择工具，使用鼠标既可以选择单个文字，也可以选择多行文字，其操作方法容易又简便。

1）选择单字或词组。在文本中双击，可以选中光标所在位置的单字或词组。

2）选择任意数量文本。将光标插入到需要选择文本的开始位置，按住鼠标左键不放拖动至需要选择文本的结束位置，这时被选择的文本会以蓝底黑字的形式出现。

3）选择单行文本。将光标移至需要选择的某一行左侧的空白区域，当光标变成反箭头形状时，单击，即可选择整行文本。

4）选择多行文本。与使用鼠标选择单行文本的方法类似，将光标移至文本左侧的空白区域，当光标变成反箭头形状时，按住鼠标左键不放并向下拖动光标，即可选择多行文本。

5）选择整段文本。将光标移至需要选择的段落左侧的空白区域，当光标变成反箭头形状时，双击；或者在该段文本的段首按住鼠标左键不放并拖动光标到段末后释放鼠标；也可以在该段文本中任意位置连续单击 3 次。

6）选择整篇文本。可以将光标移至文档左侧的空白区域，当光标变成反箭头形状时，连续单击鼠标左键 3 次即可；还可以按组合键 Ctrl+A 选中整个文档。

（2）键盘选定。使用鼠标结合键盘也是比较常用的选择文本的方法，这种方法能够弥补单纯使用鼠标选择文本的不足。当两者结合使用时，不但灵活方便而且还能提高操作的速度。

利用 Ctrl 或 Shift 与方向键选定文本，表 3-1 所示为键盘组合键选定文本的方法。

表 3-1　键盘组合键选定文本的方法

选定范围	操作键	选定范围	操作键
右边一个字符	Shift+→	至段落末尾	Ctrl+Shift+↓
左边一个字符	Shift+←	至段落开头	Ctrl+Shift+↑
到单词结束处	Ctrl+Shift+→	下一屏	Shift+PgDn
到单词开始处	Ctrl+Shift+←	上一屏	Shift+PgUp
至行末	Shift+End	至文档末尾	Ctrl+Shift+End
至行首	Shift+Home	至文档开头	Ctrl+Shift+Home
下一行	Shift+↓	整个文档	Ctrl+A 或 Ctrl+5（小键盘上）
上一行	Shift+↑	整个表	Alt+5（小键盘上）

2. 复制和移动文本

复制是指将选定信息的备份插入到目标位置，该操作在编辑长文档时经常使用。常用的方法有利用鼠标拖动和利用剪贴版两种。

（1）利用鼠标拖动。利用鼠标拖动复制的方法按住 Ctrl 键不放把选定的要复制内容拖动到目标位置，然后松开鼠标。

（2）利用剪贴板进行复制。选定要复制的内容，使之高亮度显示，右击，弹出快捷菜单，选择其中的“复制”命令；将插入点移动到目标位置，单击功能区的“粘贴”按钮或按快捷键 Ctrl+V；或者右击，弹出快捷菜单，选择其中的“粘贴”命令。

移动文本的操作与复制文本相似，对于选定内容可用不按 Ctrl 键直接拖动，用“剪切”和“粘贴”命令或使用组合键 Ctrl+X 和 Ctrl+V 的方法移动到目标位置。移动后原来位置的选定内容已不存在。

3. 删除文本

输入文本时欲删除选定内容，可以选择下方法：

- 选定想要删除的文本内容，按 Del 键或 Backspace 键进行删除。
- 选定想要删除的文本内容，然后右击，弹出快捷菜单，再选择其中“剪切”命令或按 Ctrl+X 组合键。
- 若没有选定文本，按 Backspace 键则删除插入点左边的字符或汉字；按 Del 键则删除插入点右边的字符或汉字。

3.3.3 撤销与恢复

在文本编辑过程中，常常出现误操作或不理想的操作，如删除了不该删除的内容、文本复制错了位置和排版效果不理想等。要想返回到当前结果前面的状态，则可以通过“撤销键入”或“恢复键入”功能实现。“撤销”功能可以保留最近执行的操作记录，用户可以按照从后到前的顺序撤销若干步骤，但不能有选择地撤销不连续的操作。用户可以按 Alt+Backspace 组合键执行撤销操作，也可以单击快速访问工具栏中的“撤销键入”按钮。还可以用组合键 Ctrl+Z 来撤销误操作。

执行撤销操作后，还可以将 Word 2010 文档恢复到最新编辑的状态。当用户执行一次“撤销”操作后，用户可以按 Ctrl+Y 组合键执行恢复操作，也可以单击快速访问工具栏中已经变成可用状态的“恢复键入”按钮。

3.3.4 查找与替换

Word 2010 有强大的查找和替换功能，可以在长文档中快速查找或替换特定的内容，既可以查找文本或替换文本，还可以查找和替换特殊字符，比如段落标记、制表符、分页符号及单词的各种形式。

1．查找

查找功能可以帮助用户定位到目标位置以便快速得到想要的信息。查找分为一般查找和高级查找。使用“查找”命令可以快速找到需要的文本或其他内容。

（1）一般查找。以查找文本为例，查找的步骤如下：

1）单击“开始”选项卡“编辑”组中“查找”右侧的倒三角按钮，在打开的下拉菜单中单击“查找”命令，在文档的左侧自动打开“导航”任务窗格。

2）在“导航”任务窗格下方的文本框中输入要查找的内容。此时在文本框的下方提示有多少个匹配项，并且在文档中查找到的内容都会被涂成黄色。

3）单击任务窗格中的“下一条”按钮，定位第 1 个匹配项。这样再次单击“下一条”按钮就可快速逐条查找到下一条符合的匹配项。

（2）高级查找。使用“高级查找”命令弹出“查找和替换”对话框，如图 3-7 所示。

使用该对话框可以快速查找内容的具体操作步骤如下：

1）单击“开始”选项卡“编辑”组中“查找”右侧的倒三角按钮，在打开的下拉菜单中选择“高级查找”命令，打开“查找和替换”对话框。

2）在“查找”选项卡中的“查找内容”文本框中输入要查找的内容，单击“更多”按钮，根据要查找的内容可选择搜索选项和查找格式。

3）单击“查找下一处”按钮，此时 Word 开始查找。如果查找不到，则弹出提示信息对话框，提示未找到搜索项。单击“确定”按钮返回。如果查找到文本，Word 将会定位到文本位置将查找到的文本背景用淡蓝色显示。

图 3-7 “查找和替换”对话框

2. 替换

替换文本是指将查找到的指定字符用其他字符或不同格式的字符替代。如果未选定范围，Word 2010 会对整个文档中的指定字符进行全部替换。

具体操作步骤如下：

（1）单击“开始”选项卡中的“编辑”按钮，在弹出的列表中单击“替换”按钮，弹出“查找和替换”对话框，如图 3-8 所示。该对话框与图 3-7 所示的对话框的区别在于多了一项“替换为”文本框。

图 3-8 “替换”选项卡

（2）在“替换”选项卡的“查找内容”文本框中输入需要被替换的内容。

（3）在“替换为”文本框内输入替换后的新内容。

（4）单击“查找下一处”按钮，定位到从当前光标所在位置起，第一个满足查找条件的文本位置，并以淡蓝色背景显示，单击“替换”按钮即可将查找到的内容替换为新的内容。

如果需要将文档中所有相同的内容都替换掉，可以在输入完查找内容和替换内容后，单击“全部替换”按钮，则依次替换整篇文档中找到的文本，并弹出相应的对话框显示完成替换的数量。单击“取消”按钮或按 Esc 键可以取消当前的查找操作。

3.4 文档的排版

Word 2010 提供了强大的排版功能，可对字符、段落和页面进行设置，还可以使用添加边框、底纹、首字下沉及其他的特殊排版方式来编辑出更美观大方的文档。

3.4.1 字符的设置

字符是指汉字、西文字母、标点符号和数字等。字符的设置包括字体、字形、字号、颜色、下划线、效果（删除线、下标、上标、阴文、阳文等）、字符间距等。通过字符的格式化可增加文档的可读性。格式化字符可以直接使用功能区的字体按钮或“字体”对话框来完成。

1. 设置字体

设置字体的方法如下：

（1）选定文本。

（2）单击“开始”选项卡的字体功能区的“字体”右端的下拉按钮，打开下拉列表框。

（3）选择一种字体，选定的文本即可变成该字体。

2. 设置字号

文字的大小以字号或磅值确定，其设置方法如下：

（1）选定文本。

（2）单击“开始”选项卡的字体功能区的“字号”右端的下拉按钮，打开下拉列表框。

（3）从中选择一种字号或磅值，即可改变选定文本中文字和字符的大小。

3. 设置字形

字形是指附加给文本的一种属性，比如下划线、倾斜和加粗等。其设置方法如下：

（1）选定文本。

（2）单击“加粗”按钮，可以使选定的文本加粗显示；单击“倾斜”按钮，可以使选定的文本倾斜显示；单击“下划线”按钮，可以为选定的文本加上下划线；单击“加框”按钮，可以为选定的文本加上边框；单击“底纹”按钮，可以为选定的文本加上底纹。

另外，还可以利用“字体”对话框，同时修改字体、字号和字形。

4. 字符间距和字符位置的设置

单击“字体”对话框的“高级”选项卡，打开“高级”选项卡。在“缩放”下拉列表框中输入数值，可以设置文字的缩放比例；在“间距”下拉列表框中有加宽、标准、紧缩三个选项，可以设置字符间距的类型。可以通过其后的“磅值”微调框右边的微调按钮来微调字符间距，也可直接输入字符间距的大小值；在“位置”下拉列表框中有“标准”“提升”和“降低”三个选项，可以设置文本显示的位置类型。可以通过其后的“磅值”微调框右边的微调按钮来微调字符位置，也可直接输入字符位置的大小值。

5. 首字下沉

为了增强文章的感染力，使内容更具有吸引力，往往会采用首字下沉，使文档的第一个字放大数倍，变得更为醒目。创建首字下沉的步骤是：

（1）选定需要首字下沉的文本。

（2）单击“插入”选项卡的“文本”组中的“首字下沉”按钮。

（3）在弹出的下拉列表框中选择下沉方式，如“无”“下沉”或“悬挂”。

（4）单击所选的下沉方式，文本即可显示下沉效果。

若在步骤（2）中，如果单击“首字下沉”按钮，将弹出如图 3-9 所示的“首字下沉”对话框，利用该对话框可以调节首字下沉的位置。

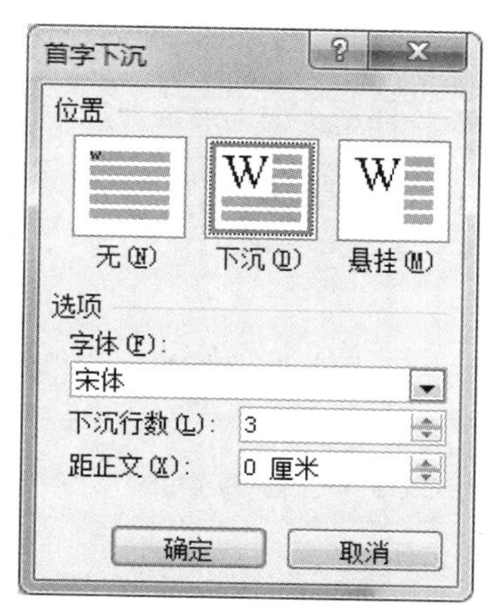

图 3-9　“首字下沉”对话框

如要删除首字下沉的效果，则只需在选择下沉方式时选择“无”。

6. 格式的复制

当用户输入了一段文字，并对其格式进行了精心的设置后，若希望其他的文本采用与此相同的格式，可以用“剪贴板”组的“格式刷”按钮来快速复制格式。操作方法如下：

（1）选定一段带有格式的文本。

（2）单击“剪贴板”组的“格式刷”按钮，此时鼠标指针变为一个小刷子形状。

（3）在需要设置格式的文本上按住鼠标左键拖动，即可将格式复制到新拖动过的文本上。

（4）完成后，单击“剪贴板”组的“格式刷”按钮或按 Esc 键，即可取消格式刷上的格式。

注意：单击“格式刷”按钮只能使用一次，还需使用时需再次单击。若双击“格式刷”按钮，则可以多次连续使用选定的格式。

3.4.2　设置段落格式

段落是构成文章的基础，一个段落是指以回车键结束的一段文字。若要指明段落排版命令适用于哪一段，只要将光标定位于该段的任何位置即可。若要对几个段落同时进行排版，则应当同时选中这些段落。设置段落格式主要是指设置段落对齐方式、段落的缩进、行间距、段前及段后间距、边框和底纹等。

1. 设置段落对齐方式

段落对齐方式是指段落在水平方向上以何种方式对齐，默认的对齐方式是两端对齐。其他的对齐方式有左对齐、居中对齐、右对齐和分散对齐。常用的设置方法有用工具栏的对齐按钮设置和用“段落”对话框（图 3-10）设置两种。

（1）用工具栏上对齐按钮设置对齐方式。首先将插入点移到需要设置对齐方式的段落内或选中多段，单击“开始”选项卡“段落”组中的“两端对齐”、“居中”、“右对齐”和“分散对齐”等按钮快速设置文本对齐方式。

（2）用“段落”对话框设置对齐方式。选择要设置对齐方式的各个段落；单击“页面布局”选项卡的“段落”组右下角的“对话框启动器”按钮，弹出如图 3-10 所示的“段落”对话框。在该对话框中选择“缩进和间距”选项卡；在“常规”区域中“对齐方式”下拉列表框中选择对齐方式。

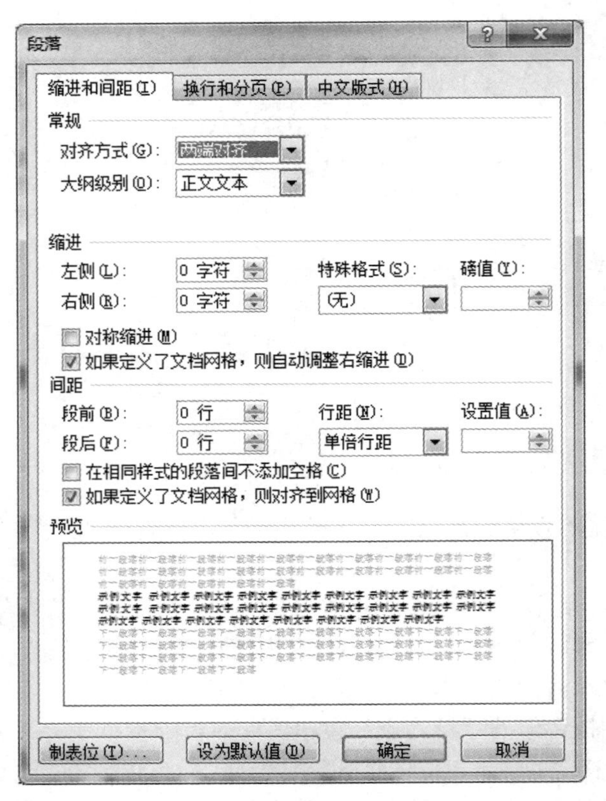

图 3-10 “段落”对话框

2. 设置段落缩进

段落缩进是指将段落中的首行或其他行缩进一段距离，使文档看上去更加清晰美观。

在 Word 中，段落缩进包括首行缩进、悬挂缩进、段落的左右边界缩进等。

设置段落缩进的方法有多种：可以移动标尺上的缩进标记，也可以使用 Tab 键和“开始”选项卡中的工具按钮等。

（1）利用水平标尺设置段落缩进。水平标尺上有段落缩进设置标志，如图 3-11 所示。拖动相应的标志，可以设置段落的缩进。

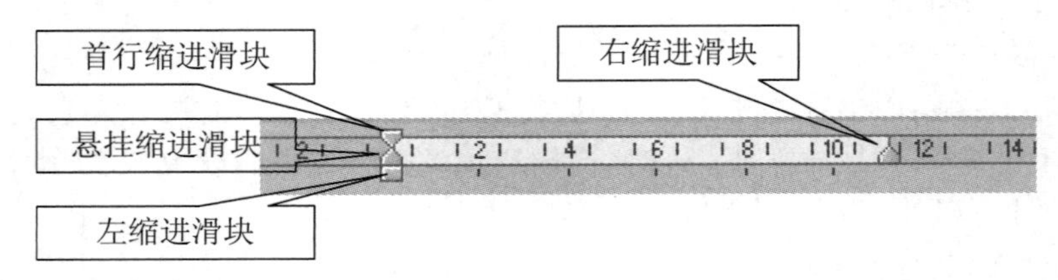

图 3-11 水平标尺

“首行缩进”控制段落第一行首字的位置。“悬挂缩进”控制段落中除第一行外，其他各行的缩进距离。“左缩进”控制整个段落距左边界的距离。“右缩进”控制整个段落距右边界的距离。

（2）使用选项卡设置段落缩进。水平标尺上滑动块可以快速设置段落缩进，但其不够精确；使用选项卡可以精确设置段落缩进，具体的操作步骤如下：

1）将插入点移到需要设置段落缩进的段落中或选中多段，然后单击“开始”或“页面布局”选项卡“段落”组右下角的“对话框启动器”按钮，弹出“段落”对话框。

2）在“缩进和间距”选项卡的“缩进”选项组中设置“左”“右”和“特殊格式”。

3）单击“确定”按钮，即可完成对一段文字段落的设置。

3. 行距和段落间距

所谓的行距是指段落中行与行之间的距离，而段落间距则是指段落与段落之间的距离。可以根据需要改变行距和段落间距的默认值，设定新的行距或段落间距使文档看起来疏密有致，视觉效果更好。

（1）设置行距。通常以默认单倍行距显示文本，为了更适合个性化要求，可以为指定的段落重新设定行距。设置方法如下：

1）将插入点移到需设定行距的段落内或选定要设定行距的各个段落。

2）单击“页面布局”选项卡“段落”组右下角的“对话框启动器”按钮，打开“段落”对话框，选择“缩进和间距”选项卡。

3）在“行距”下拉列表框中选择“单倍行距”“1.5 倍行距”“两倍行距”“最小值”“固定值”和“多倍行距”之一设置所需行距。

（2）设置段落间距。在编辑文档中，应当使用“段落”对话框来设置段落间距，而不是按回车键来增加空行。设置段落间距操作步骤如下。

1）将插入点移到设定段落间距的段落或选中多个段落。

2）单击“页面布局”选项卡“段落”组右下角的“对话框启动器”按钮，打开“段落”对话框，选择“缩进和间距”选项卡。

3）利用“间距”区域内的“段前”和“段后”微调按钮调整或输入该段落与前后段落间的距离数值。

4）单击“确定”按钮。

4. 边框和底纹

边框是指围在段落四周的框，它是一边或多边隔开一个段落的线条。底纹是指用背景颜色填充一个段落。当需要加强文档或其中某个部分文本的外观效果时，可以对其添加边框和底纹。在 Word 2010 中，可以给段落添加边框或底纹，也可以给选定的图片、表格和页面添加边框。

（1）设置边框。给文本或段落设置边框的操作步骤如下：

1）选定需要设置边框的文本。

2）然后单击“开始”选项卡“段落”组中的“边框和底纹”按钮右边的倒三角按钮，在弹出的下拉列表中单击“边框和底纹”，弹出如图 3-12 所示的“边框和底纹”对话框。

3）在“边框和底纹”对话框中选择“边框”选项卡，然后从“设置”选项组的“无”“方框”“阴影”“三维”和“自定义”5 种类型中选择一种需要的边框类型，再根据实际需要选择边框样式、颜色、宽度和应用方式。

（2）设置底纹。设置底纹不同于设置边框，只能对文字和段落设置底纹，而不能设置页面底纹。给所选段落设置底纹的方法和设置边框的方法类似，在“边框和底纹”对话框中选择“底纹”选项卡，在其中设置相关选项，就为选定的文本设置了底纹。

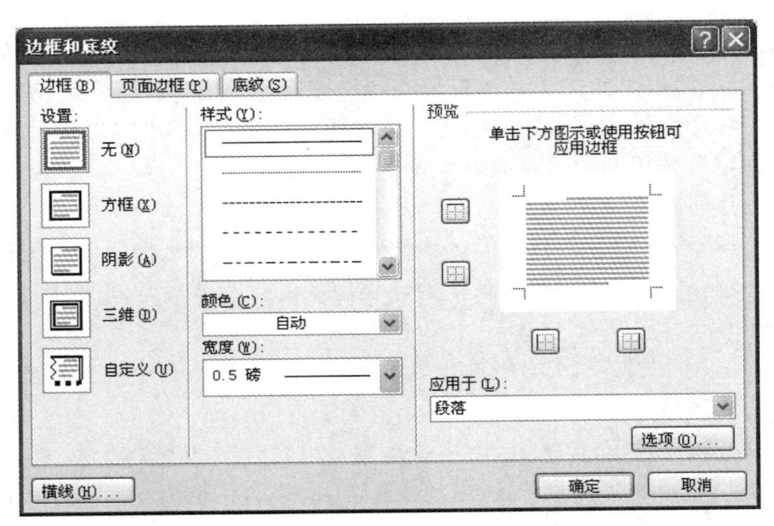

图 3-12 “边框和底纹”对话框

此外，通过“段落”组工具栏中的“底纹”按钮也可以快速地为所选文字和段落设置背景。还可通过“字体”组中的“字符底纹”按钮快速地为字符设置字符底纹，但其设置的底纹只有一种，即颜色为灰色且灰度为 15%的底纹。

5. 制表位

Word 制表位，经常用于创建易于格式化的文档。制表位是指在水平标尺上的位置，指定文字缩进的距离或一栏文字开始之处。

（1）制表位的种类。制表位实际上是一种隐含的“光标定位”标记，专用于与 Tab 键配合使用。Word 提供了左对齐、右对齐、居中对齐、小数点对齐和竖线对齐 5 种制表位。

1）左对齐 └：输入的文字从制表位开始向右延伸。

2）右对齐 ┘：输入的文字从制表位开始向左延伸，填满制表空间后，向右延伸。

3）居中对齐 ┴：输入的文字以制表位为基准向两侧延伸。

4）小数点对齐 ┴̣ ：小数点前的数字向左延伸，小数点后的数字向右延伸。

5）竖线对齐 |：是在某一个段落中插入一条竖线。

（2）Word 制表位的三要素。制表位的三要素包括制表位位置、制表位对齐方式和制表位的前导字符。在设置一个新的制表位格式的时候，主要是针对制表位位置、对齐方式和前导字符三个要素进行操作。

1）制表位位置。制表位位置用来确定表内容的起始位置。

2）对齐方式。制表位的对齐方式与段落的对齐格式完全一致，只是多了小数点对齐和竖线对齐方式。选择小数点对齐方式之后，可以保证输入的数值是以小数点为基准对齐；选择竖线对齐方式时，在制表位处显示一条竖线，在此处不能输入任何数据。

3）前导字符。前导字符是制表位的辅助符号，用来填充制表位前的空白区间。前导字符有 4 种样式，它们是实线、粗虚线、细虚线和点划线。

（3）制表位的设置。设置制表位有利用标尺和利用“段落”对话框两种方法。

1）利用水平标尺。单击水平标尺最左端的 └ 按钮，直到出现所需制表符类型，再在水平标尺上单击要插入制表位的位置。该方法简单快捷，但不够精确。

2）利用“段落”对话框。利用“段落”对话框设置制表位的步骤如下：

- 单击“开始”选项卡“段落”组的“对话框启动器”按钮，打开“段落”对话框。
- 单击“制表位”按钮，打开“制表位”对话框，如图 3-13 所示，根据对话框的提示进行设置，设置完毕单击“确定”按钮。

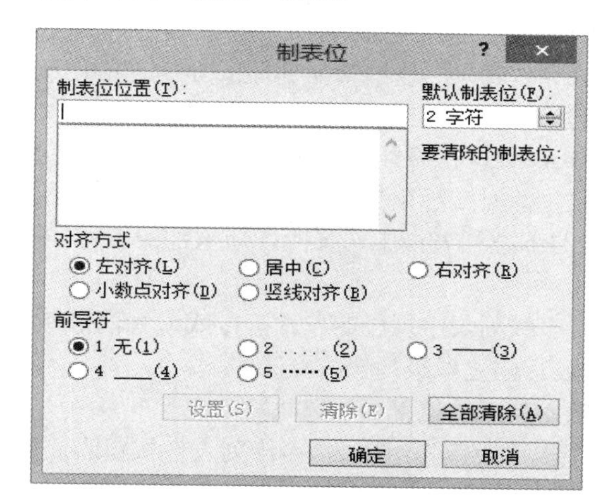

图 3-13　“制表位”对话框

3.4.3　项目符号和编号的创建

编辑文档的时候，在某些段落前加上编号或某种特殊符号，这样会使用文章层次分明，容易阅读。手工输入段落编号或项目符号不仅效率不高，而且在增加、删除段落时还需要修改编号顺序，容易出错。在 Word 2010 中，可创建多级列表，形成既包含数字也包含项目符号的列表。

在 Word 2010 中，创建项目符号和编号列表最简单的方法是利用它的自动功能，只要在输入时遵循一定的规则，Word 2010 就会自动添加项目符号或列表。

如果要创建项目符号列表，首先在行首输入“*”，再加一个空格，然后输入列表内容，当按回车键后会自动转换为圆点，并在新的行中自动添加该项目符号。

如果要创建编号列表，首先在行首输入第一个数字或字母，加一个小数点、顿号或右括号（如 1、a.等），再加一个空格，然后输入列表内容，按回车键后 Word 2010 将自动连续编号。

若要关闭 Word 的自动功能，可执行“文件”选项卡“选项”按钮，在弹出的“Word 选项”对话框中选择“校对”选项卡，在右侧的窗口中单击“自动更正选项”按钮，在弹出的“自动更正”对话框中单击“键入时自动套用格式”选项卡，然后在“键入时自动应用”分组中将“自动编号列表”和“自动项目符号列表”复选框清除。

（1）创建项目符号列表。将已输入的文本转换为项目符号列表的操作步骤如下：

1）选取要添加项目符号的文本。

2）单击“开始”选项卡“段落”组中“项目符号”按钮右侧的倒三角按钮，在弹出的下拉列表框中选择项目符号的样式；也可单击“定义新项目符号”按钮进入“定义新项目符号”对话框，再单击“图片”按钮，选择 Word 2010 预定的图像或以各种图片（如.jpg、.bmp 等）

作为项目符号。

3）单击“确定”按钮，即可给选定的文本添加指定的项目符号。

（2）创建编号列表。编号列表是按编号的顺序排列，其创建方法与创建项目符号列表相似，操作步骤如下：

1）选定要添加编号的文本。

2）单击“开始”选项卡“段落”组中“编号”按钮右侧的倒三角按钮，在弹出的下拉列表框中选择编号的样式；也可单击“定义新编号格式”按钮进入“定义新编号格式”对话框，在编号样式中选择一种样式，然后在编号格式中输入新编号的格式。

3）单击“确定”按钮，此时文档中插入了“a)”的编号，撤销此次插入的编号；重新单击“编号”按钮，在弹出的下拉列表框中选择刚才新添加的编号样式，即可为所选的文档插入选定的编号。

（3）创建多级列表。多级列表中每段的项目符号或编号根据其缩进范围而变化，最多可以生成9个层次的多级列表。创建多级列表的方法如下：

1）将插入点移到要输入列表的位置。

2）单击“开始”选项卡“段落”组中 “多级列表”按钮右侧的倒三角按钮，在弹出的下拉列表中框选择多级列表的样式。也可单击“定义新的多级列表”按钮，从弹出的“定义新多级列表”对话框（图3-14）中设置编号格式、编号对齐方式、字体等。

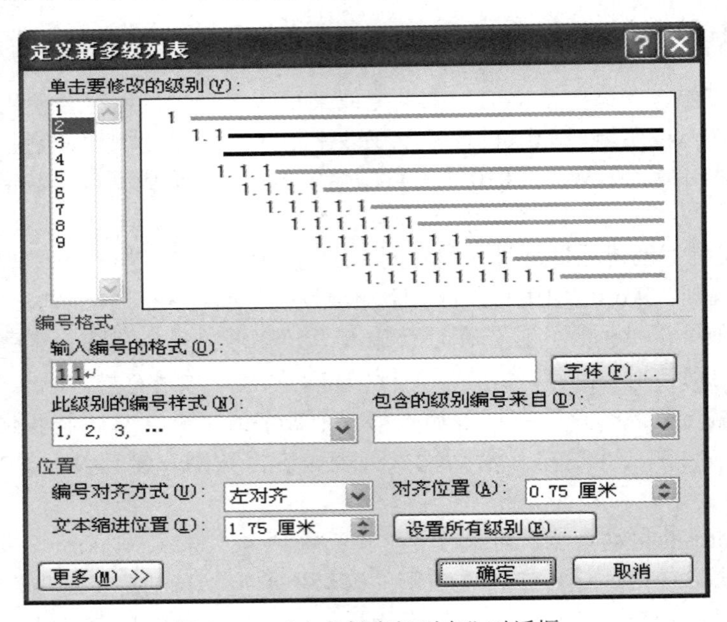

图3-14 “定义新多级列表”对话框

3）单击“确定”按钮，即可自动增加多级符号。

（4）删除项目符号和编号。取消对段落已经设置的项目符号或编号的操作方法如下：

1）选定需要删除项目符号或编号的段落。

2）单击“开始”选项卡“段落”组中“项目符号”库中的“无”按钮或“编号”库中的“无”按钮。

3.4.4 分栏的设置

在报纸、杂志中，经常可以看到分栏排版，分栏使得版面显得更为生动、活泼，以增强阅读的舒适性。分栏操作使文本从一栏的底端连接到下一栏的顶端，Word 2010 提供了控制栏数、栏宽和栏间距的多种分栏方式。

设置分栏的具体操作步骤如下：

（1）在页面视图方式下选定要进行分栏的文档或段落。

（2）单击“页面布局”选项卡，再单击“页面设置”组中的“分栏”按钮，在弹出的下拉列表框中可以选择预设好的分栏选项，也可选择“更多分栏”选项，弹出如图 3-15 所示的“分栏”对话框。

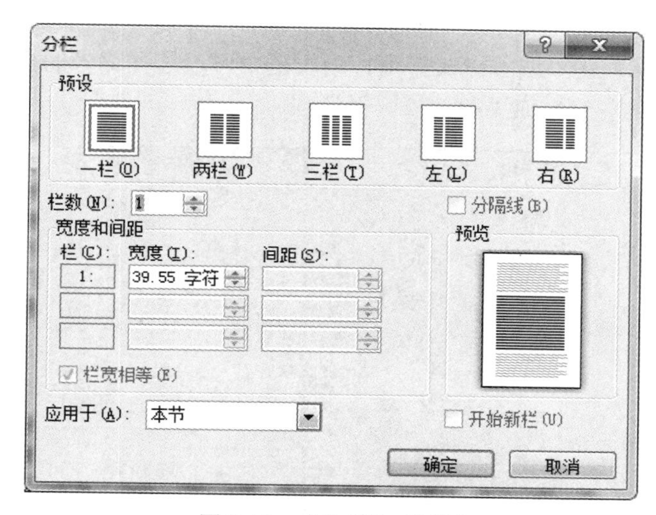

图 3-15 “分栏”对话框

（3）在“预设”栏目中选择所设分栏的样式，在“栏数”列表框中选择或输入栏数，在“宽度”和“间距”列表框中分别设置栏宽和各分栏间的距离。在“应用于”下拉列表框中选择应用的范围；选定“分隔线”复选框还可为各个分栏间加上分隔线。

（4）单击“确定”按钮完成分栏的设置。

用户设置好分栏后，如果对分栏的栏宽和栏数不满意，则通过拖曳鼠标调整栏宽，也可以通过“分栏”对话框调整栏宽和栏数。

3.4.5 页眉和页脚的设置

页眉和页脚是分别位于文档每页顶部或底部的注释性文字或图形，用于帮助读者了解当前页的内容和提示信息，这些信息只有在页面视图和打印预览中可见。它不是随着文本输入的，而是通过命令设置的。

（1）添加页眉页脚。设置文档页眉和页脚的具体操作步骤如下：

1）单击“插入”选项卡“页眉和页脚”组中的“页眉”按钮，在弹出的下拉列表框中选择内置的页眉样式，进入页眉编辑的同时打开“页眉和页脚”工具栏。

2）在出现的页眉区输入文字、插入图形或符号，并排版。

3）如果要创建一个页脚，可单击“转至页脚”按钮切换到页脚，设置方法同页眉。

4）利用“插入对齐方式”选项卡可以改变页眉与页脚的对齐方式。若在页眉和页脚中使用制表位，可迅速将某项置于中部或设置各种对齐方式。

5）设置完成后，单击“关闭页眉和页脚”按钮返回文档。

（2）设置页码。在文档中插入页码可以很方便地查找文档。在文档中插入页码的操作步骤如下：

1）单击“插入”选项卡中“页眉和页脚”组的“页码”按钮。

2）在弹出的下拉列表框中选择页码放置的样式。

3）选定页码放置的样式后，进入到页眉页脚状态下，可以对插入的页码进行修改。单击“设计”选项卡的“页眉页脚”组中的“页码”按钮，在弹出的下拉列表框中选择“设置页码的格式”选项。

4）如图 3-16 所示，在“编号格式”下拉列表框中可以选择编号的格式。在“页码编号”选项组下可以选择“续前节”或“起始页码”选项。

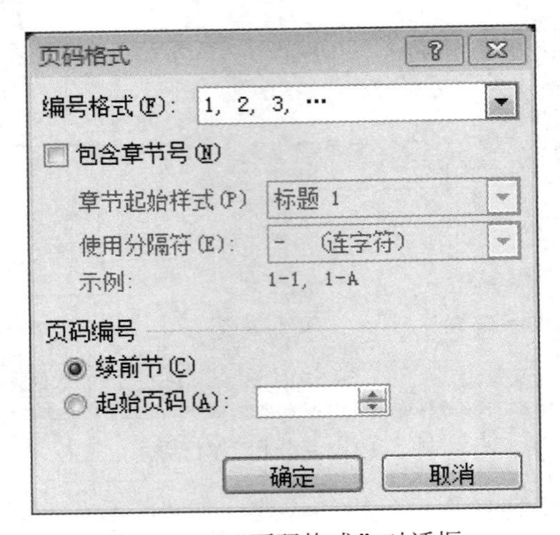

图 3-16 “页码格式”对话框

5）单击“确定”按钮，即可在文档中插入页码；单击“关闭页眉和页脚”按钮退出页眉页脚状态返回文档，并可在页面视图或打印预览中看到添加的页码。

3.5 表格的制作

在文档中经常会用表格或统计图表来反映一些数据，清晰明了地表达某项内容，为文中的论点提供强大有力的依据。Word 2010 提供了功能强大的制表功能，可以很轻松地建立和使用表格。

3.5.1 表格的制作

在 Word 2010 中创建表格的方法主要有以下三种。

1. 自动创建表格

在 Word 2010 中，可以使用内置行、列功能创建表格，也可以使用命令创建表格，还可以使用已有的表格模板快速创建表格。

插入表格的常用方法有两种：利用内置行、列功能创建表格或利用“插入”选项卡中“表格”按钮下的“插入表格”按钮来插入一个简单表格。

（1）利用“插入”选项卡插入表格。将插入点移到要插入表格的位置，单击“插入”选项卡中“表格”组“表格”按钮下拉列表框中的“插入表格”，打开“插入表格”对话框，如图 3-17 所示。在“表格尺寸”区的“列数”“行数”微调框中按照需要输入列数和行数；用微调框调整列宽，还可选中“根据内容调整表格”选项和“根据窗口调整表格”选项对表格进行调整。单击“确定”按钮即在插入点处建立一个空表格。

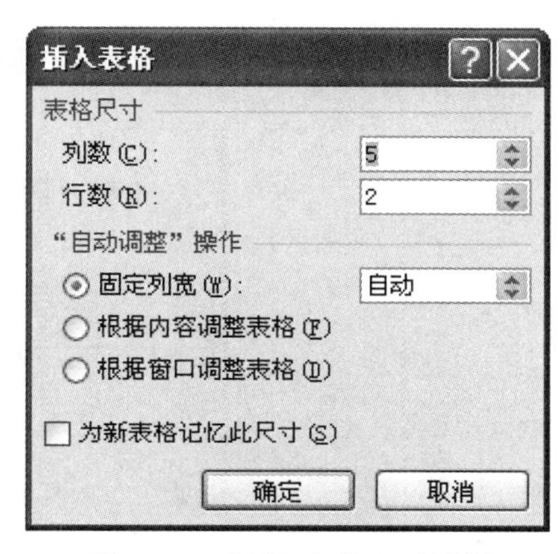

图 3-17　“插入表格”对话框

（2）利用内置行、列功能创建表格。利用内置行、列功能创建表格的步骤是：

1）将插入点移至插入表格的位置，单击“插入”选项卡“表格”组中的“表格”按钮，在弹出的下拉列表框中将鼠标移到“插入表格”下的网格区域，按住鼠标左键拖动，可以创建所需行数和列数的表格。

2）如果想套用 Word 中自设的表格，将插入点移到要插入表格的位置，单击“插入”选项卡“表格”组的倒三角按钮，单击“快速表格”按钮，系统将弹出“内置表格样式”下拉列表框。在该列表框中选择所需要的样式，即可生成表格。

2. 手动创建表格

使用工具按钮可以创建非常规范的表格，但如果要创建复杂的表格就难以实现了，这时就需要使用 Word 2010 提供的绘制表格的功能来创建出各种复杂或特殊样式的表格。创建自由表的操作方法是：

1）单击“插入”选项卡“表格”组中的“表格”按钮的倒三角按钮，在弹出的下拉列表中框选择“绘制表格”按钮。

2）鼠标指针变为铅笔的形状，将“铅笔”移至需插入表格的位置，按下鼠标左键并拖动鼠标，便可在窗口内画出一个表格框，当表格框大小合适时松开鼠标左键，便可以在窗口中画出一个空表框，再用“铅笔”在空表内绘制行和列。

3）若想删除某一条线，则可以将光标置于表格内，在“表格工具”组中单击“设计”选项卡中的“擦除”按钮，此时鼠标指针变为橡皮擦的形状。

4）将橡皮擦形状的鼠标指针移动到要擦除的框线的一端时，按住鼠标左键不放，然后拖曳鼠标指针到框线的另一端，释放鼠标左键即可删除该框线。

3. 绘制斜线表头

在 Word 2010 中取消了绘制斜线表头的功能，但对于简单的斜线表头，可以用以下操作方法实现：

1）先设置好表格。

2）选中需要绘制斜线表头的单元格。

3）单击“表格工具”组“设计”选项卡中“边框”右侧倒三角按钮，在下拉列表框中选择“边框和底纹”按钮，弹出如图 3-18 所示的“边框和底纹”对话框。

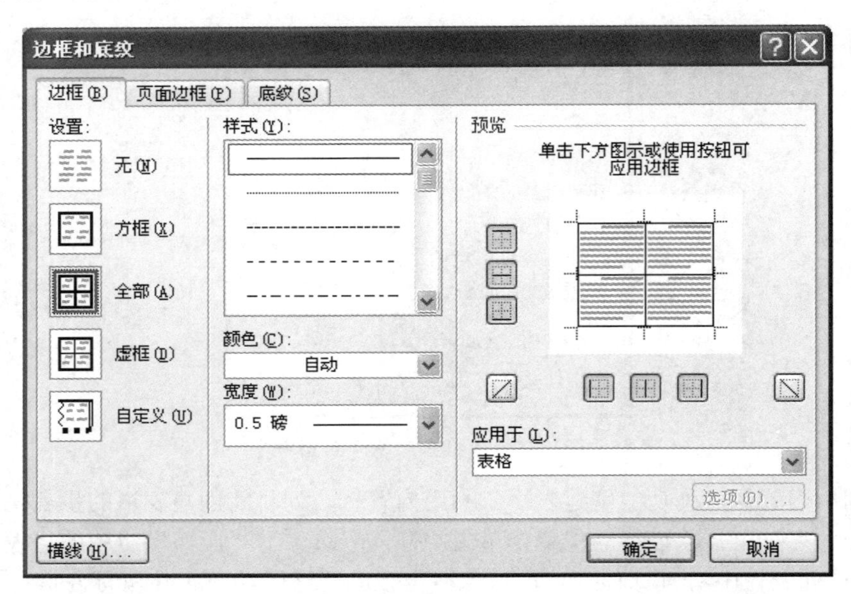

图 3-18 “边框和底纹”对话框

4）选择“边框”选项卡，在对话框中单击斜线图框，在“应用于”下拉列表框中选择“单元格”，设置完成单击“确定”按钮。

4. 文本转换为表格

（1）文本转换成表格。如果已输入的是文本且文本之间已使用制表符、空格或逗号分隔，Word 2010 可将这些文本直接转换为表格，具体操作方法如下：

1）选定要转换为表格的文本。

2）单击“插入”选项卡中“表格”按钮的倒三角按钮，在下拉列表框中选择“文本转换成表格”按钮，弹出如图 3-19 所示的“将文字转换成表格”对话框。

3）Word 将自动检测文本与文本之间的分隔符，确定表格的行列数，并显示在对话框中；也可重新指定行列数和分隔符。

4）单击“确定”按钮。

（2）表格转换成文本。

1）选择要转换为文本的表格。

2）单击“表格工具/布局”选项卡的“数据”组中的“转换为文本”按钮，弹出如图 3-20 所示“表格转换成文本”对话框。

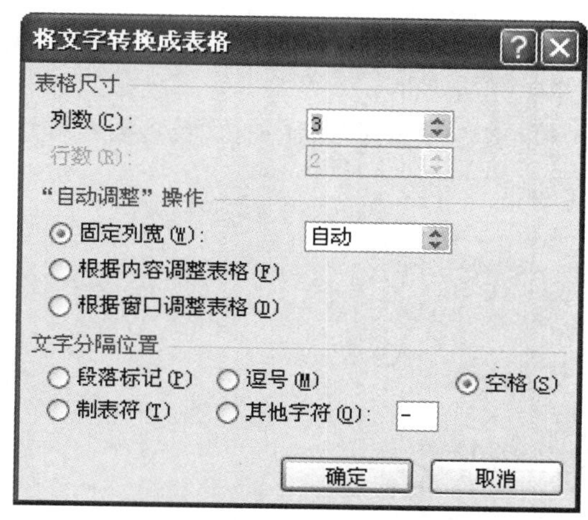

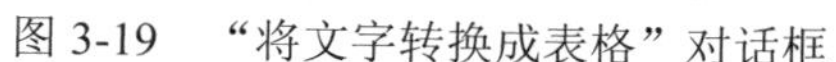
图 3-19　“将文字转换成表格”对话框

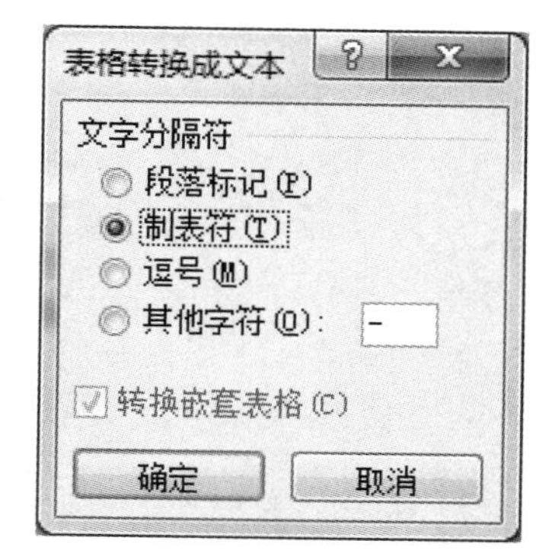

图 3-20　“表格转换成文本”对话框

3）在“文字分隔符”下，选择要用于替代列边界的分隔符，各行默认用段落标记分隔。

4）单击“确定”按钮，表格就被转换为文本，文本之间用选中的分隔符分隔。

3.5.2　表格的编辑

编辑表格操作包括单元格编辑和表格调整，如插入、删除行和列、合并和拆分单元格等操作。表格操作前，必须遵守“先选定后操作”的原则，即先选定操作区域，然后执行相应的操作。

1. 选定单元格、行、列及整个表格

（1）选定单元格。鼠标指向单元格的左边线，指针变为右向黑色箭头，单击选中当前单个单元格。

若要选中多个连续的单元格，则先选中第一个单元格，然后按住 Shift 键不放，再单击最后一个单元格即可。

若要选中多个不连续的单元格，则先选中第一个单元格，然后按住 Ctrl 键不放，依次单击余下的单元格即可。

（2）选定行。在单元格的左边空白处双击鼠标即可选定当前行；将鼠标移到待选行的左边（表外）空白处，单击鼠标即可选定当前行。选定连续和不连续行的方法与选定连续和不连续单元格的方法类似。

（3）选定列。鼠标指向某列的顶部，指针变为向下的黑色箭头，单击鼠标即可选定该列。选取连续和不连续列的方法和单元格的选定方法相似。

（4）选定整个表格。选定整个表格有以下两种方法：

1）将插入点定位到表格内的任意单元格内，单击“表格工具”中的“布局”选项卡，在“表”组中单击“选择”按钮，在弹出的下拉列表中选择“选择表格”按钮即可选定表格。

2）在 Word 2010 文档窗口中，当鼠标指针接近表格时，在表格左上角将出现一个代表整个表格的标识符，单击表格标识符，可以快速选定整个表格。

2. 插入单元格、行和列

在向已有的表格进行插入操作前，必须明确插入的位置。

（1）插入单元格。

1）在需要插入单元格的位置选取一个或多个单元格。

2）单击“表格工具”中的“布局”选项卡，单击“行和列”组中的“表格插入单元格”按钮，弹出如图 3-21 所示的“插入单元格”对话框。

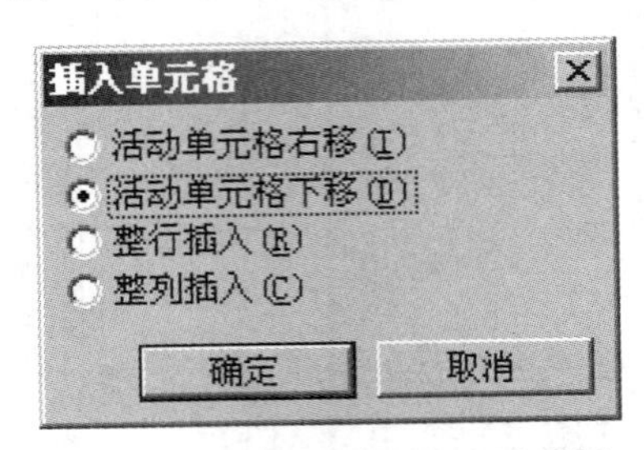

图 3-21 “插入单元格”对话框

3）在对话框中根据需要选择所需的单选框，再单击“确定”按钮即可。

注意： 若选取的是多个单元格，则插入时就会插入多个单元格。如选取了 4 个单元格，则插入时就会插入 4 个单元格。

（2）插入行。

1）移动光标到要插入行的下面，或选取一行或多行表格。

2）单击“表格工具”中的“布局”选项卡，在“行和列”组中的“在上方插入”和“在下方插入”选项中选择一种插入方式即可在当前行的上面或下面插入表格行。

注意： 若选取的是多行，则插入时就会插入多行。

（3）插入列。

1）移动光标到要插入列的右面，或选取一列或多列表格。

2）单击“表格工具”中的“布局”选项卡，在“行和列”组中的“在左侧插入”和“在右侧插入”选项中选择一种插入方式即可在当前列的左侧或右侧插入表格列。

注意： 若选取的是多列，则插入时就会插入多列。

3. 删除单元格、行、列和表格

删除整个表格、行、列和单元格与插入行、列和单元格的方法类似，先选中要删除的单元格、行、列或整个表格，单击“表格工具/布局”选项卡，再单击“行和列”组中“删除”按钮，在弹出的下拉列表框中选择“删除单元格”“删除行”“删除列”和“删除表格”。

注意： 若选定表格后，直接按 Del 键，只会删除表格中的内容，不会删除表格。

4. 调整行高、列宽

在表格中，有多种方法可以改变行高和列宽，常用的有以下几种：

（1）使用鼠标拖动。将鼠标移到要修改的表格竖线上，指针变为带有水平箭头的双竖线状时，按住鼠标左键不放，左右拖动鼠标，会减小或增加列宽，并且同时调整相邻列的宽度。

当鼠标移到单元格的下边线时，指针变为带有上下箭头的双横线状，按住鼠标左键不放，上下拖动鼠标，会减小或增加行高，对相邻行无影响。

（2）使用标尺上的滑块。将插入点移到表格内，标尺上将显示如图 3-22 所示的滑块。在水平标尺上有表格竖线的左右位置滑块，当在页面视图方式下，在表格左边的垂直标尺上有表格横线上下位置滑块。

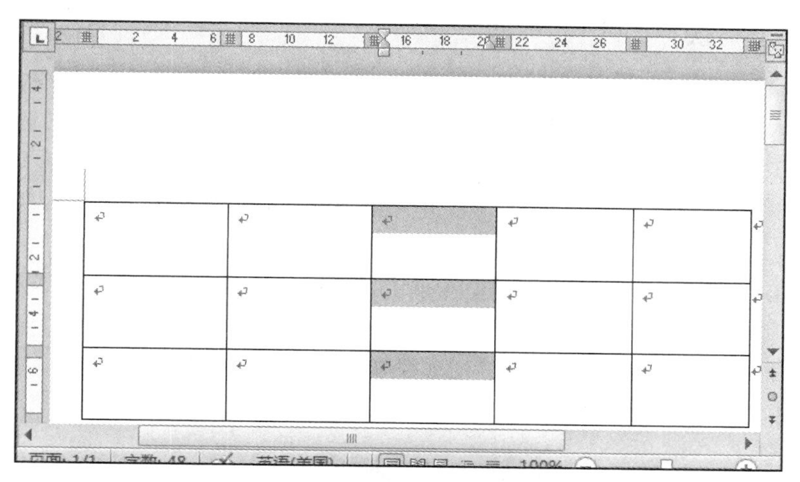

图 3-22　标尺上的滑块示意图

将鼠标移到表格垂直标尺中某个表格线滑块上，当鼠标变成双箭头时，按住鼠标左键向上或向下拖动鼠标，则对应的表格横线随之向上或向下移动，松开鼠标左键便确定了表格横线的位置。表格竖线的调整方法与之相似。

（3）使用“表格属性”对话框。表格宽度、各行的行高、各列的列宽、单元格的边距等有关表格的属性调整可通过“表格属性”对话框实现，如图 3-23 所示。改变的行高或列宽可通过相应的选项卡实现，设置完成单击“确定”按钮返回文档。

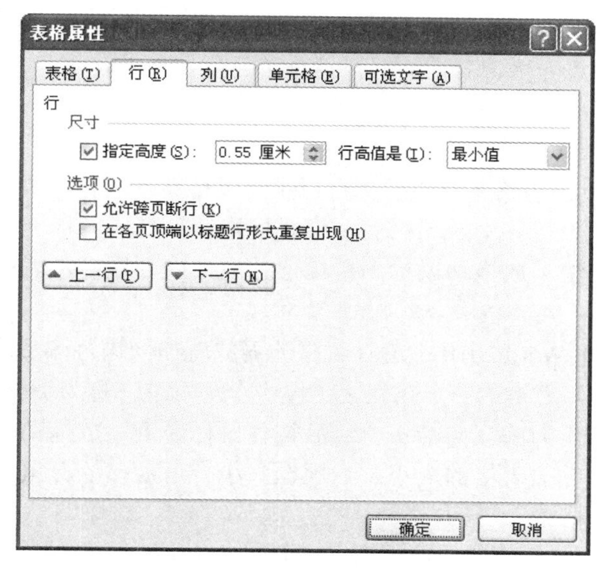

图 3-23　“表格属性”对话框

打开“表格属性”对话框的方法是单击“表格工具/布局”选项卡“表”组中的“表格属性”按钮，或单击鼠标右键后在快捷菜单中选择“表格属性”命令。

对于大表格来说，可以选中“允许跨页断行”复选框，允许表格行中的文字跨页显示。

5. 合并与拆分单元格

在编辑表格时，可以把行、列中的两个或多个单元格合并为一个单元格；也可将一个单元格拆分为几个单元格。

（1）合并单元格。合并单元格就是将两个或多个单元格合并为一个单元格，具体的操作步骤如下：

1）选定要合并的多个单元格。

2）单击“表格工具/布局”选项卡“合并”组中的“合并单元格”按钮，可将选取的多个单元格合并为一个单元格。

（2）拆分单元格。拆分单元格就是把一个单元格拆分为多个单元格，具体操作的步骤如下：

1）选定要拆分的一个或多个单元格。

2）单击“表格工具/布局”选项卡“合并”组中的“拆分单元格”按钮，弹出“拆分单元格”对话框，如图 3-24 所示。

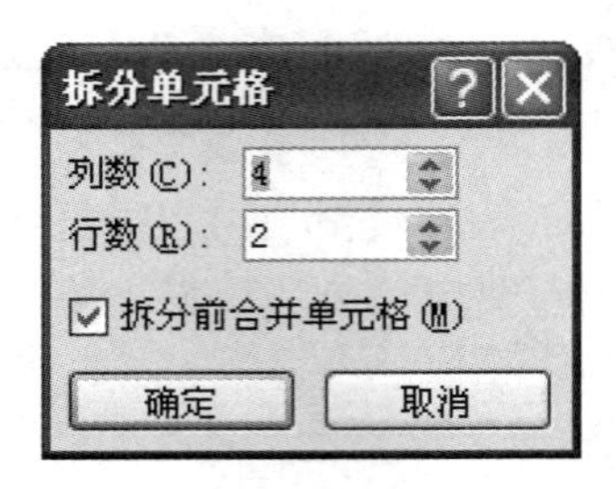

图 3-24 “拆分单元格”对话框

3）在“列数”和“行数”微调框中分别输入要拆分的行列数或单击微调框右侧的上下按钮，设置拆分单元格的列数和行数；对拆分多个单元格时，选中“拆分前合并单元格”复选框，可在拆分前先进行单元格合并，然后再拆分单元格。

设置完成后单击“确定”按钮。

6. 表格的移动、缩放和复制

（1）移动表格。利用表格移动点图标可以很容易地移动表格。具体操作方法是：单击表格，在表格左上角出现表格移动点图标后，将鼠标指针移到该图标上，鼠标指针变成四个方向的箭头，按住鼠标左键不放拖动鼠标到目标位置后，放开鼠标，表格就移动到了所需的位置处。

（2）缩放表格。在 Word 2010 中进行表格的缩放就如同进行图形的缩放一样简单。具体操作方法是：单击表格，表格的右下角就会出现一个矩形框（称为调整句柄）。将鼠标指针指向该句柄时，鼠标变成斜向的双向箭头，然后按住鼠标左键不放拖动。在拖动过程中将会出现一个虚框，它表示要缩放表格的大小。当虚框大小合适后，松开鼠标，原来的表格就会变成与虚框大小一致的表格。

（3）复制表格。复制表格就是给现有的表格做一个备份。具体的操作方法如下：

1）选定要复制的表格。

2）右击，在弹出的快捷菜单中选择“复制”命令。

3）将插入点移到目标位置，右击，在弹出的快捷菜单中选择“粘贴”命令，则在插入点处复制出一个表格。

7. 表格内容的输入和格式设置

在创建好一个表格后，就需要向表格中填入内容，比如文字、数字或图形等，并对填入的内容进行必要的格式设置。

（1）表格内容的输入。向表格中输入内容，首先要选中单元格，即内容插入点的定位。在表格中定位光标可以使用鼠标和键盘。使用鼠标很简单，只要将鼠标指向欲输入数据的单元格单击即可。

在表格中编辑内容和普通文本编辑相似，用输入文档的方法即可向该单元格内输入文字、数字等数据。当输入的内容到达单元格的右边界时系统会自动换行并自动增加行高。

（2）表格内容的对齐方式。默认情况下，表格中的文本是靠上左对齐，要改变数据在表格中的对齐方式操作步骤如下：

1）选定要改变对齐方式的数据或单元格。

2）右击，在弹出的快捷菜单中选择“单元格对齐方式”命令，在级联菜单中选择其中一种对齐方式，则所选数据按相应的位置进行编排。

（3）编辑表格内容。编辑表格的另一重含义是编辑表格中的内容，它包括对单元格中内容进行修改、移动、复制和删除等。

将某个单元格的内容移动到另一个单元格中，可选中待移动的单元格内容，用鼠标将其拖动到指定的单元格内；也可以用组合键 Ctrl+X 和 Ctrl+V 实现移动。

将某个单元格的内容复制到另一个单元格中，可选中待复制的单元格内容，按住 Ctrl 键的同时拖动鼠标，将其拖动到指定的单元格内；也可以用组合键 Ctrl+C 和 Ctrl+V 实现复制。

将某个单元格的内容删除，可选定待删除的单元格内容，然后直接按 Del 键即可。

8. *表格对齐方式*

在默认状态下，表格一般位于文档的左对齐位置，可根据需要重新设置表格的对齐方式。常用的操作方法有以下两种：

（1）选定表格后，使用“减少缩进量”按钮和“增加缩进量”按钮来设定。

（2）选定表格后，单击“表格工具/布局”选项卡的“单元格大小”中的“表格属性”按钮，在对话框中选择“表格”选项卡，利用“对齐方式”组来设定。

9. *表格边框和底纹*

在默认情况下，Word 为表格的每个单元格添加了单细线边框，可根据需要重新设置单元格边框，也可给单元格添加底纹，使整个表格更加美观易读。

（1）设置表格边框。插入表格时，默认的边框是黑色的单线条，而且所有行列边缘都设置了边框，要改变设置，具体的操作步骤如下：

1）选中表格。

2）单击“表格工具/设计”选项卡的“边框”右侧的倒三角按钮，在弹出下拉列表中选择“边框和底纹”命令，在弹出的“边框和底纹”对话框中选择“边框”选项卡。

3）分别设置线条样式、颜色、宽度、外框线和内框线，设置完成后，单击“确定”按钮。

（2）添加底纹。向表格添加底纹将使表格外观效果更醒目和有个性，添加底纹的操作步骤如下：

1）选定需要设置底纹的表格。

2）单击“表格工具/设计”选项卡的“边框”右侧的倒三角按钮，在弹出下拉列表框中选择“边框和底纹”选项，在弹出的“边框和底纹”对话框中选择“底纹”选项卡，如图 3-25 所示。

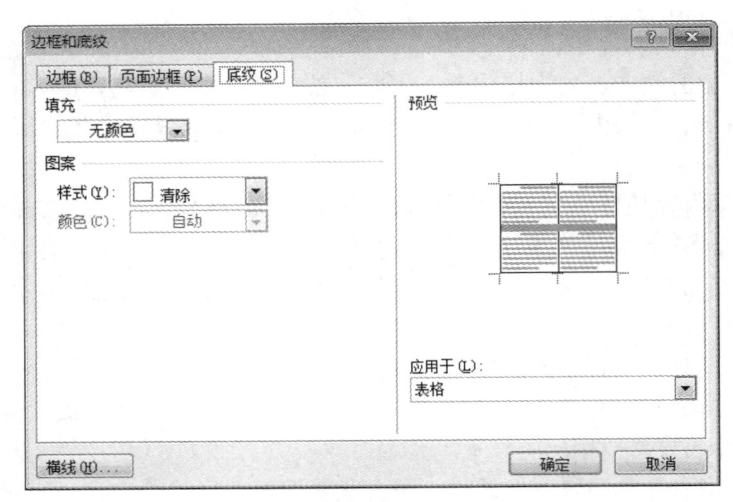

图 3-25 “边框和底纹”对话框的“底纹”选项卡

3）在“填充”区域中选择表格的底纹颜色，在选中的颜色块下方将显示填充色及其颜色比例；设置完成后，单击“确定”按钮。

10. 表格的跨页操作

有时表格放置的位置正好处于两页交界处，这时就会产生表格跨页操作的问题。Word 2010中提供了两种方法：一种是通过调节表格的大小使表格保持在同一页上，以防止表格跨页断行（此种方法适用于较小的表格）；另一种是在每页的表格上都提供一个相同的标题，使之看起来仍是一个表格（此种方法适用于较大的表格）。此处主要介绍第二种跨页操作方法，具体的操作步骤如下：

1）选中需要设置的表格。

2）单击“表格工具/布局”选项卡“数据”组中的“重复标题行”按钮，系统就会在因为分页而被拆开的表格中重复标题行信息。

3.5.3 表格内数据的排序与计算

Word 2010 中的表格除了可以显示数据外还提供了简单的表格计算功能，即使用函数和公式来计算表格中的数值。

（1）表格中单元格的标识方法。要对表格中的数据进行计算，首先要了解表格中单元格的标识方法。Word 表格中的每一个单元格都对应着一个唯一的编号。编号的方法是行用半角阿拉伯数字 1、2、3、4……表示，列使用英文字母 A、B、C、D……表示，每一单元格按“列行”标识，如图 3-26 所示。

A1	B1	C1	D1
A2	B2	C2	D2
A3	B3	C3	D3

图 3-26 单元格表示方法

例如：A2 表示的是第二行第一列的单元格。利用单元格编号，可以方便地引用单元格中的数据进行计算。

（2）表格中数据的计算。对表格中的数据进行计算，具体的操作步骤如下：

1）在图 3-26 表格中，将光标置于 D3 单元格中，单击“表格工具/布局”选项卡的“数据”功能组中的“公式”按钮，系统会弹出如图 3-27 的“公式”对话框。

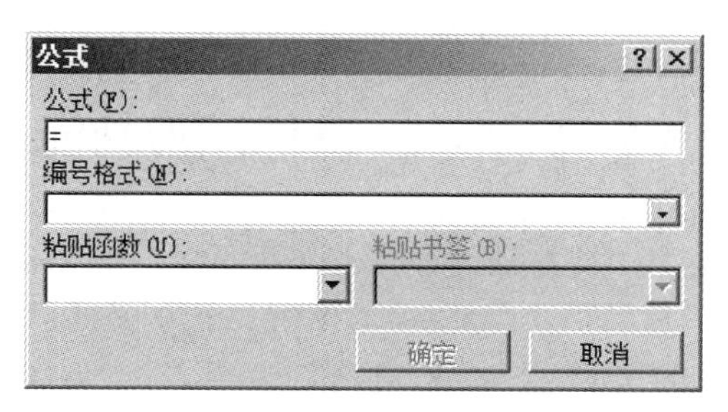

图 3-27 “公式”对话框

2）在对话框中的“粘贴函数”下拉列表框选择 SUM 函数，函数自动出现在“公式”文本框中，可以在函数名后面的括号中输入 ABOVE，在“编号格式”下拉列表框中选择计算结果的数字格式。

3）各项设置完成后单击“确定”按钮即可计算出结果，即自动计算 D1、D2 单元格中的数字之和存于 D3 单元格中。

常用数据范围的含义如下：

B1:B5：从 B1 到 B5 的数据，如 SUM(B1:B5)。

LEFT：该行单元格以左的数据，如 SUM(LEFT)。

RIGHT：该行单元格以右的数据，如 AVERAGE(RIGHT)。

ABOVE：该列单元格以上的数据，如 SUM(ABOVE)。

（3）表格中数据的排序。对表格中的数据进行排序，具体的步骤如下：

1）将光标移至表格的单元格中或选定整个表格。

2）单击“表格工具/布局”选项卡的“数据”组中的“排序”按钮，弹出如图 3-28 所示“排序”对话框，在“主要关键字”下拉列表框中选择排序依据，一般是标题行中某个单元格的字段名；在“类型”下拉列表框指定排序依据的值的类型，再选中“升序”或“降序”单选按钮决定排序的顺序。

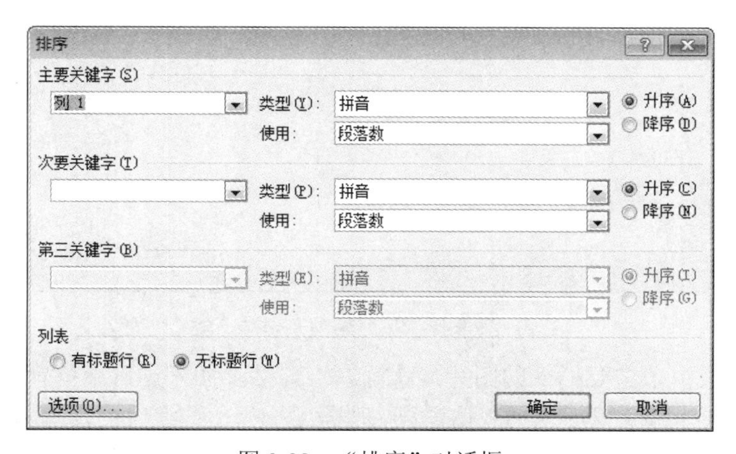

图 3-28 “排序”对话框

3）在“次要关键字”和“第三关键字”中完成相应的设置。设置方法与设置“主要关键字”的方法相同。

4）选择“列表”单选按钮，如选中“有标题行”则排序时不包括标题行，否则相反。

5）单击“确定”按钮，表格中的数据就会按照设置的排序依据重新排列。

3.6 Word 2010 的图形功能

在一篇文档中不仅有文字，往往还有图形、剪贴画和图标等，建立一个图文并茂的文档更有实用性和应用性。为了使版面更丰富多彩，Word 2010 提供了强大的图文混排功能，在文档内可插入图片、特殊格式的文字、公式和自制图形等。

3.6.1 图形的插入

Word 提供了一个剪辑库，内含大量的图片，称为剪贴画，可以在文档中直接使用，也可在文档中插入用其他应用程序创建的图片。

（1）插入剪贴画（或图片）。插入剪贴画（或图片）的具体操作步骤如下：

1）将光标插入点移至需插入剪贴画（或图片）的位置。

2）单击“插入”选项卡“插图”组中的“剪贴画”按钮，打开“剪贴画”任务窗格。

3）在此任务窗格最上边的“搜索文字”文本框中输入所需图片的关键字，如运动、工具等，然后单击“搜索”按钮，在下方的列表框中列出了搜索到的结果，如图 3-29 所示。

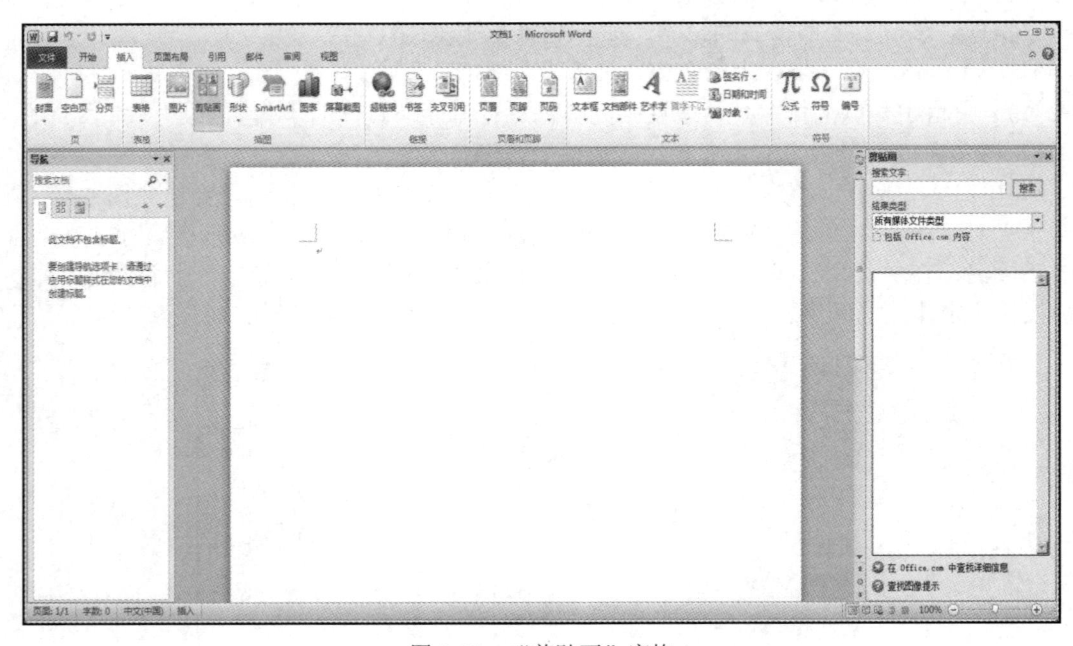

图 3-29 “剪贴画”窗格

4）在搜索结果中单击要插入的图片，就可以将剪贴画插入到目标位置。

如果要使用“剪辑管理器”来插入剪贴画，则需用执行“开始”→“所有程序”→“Microsoft Office”→“Microsoft Office 2010 工具”→“Microsoft 剪辑管理器”命令，打开“Microsoft

剪辑管理器”窗口。在收藏集列表中双击需要的主题类型，在右边的窗格会出现该类型的所有剪贴画。把鼠标指向所需的剪贴画，此时在剪贴画的右侧将会出现一个下拉箭头，单击，在弹出的菜单中选择“复制”命令。在文档的目标位置单击“粘贴“按钮，则剪贴画被插入到目标位置。

（2）插入图片文件。Word 可以直接将图片文件插入到文档中。Word 支持各种常用图片格式，如 JPEG 文件、BMP 文件以及其他图片文件。如果在文档中使用的图片来自自己已知的文件，则可直接将其插入到文档中，具体的操作步骤如下：

1）将插入点移定位到需插入图片位置。

2）单击“插入”选项卡“插图”组中的“图片”按钮，打开如图 3-30 所示的“插入图片”对话框。

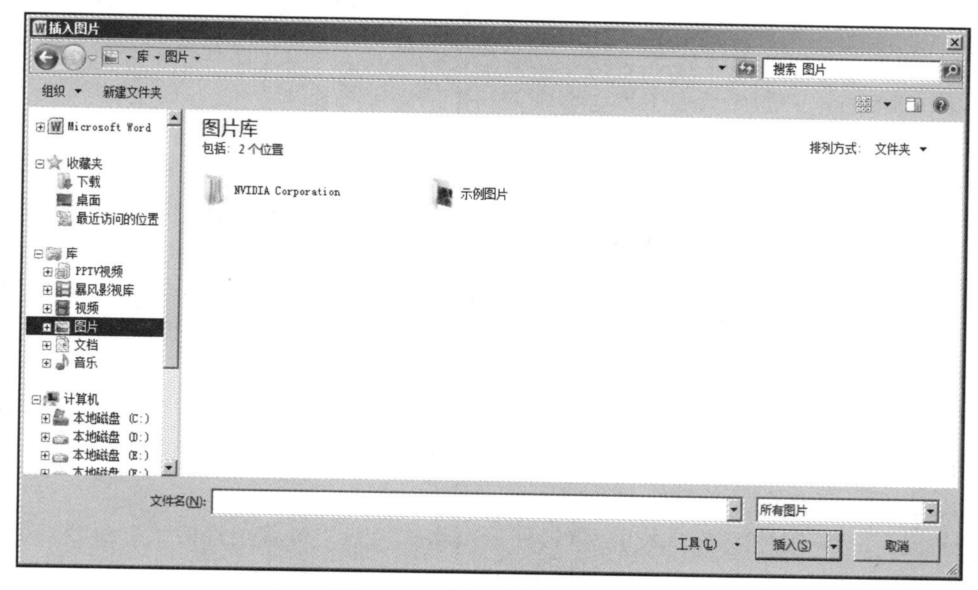

图 3-30　“插入图片”对话框

3）使用查找范围框来查找图片文件的位置。

4）在选中要插入的文件之后，单击“插入”按钮右边的下拉箭头，弹出下拉菜单，在其中选择一种插入方式即可。

3.6.2　绘制图形

Word 不仅可以把已经绘制好的图片插入到文档中，还可以在文档中插入自己绘制的图形，如对已有的图形加上标注等。需注意的是：绘制图形只能在页面视图方式下才可以使用，在其他视图方式下不能使用。

把插入点定位在欲绘制图形处，单击“插入”选项卡中“插图”组中的“形状”按钮，在下拉表框中选择“新建绘图画布“，会在文档中出现一个显示带边框的绘图画布区域。在绘图区中单击，所选择的图形就会显示在绘图画布上。

使用“形状”按钮中的图形选项可以很方便、快速地绘制出各种外观专业、效果生动的图形，如“直线”“箭头”“矩形”和“椭圆”等基本图形。在文档中绘制基本图形的具体操作步骤如下：

1）首先将光标移动到要绘制图形的位置。

2）单击“插入”选项卡“插图”组中的“形状”按钮，在弹出的下拉列表框中选中“基本图形”组中的图形形状，如“禁止符”。

3）然后将鼠标移动到绘图画布区域，鼠标指针变为十字形状；按下鼠标左键不放拖曳鼠标到一定的位置，释放鼠标左键后，在绘图画布上就显示出绘制的图形禁止符。

注意：在文档中若需绘制正圆或正多边形时，需按住 Shift 键拖动鼠标绘制。例如绘制正方形时，按住 Shift 键则绘制的就是正方形。

3.6.3 编辑图形或图片

在 Word 中对自绘的图形，可以进行编辑，使它起到美化文档的作用。对图形的编辑包括改变大小、设置版式、组合、添加文字、复制和移动等。

在编辑图形时，必须先选中图形。选中的图形的方法是：

1）直接单击所要选取的图形即可。

2）若要选取多个图形，单击一个图形后，按住 Ctrl 键不放，再依次单击其余的图形。

（1）缩放图形或图片。缩放图形或图片最简单的方法是用鼠标拖动。其操作步骤如下：

1）单击需要缩放的图形或图片，此时该图形或图片周围出现 8 个控制句柄。

2）将鼠标指针移到图形或图片四周的任何一个控制句柄上，指针变为双向箭头形状。

3）按住鼠标左键沿缩放方向拖动，此时鼠标指针变成十字形，并出现一个虚框。

4）当虚框达到所需大小时，松开鼠标左键。

（2）图形或图片的剪裁、亮度、对比度等设置。图形或图片的剪裁和亮度等设置均可通过“设置形状格式”或“设置图片格式”对话框中进行，其设置步骤如下：

1）选中需要缩放的图形或图片。

2）右击，在弹出快捷菜单中选择“设置形状格式”或“设置图片格式”命令，弹出“设置形状格式”或“设置图片格式”对话框，如图 3-31 或图 3-32 所示。

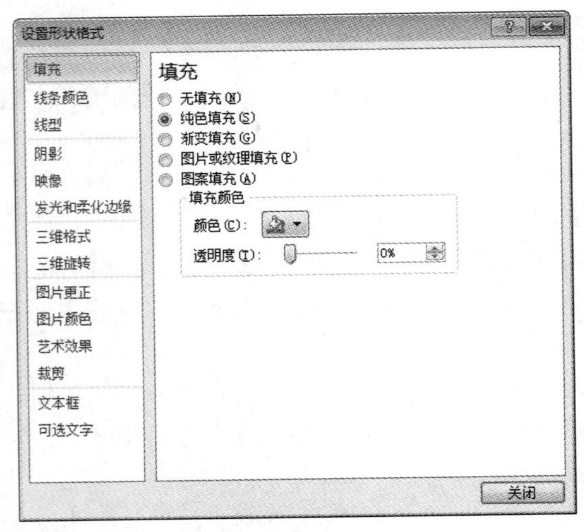

图 3-31 “设置形状格式”对话框

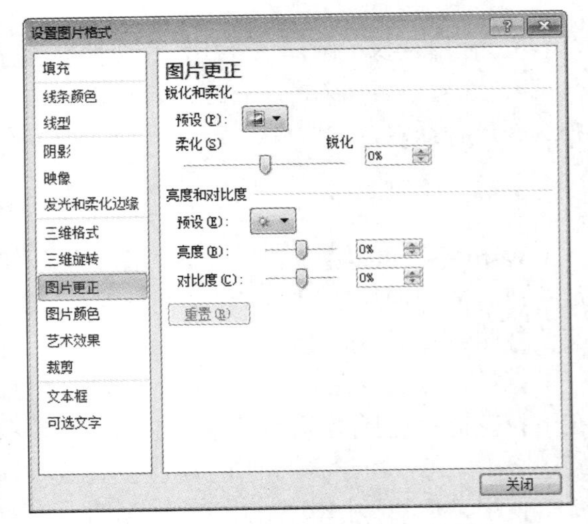

图 3-32 “设置图片格式”对话框

3）按照需要设置相应微调框中的参数。

4）设置完成，单击对话框的“关闭”按钮。

（3）图形的组合。图形的组合是指将多个图形对象组合在一起，形成一个整体。具体的操作方法是：

选中多个图形后，在选中图形的任意位置右击，在弹出的快捷菜单中选择“组合”→“组合”命令。若要取消组合，则选择“取消组合”命令；若要重新组合，则选择“重新组合”命令。

（4）设置图片的环绕方式及对齐方式。Word 中将文档分为 3 层：文本层、绘图层和文本下层。利用文本上层可以实现图片和文本的混排，使得文档更加美观。按照文档的层次，图片的层次位置也有 3 种选择：

1）嵌入型：图片处于“文本层”，作为字符出现在文档中，其控制句柄为“实心”小方块。

2）浮于文字上方：图片处于“绘图层”，单击图片后，其周边控制名柄为“空心”小方块。此方式下可以实现文字和图形的环绕排列，利用这一特性，可以为图片、段落添加注解。

3）衬于文字下方：图片处于“文本下层”，此方式下可实现水印的效果。

设置图片环绕方式的具体操作方法如下：

1）选定需要设置环绕方式的图片。

2）单击“图片工具/格式”选项卡“排列”组中的“位置”按钮。

3）在弹出的下拉列表框的“文字环绕”组中选择所需要的方式即可。

（5）向图形中添加文字。在各类自选图形中，除了直线和箭头等线条图形外，其他所有的图形都允许向其中添加文字。有的在绘制好后可以直接添加文字，如标注等；有的在绘制好后不能直接添加文字。若想向其中添加文字，可以按如下的方法进行操作：

1）选定需要设置的图形。

2）右击，从弹出的快捷菜单中选择“编辑文字”命令，可以添加编辑文字。

3）对插入图形的文字进行字体格式和段落格式的设置。

（6）图形的叠放次序。在同一位置处绘制多个图形时，它们会层层重叠起来，但不会互相排斥。此时可以调整各个图形的叠放次序，具体的操作步骤如下：

1）选中需要调整叠放次序的图形。

2）右击，在弹出的快捷菜单中选择“叠放次序”选项，在级联菜单中可选择“上移一层”“下移一层”“置于顶层”和“置于底层”命令。

（7）水印的制作。水印是指在一些文档中为背景设置一些隐约可见的文字或图案。在 Word 中的制作水印的方法如下：

1）添加文字水印。单击“页面布局”选项卡“页面背景”功能组中的“水印”按钮，在弹出的下拉列表框中选择需要添加的水印样式，即可在文档中显示添加后的效果。也可在“水印”按钮的下拉列表框中单击“自定义水印”按钮，弹出如图 3-33 所示的“水印”对话框，根据提示设置完成后单击“确定”按钮就可以看到文本下层已经生成了设定的水印字样。

2）添加图片水印。在“水印”对话框中选择“图片水印”选项，然后找到要作为水印图案的图片。添加后，设置图片的缩放比例、是否冲蚀。冲蚀的作用是让添加的图片在文字后面降低透明度显示，以免影响文字的显示效果。

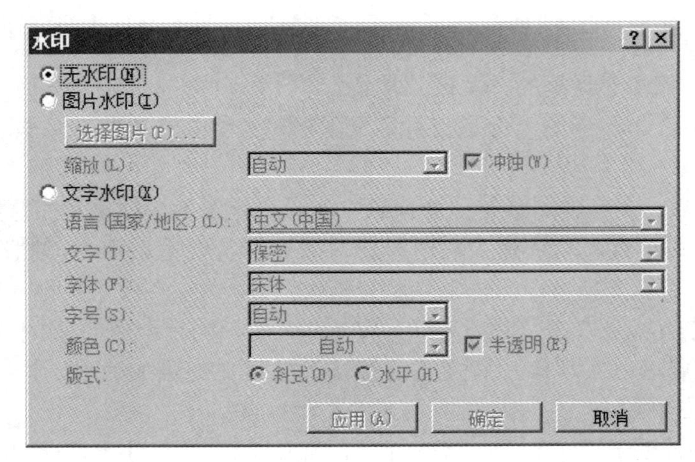

图 3-33 “水印”对话框

注意：Word 2010只支持在一个文档添加一种水印，若是添加文字水印后又定义了图片水印，则文字水印会被图片水印替换，在文档内只会显示最后制作的那个水印。

3）打印水印。在“打印预览”中可预览制作的水印效果，然后设置“打印”选项。单击“文件”选项卡中“选项”按钮，在弹出的“Word选项”对话框中选择“显示”选项，在“打印选项”中选中“打印背景色和图像”复选框。再进行文档打印，水印才会一同打印。

3.6.4 文本框的使用

文本框是存放文本或图片的容器，它可放置在页面的任意位置，其大小可以由用户指定。文本框游离于文档正文之外，可以位于绘图层，也可以位于文本下层。用户还可以将多个文本框链接起来成为链接的文本框，这样当文字在一个文本框中放不下时，自动排版到另一个链接的文本框中。

1. 插入文本框

文本框中的文字有两种编排形式：“横排”和“竖排”。“横排”表示文本框中的文字水平排列，“竖排”表示文本框中的文字垂直排列。用户可以根据需要插入相应的文本框，插入的方法一般有直接插入空文本框和在已有文字上插入文本框两种。

（1）插入空白文本框。创建空白文本框的方法是：

1）单击文档中任意位置，将光标定位至该处。

2）单击“插入”选项卡“文本”组中的“文本框”按钮，在弹出的下拉列表框中选择“绘制文本框”选项。

3）返回到文档操作界面，光标变成十字形状，按住鼠标左键拖动鼠标指针绘制出所需大小的文本框，并向文本框中输入文字或插入图片或粘贴对象（文字、图片、表格、公式等）。

注意：此时插入的是横排的文本框。若要插入竖排的文本框，则需在第二步时，采用以下的方法：单击“插入”选项卡的“文本”组中的“文本框”按钮，在弹出的下拉列表框中选择“绘制竖排文本框”选项。

（2）在已有的文本上插入文本框。除了将选中的文本复制到空文本框中实现文本框的插入外，还可以为选中的文本创建一个文本框。具体的操作步骤如下：

1）首先选中想要放入文本框中的文字。

2）单击“插入”选项卡的“文本”组中的“文本框”按钮，在弹出的下拉列表框中选择“绘制文本框”选项，此时在选中的文本上就会添加一个文本框。

2. 调整文本框的大小和位置

调整文本框大小的方法如下：

（1）单击文本框，文本框四周会出现8个方向上的句柄。

（2）拖动句柄即可改变其大小。

若要调整其位置，需要先选中文本框对象，按住鼠标左键不放，拖动鼠标到适当的位置松开鼠标。

3. 调整文本框中的文字方向

调整文本框中的文字方向的方法是：

（1）单击文本框。

（2）单击“绘图工具/格式”选项卡“文本”组中的“文字方向选项”按钮，弹出“文本方向-文本框”对话框。

（3）在对话框中选择需要的文字方向，单击“确定”按钮。

4. 链接文本框

当两个文本框链接以后，第一个文本框显示不下的文字将出现在第二个文本框中。Word允许多个文本框可以按任意顺序链接起来，而且链接的方向可以由用户来决定。

建立链接文本框的方法如下：

（1）创建多个文字排列方向一致的空文本框。

（2）单击第一个文本框。

（3）单击“绘图工具/格式”选项卡“文本”组中的“创建链接”按钮，此时文档区域中的鼠标指针变成杯状。

（4）移动鼠标指针到需要链接的第二个文本框上，这时杯状鼠标指针将变为倾斜杯状指针，单击就建立了第一个文本框和第二个文本框的链接。

（5）若有更多的文本框需要链接，则重复以上过程。

若要断开链接，则只需选中第二个文本框，单击“绘图工具/格式”选项卡“文本”组中的“断开链接”按钮，即可将第二个文本框和第三个文本框的链接关系断开，使它们两个相互独立。

在链接文本框时需注意以下几点：

一是要链接的文本框必须是空的，而且尚未链接到其他文档部分。

二是各链接文本框必须包含在同一文档中，不能在一篇主控文档的两个子文档之间建立链接文本框。

三是创建了链接文本框的文档不能拆分。

四是文本框链接在一起后，对文本框的格式操作仍然是独立的。

3.6.5 艺术字

Word可以实现特殊的文字效果，使文档更醒目、生动。例如创建带有阴影、三维效果的文字，还可以创建有预定形状的文字。艺术字不是普通的文字，而是图形对象，可以像处理其他的图形那样对其进行处理。插入艺术字的具体操作步骤如下：

（1）移动插入点到需要插入艺术字的位置。

（2）单击“插入”选项卡“文本”组中的“艺术字”按钮，在下拉列表框中选择一种艺术字样式，在文档中出现“编辑艺术字文字”对话框。

（3）在“字体”下拉列表框中选择一种字体；在“字号”下拉列表框中选择一种字号；在“文本”文本框中输入需要的内容，单击“确定”按钮。

可以像编辑图片一样对插入的艺术字进行编辑，单击该艺术字，会出现 8 个方向上的句柄，可进行艺术字的移动、缩放等操作，还可以根据需要修改艺术字的风格，如样式、格式、形状和旋转等。

3.6.6 插入公式

Word 中除了可以插入艺术字、图片外，还可以进行公式的插入。插入公式的方法是：

（1）移动插入点到需要插入公式的位置。

（2）单击“插入”选项卡“符号”组中的“公式”按钮，在弹出下拉列表框中拖动鼠标指针选择需要插入的公式，单击该公式即可将其插入到文档中。

（3）插入公式后，窗口停留在“公式工具/设计”选项卡下，其中提供了一系列的工具模板按钮，单击“公式工具/设计”选项卡的“符号”组中的“其他”按钮，在“基础数学”下拉列表框中可以选择更多的符号类型。

输入的公式和其他对象一样，修改或删除之前应该先选中，然后再进行相应的设置操作。

3.6.7 插入组织结构图

在 Word 2010 中提供了强大的 SmartArt 功能，创建更加专业的图表。SmartArt 是用来表现结构、关系或过程的图表，以非常直观的方式与读者交流信息，它包括图形列表、流程图、关系图和组织结构图等。

绘制组织结构图的具体操作步骤如下：

（1）移动插入点到需要插入组织结构图的位置。

（2）单击“插入”选项卡的“插图”组中的 SmartArt 按钮，弹出如图 3-34 所示的“选择 SmartArt 图形”对话框。

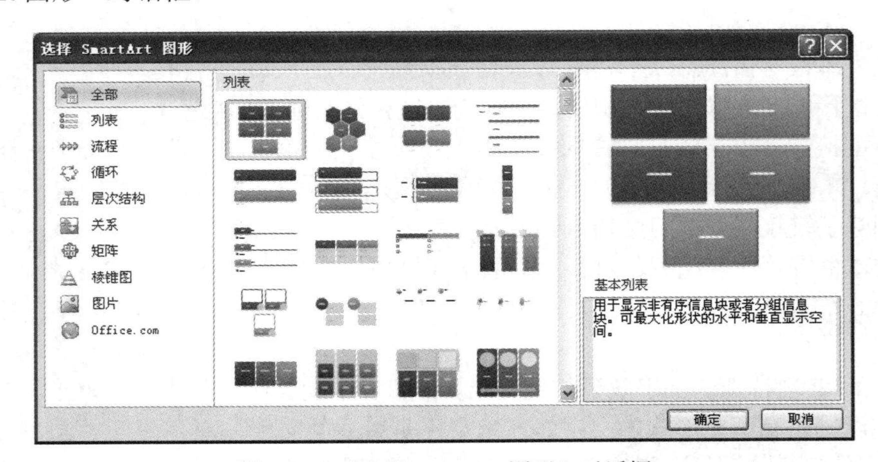

图 3-34 “选择 SmartArt 图形”对话框

（3）选择“层次结构”选项卡，然后选择一种组织结构图的类型，单击“确定”按钮即可将图形插入到文档中。

（4）在左侧“在此处输入文字”任务窗格中输入文本，此时在右侧的组织结构图中将会显示相应的文字。

（5）如需要添加节点，则先选定一个节点，然后单击“SmartArt 工具/设计”选项卡的“创建图形”组中的“添加形状”按钮，在弹出的下拉列表框中选择“在下方添加形状”“在上方添加形状”“在后面添加形状”和“在前面添加形状”中的一项。

（6）输入完成后单击 SmartArt 图形以外的任意位置，完成组织结构图的编辑。

3.7 样式和模板的使用

想排出一篇质量很高的文章版面时往往需要对正文和每一级标题设置不同的字体、字号、缩进、对齐方式等格式，需要花费较长的时间，而且大多数的时间几乎都是在进行重复的劳动。如果使用 Word 2010 提供的样式和模板功能，不仅可以提高排版效率，减少重复劳动，而且能够得到风格一致的文档效果。

3.7.1 使用样式排版

样式是格式的集合，它包括字体、段落、边框和底纹等格式。常见的段落样式有章节标题、正文、正文缩进、大纲缩进、项目符号、页眉和页脚等。

样式可分为字符样式和段落样式。字符样式指用样式名来标识字符格式的组合，其只作用于段落中选定的字符，如果要突出部分字符，就可以定义和使用字符样式。段落样式指用某一个样式名称保存的一套字符格式，一旦创建了某个段落样式，就可以为文档中的一个或几个段落应用该样式。绝大部分样式都是段落样式。

样式还可以分为内置样式和自定义样式。内置样式是 Word 自带的通用样式，自定义样式是用户根据自己需要定义的特殊样式。

1．创建样式

如果文档中现有的内置样式与所需的样式相差很大，创建一个新的样式更有效率。创建样式的方法如下：

（1）选定文本，设置好此文本的格式，把此文本的样式确定为新样式。

（2）选择包含特定格式的文本。

（3）右击，在弹出的快捷菜单中选择“样式”→“将所选内容保存为新快速样式”命令，弹出“根据格式设置创建新样式”对话框。

（4）在“名称”文本框中输入新建样式的名称。

（5）单击“确定”按钮。

2．应用样式

可以根据需要选择合适的样式，对某些文本或段落进行设置。具体操作方法如下：

（1）选择要设置样式的段落。

（2）单击“开始”选项卡“样式”组中右下角小箭头按钮，弹出下拉菜单。

（3）在其中选择所需样式。

3. 修改和删除样式

（1）修改样式。可以对内置样式和自定义样式进行修改，修改后，Word 会自动使文档中使用这一样式的文本格式都进行相应的改变，具体操作步骤如下：

1）单击“开始”选项卡“样式”组中“快速样式”下拉列表框右侧的倒三角箭头。

2）将鼠标移动到要修改的格式名称上，右击，在弹出的快捷菜单中选择“修改”命令，弹出“修改样式”对话框，根据需要做相应的修改。

3）修改完成后单击“确定”按钮。

（2）删除样式。对于内置样式和自定义样式都可以进行删除。具体操作步骤如下：

1）单击“开始”选项卡“样式”组中“快速样式”下拉列表框右侧的倒三角箭头。

2）将鼠标移动到要修改的格式名称上，右击，在弹出的快捷菜单中选择“从快速样式库中删除”命令。

3.7.2 使用模板排版

样式为文档中不同的段落具有相同格式的设置提供了便利，而 Word 的“模板”是一种特殊的文件，它主要为生成类似的最终文档提供模板，以提高工作效率。模板比样式所包含的内容丰富得多。

1. 使用现有的模板创建文档

使用现有模板创建文档的一个前提条件是：对现有的模板的特性和功能比较了解，要不然，如果选择了不恰当的模板，那么制作完成的文档外观可能是非常别扭的。使用现有模板的大部分工作是在填空，包括向导方式的模板，都是根据提示填入需要的实际内容。利用常用模板创建文档的具体操作步骤如下：

（1）创建一个新文档，然后单击“文件”选项卡，在左侧的列表中选择“新建”选项。

（2）在弹出的“可用模板”列表框中，选择一种模板样式，如果想创建空白文档，就选择“空白文档”，如果想创建其他类型的就选择其他模板样式，如选择“样本模板”。

（3）选择好模板样式后，单击“创建”按钮，即可创建基于该模板的新文档。在新文档中根据提示输入需要的信息即可完成文档。

2. 创建新模板

如果对系统提供的模板格式不满意，则可利用文档创建一个新模板。

（1）使用文档创建一个新模板。

1）创建一个新文档，然后单击“文件”选项卡，在左侧的列表中选择的“新建”选项。

2）在弹出的“可用模板”列表框中选择一种模板样式。

3）单击“创建”按钮即可创建一个模板。

4）根据自己的需要在新建的模板中进行修改。

5）单击“保存”按钮，弹出“另存为”对话框。在该对话框中显示的是系统提供的模板默认的存放位置。用户可以选择默认位置，也可以重新设置模板的存放位置。在“文件名”下拉列表框中输入保存模板的文件名，在“保存类型”下拉列表框中选择“Word 模板(*.dotx)”选项。

6）设置完成，单击“保存”按钮即可将设置的模板保存到用户指定的位置。

（2）利用已有的文档创建新模板。利用一个已有的文档创建新模板，该文档首先必须是已经排好版的文档。用此文档创建新模板的操作方法如下：

1）打开文档后单击“文件”选项卡下左侧列表中的“另存为”按钮，弹出“另存为”对话框。

2）在“文件名”下拉列表框中输入新建模板的名称；在“保存”类型下拉列表框中选择“Word 模板(*.dotx)”选项。

3）设置完成，单击“保存”按钮。

3.8 文档的打印

当编辑好一篇文档后，接下来的任务就是将其打印输出。在 Word 中打印文档时，可以有选择性地打印，如打印选中的文字、打印奇数或偶数页、打印当前页面等。在执行打印操作之前，首先必须确保计算机上安装了打印机，并使该打印机处于联机状态。

3.8.1 页面设置

在建立新文档时，Word 2010 对纸型、页面方向、页边距等均采用默认的设置，用户可以根据需要改变这些设置。页面设置包括设置页边距、纸张大小、纸张来源、版面以及每页行数和每行字数等。进行页面设置，一方面可以准确地规范文本，使得文本更简洁美观；另一方面也是为打印作准备。

（1）设置页边距。页边距是指文档中的文本与打印纸边缘的距离。可以通过“页面设置”对话框来调整页边距。设置页边距的具体操作步骤如下：

1）单击“页面布局”选项卡的“页面设置”组右下角的“对话框启动器”按钮，弹出如图 3-35 所示的“页面设置”对话框。

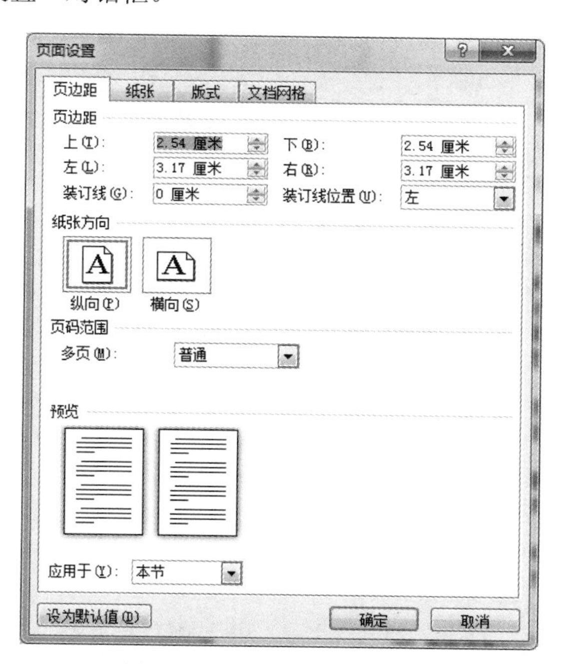

图 3-35 “页面设置”对话框

2）单击“页边距”选项卡。

3）在“上”“下”“左”“右”各数值框选择或输入需要的数据。

4）确定装订线所需尺寸和位置。

5）单击“确定”按钮。

也可以使用“页面布局”选项卡的“页面设置”组中的“页边距”按钮来进行设置。

（2）设置纸张大小。如果要打印输出文档，则应使用纸张选项设定打印纸张的大小、来源等。操作步骤如下：

1）单击“页面布局”选项卡“页面设置”组中右下角的“对话框启动器”按钮，在弹出的“页面设置”对话框中选择“纸张”选项卡，如图 3-36 所示。

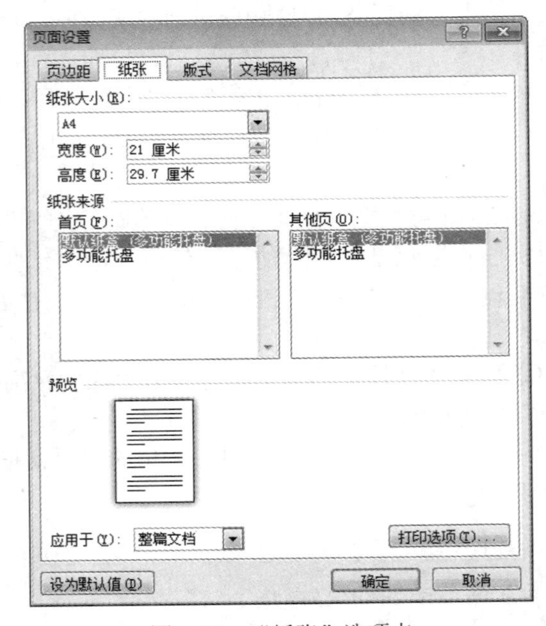

图 3-36 “纸张”选项卡

2）单击“纸张大小”下拉列表框，打开纸张类型列表，从中选择打印机支持的纸张尺寸，如 A4、A2、B5 等。

3）在“纸张来源”区内定制打印机的送纸方式。

4）单击“确定”按钮。

（3）版式设置。单击“页面设置”对话框中的“版式”选项卡。在该选项卡中可以设置页眉、页脚、分节符、垂直对齐方式、行号和边框等选项。

- “节的起始位置”下拉列表框：每一节的文档具有相同的页边距、页码格式、页眉和页脚等版式设置。在此下拉列表框中可以更改节的起始位置。
- “页眉和页脚”栏：选中“奇偶页不同”复选框是指在奇数页中使用一种页眉页脚，在偶数页中使用另一种页眉页脚；选中“首页不同”复选框可以在文档或节的首页使用一种不同的页眉页脚。
- 在“距边界”区中“页眉”和“页脚”框中输入页眉和页脚分别距页边距的距离；在“垂直对齐方式”下拉列表框中可以设置文本在页面上的垂直对齐方式。

- 单击“行号”按钮，可以给文档每行添加行号。
- 单击“边框”按钮，可以设置页面的页面边框和底纹。

（4）文档网格。单击“页面设置”对话框中的“文档网格”选项卡。在该选项卡中可以设置文字排列方向、每页行数、每行字符数、网格等选项。

3.8.2 页面视图与打印预览

打印预览用于显示文档的打印效果，是打印之前模拟打印具体效果的视图。当文档编辑、排版完成之后，就可以打印输出了，但是为了节省纸张，Word 提供了打印预览功能，使我们在打印前先查看一下版面是否理想。如果满意，则打印，否则可继续修改。

在 Word 中，只有在页面视图方式下，才能达到所见即所得的效果。因此要想看到具体的打印效果，就必须在页面视图方式下。使用打印预览查看文档的具体步骤如下：

将文档切换到页面视图下，单击“文件”选项卡，在左侧的列表中选择“打印”选项，然后单击“打印”工具栏中的“显示比例”按钮，在对话框中选择显示比例。设定好显示比例后，单击选中预览区后，在预览区滑动鼠标可以预览其他页面。如果查看页眉页脚，以显示两页预览效果最佳。也可以通过调整显示比例来预览更多的页面，显示比例越小，预览的页面越多。预览结束单击其他选项卡即可退出打印预览界面，切换到原来的视图。

3.8.3 打印输出

在 Word 中，打印文档的方法有很多，可以单独打印一页文档，也可以打印文档中的几页或打印全部文档等。

（1）打印整篇文档。如果要打印整篇文档，可以通过以下几种方法来实现：

1）直接单击快速访问工具栏中的“快速打印”按钮。

2）单击“文件”选项卡，在左侧的列表中选择 “打印”选项，在“设置”组中选择“打印所有页”选项即可。

3）按组合键 Ctrl+P，在弹出的“打印”选项的“设置”组中选择“打印所有页”选项即可。

（2）打印部分文档。当要打印文档中某几页时，单击“文件”选项卡，在左侧的列表中选择“打印”选项，在“设置”组中选择“打印自定义范围”选项，然后在“页数”文本框中输入页码或页码范围，若是打印一页，直接输入该页的页码即可；若打印的是连续几页，只需起始页与尾页之间加一连接字符“-”即可；若打印的不是连续的页，则需在两页之间加逗号分隔，设置完成单击“打印”按钮即可打印出需要的文本内容。

若只想打印文档中的某一段或某张图片，则应先选定该段或图片，然后单击“文件”选项卡，在左侧的列表中选择“打印”选项，在“设置”选项组中选择“打印所选内容”选项，再单击“确定”按钮即可打印出所选的内容。

（3）打印多份文档。如果想一次打印多份文档，单击“文件”选项卡，在左侧的列表中选择“打印”选项，然后单击“份数”调节按钮来调节打印份数或在“份数”文本框中输入需要打印的份数，再单击“确定”按钮即可。

（4）双面打印。如果要在纸的正反两面打印文档，单击“文件”选项卡，在左侧的列表中选择“打印”选项，在“设置”选项组中选择“单面打印”选项，然后单击“手动双面打印”按钮。打印时将会自动先打印奇数页，打印完后，系统会提示翻面继续打印偶数页。

（5）缩放打印。Word 提供了可缩放的文件打印方式，允许用户将文档缩放打印到任何大小的纸张上。单击“文件”选项卡，在左侧的列表中选择“打印”选项，在“A4”选项组中选择需要打印的纸张的大小，然后单击“打印”按钮，Word 就会自动把文档中的字体和图像缩放到选择的纸张上。

3.8.4 邮件合并

邮件合并可以创建一组具有相对固定内容的文档，如相同落款的信封、相同内容的信函等。但是每个信封、信函的称呼、客户姓名等不相同，这些不同的信息来自数据源（如 Word 表格、Excel 表、Access 数据表等）。具体地说就是在邮件文档（主文档）的固定内容中，合并数据源，从而批量生成需要的邮件文档。借助它除了可以批量处理信函、信封，还可以批量制作工资条、通知书、邀请函、准考证、成绩单、毕业证等。

（1）创建主文档。主文档就是前面提到的固定不变的主体内容，比如信封中的落款、信函中的对每个收信人都不变的内容等。

（2）准备好数据源。数据源就是前面提到的含有标题行的数据记录表，其中包含着相关的字段和记录内容。数据源表格可以是 Word、Excel、Access 或 Outlook 中的联系人记录表。在实际工作中，数据源通常是现成存在的，比如要制作大量客户信封，多数情况下，客户信息可能早已被客户经理做成了 Excel 表格，其中含有制作信封需要的“姓名”“地址”“邮编”等字段。

（3）把数据源合并到主文档中。将主文档连接到数据源。在主文档中插入合并域，合并域就是合并后要被数据源中的数据替换的变量，执行邮件合并时，来自数据源中的信息会填充到邮件合并域中。邮件合并时，除可合并数据中的全部数据外，也可只合并当前记录。合并完成后每个记录生成一个新的文档。

习题 3

一、填空题

1．在 Word 2010 中向下滚动一页，可按__________键。

2．Word 2010 提供 4 种文档显示模式，在__________模式下可以显示正文及其格式。

3．在 Word 2010 中，编辑文本文件时用于保存文件的快捷键是__________。

4．Word 2010 在编辑一个文档完毕后，要想知道它打印后的结果，可使用__________功能。

5．在 Word 2010 中，用户在用__________组合键将所选内容复制到剪贴板后，可以使用 Ctrl+V 组合键粘贴到所需要的位置。

6．在 Word 2010 中要查看文档的统计信息（如页数、段落数、字数、字节数等）和一般信息，可以在__________中查看。

7．Word 2010 表格由若干行和若干列组成，行和列交叉的地方称为__________。

8．在 Word 2010 中编辑文档时，在正文编辑窗口的正上方有一个刻度尺，称之为__________。

9．在 Word 2010 中，想对文档进行字数统计，可以通过__________功能区来实现。

10．Word 主窗口中的快速访问工具栏的按钮可以从__________中进行添加。

二、单项选择题

1．关于 Word 2010 的论述，不正确的是（　　）。

A．“开始”选项卡“字体”组中的“B”表示粗体

B．“开始”选项卡“字体”组中的“I”表示斜体

C．“开始”选项卡“字体”组中的“U”表示下划线

D．“开始”选项卡“字体”组中的“B”“I”“U”三个按钮不可以一起使用或者两两结合使用

2．在 Word 2010 中选择整个文本的方法有（　　）。

A．用“开始”选项卡“编辑”组中的“选择”选项下拉列表框中的“全选”按钮

B．用快捷键 Ctrl+C

C．按住 Ctrl 键，鼠标指针位于选择区，单击左键

D．鼠标指针位于选择区，双击左键

3．如果要用模板建立 Word 2010 文件，应通过（　　）方式。

A．快速访问工具栏中的“新建”按钮

B．“文件”选项卡中的“新建”按钮

C．快捷方式

D．以上三种方法都不对

4．在 Word 2010 的默认状态下，以下（　　）没有出现在 Word 2010 打开的界面上。

A．Word 2010 帮助主题　　B．功能区

C．“文件”选项卡　　D．状态栏

5．以下关于 Word 2010 打印操作的说法正确的是（　　）。

A．在 Word 2010 开始打印前可以进行打印预览

B．Word 2010 的打印过程一旦开始，在中途无法停止

C．打印格式由 Word 2010 自己控制，用户无法调整

D．Word 2010 每次只能打印一份文稿

6．在 Word 2010 环境下，为了防止突然断电或其他意外事故，防止正在编辑的文本丢失，应设置（　　）功能。

A．重复　　B．撤销　　C．自动存盘　　D．存盘

7．在 Word 2010 环境下，在编辑文本中不可以插入（　　）。

A．文本　　B．图片　　C．系统文件　　D．表格

8．段落的标记是在输入（　　）之后产生的。

A．句号　　B．Enter　　C．Shift+Enter　　D．分页符

9．在 Word 2010 的编辑状态下，若要调整左右边界，比较直接、快捷的方法是使用（　　）。

A．工具栏　　B．格式栏　　C．菜单　　D．标尺

10．Word 2010 具有分栏功能，下列关于分栏的说法中，正确的是（　　）。

A．最多可以设 4 栏　　B．各栏的宽度必须相同

C．各栏的宽度可以不同　　D．各栏之间的间距是固定的

11．下列方式中，可以显示出页眉和页脚的是（　　）。

A．普通视图　　B．页面视图

C．大纲视图　　D．全屏视图

12．在 Word 2010 中，如果用户需要取消刚才的输入，则可以按“撤销”按钮：在撤销后若要重做刚才的操作，可以在快速访问区中选择“恢复清除”按钮，这两个操作的组合键分别是（　　）。

A．Ctrl+T 和 Ctrl+I　　B．Ctrl+Z 和 Ctrl+Y

C．Ctrl+Z 和 Ctrl+I　　D．Ctrl+T 和 Ctrl+Y

三、判断题

1．Word 2010 文档只能保存在“我的文档”文件夹中。（　　）

2．Word 2010 只能编辑文档，不能编辑图形。（　　）

3．在 Word 2010 环境下，用户大部分时间可能工作在普通视图模式下，在该模式下用户看到的文档与打印出来的文档完全一样。（　　）

4．如果用鼠标选择一整段，则只要在段内任何位置单击三次鼠标左键即可。（　　）

5．页眉与页脚一经插入，就不能修改了。（　　）

6．Word 2010 中不插入剪贴画。（　　）

7．使用“插入”选项卡“符号”组中的“符号”按钮，可以插入特殊字符和符号。（　　）

8．在 Word 2010 下进行列块选择的步骤是：先将光标定位到需要选择的行列的首位置，然后,鼠标移动到需要选择的行列的尾位置，再按住 Alt+Shift 后单击鼠标左键。（　　）

9．在 Word 2010 环境下，如果想移动复制一段文字必须通过剪贴板。（　　）

10．在 Word 2010 的默认环境下，编辑的文档每隔 10 分钟就会自动保存一次。（　　）

第 4 章　Excel 2010 的使用

Microsoft Excel 2010 是美国微软公司推出的 Office 2010 办公套件重要组成部分之一，属于电子表格处理软件，具有制作表格、处理数据、分析数据和创建图表等功能，广泛应用于财务、行政、金融、经济、统计、审计、工程数据和办公自动化等众多领域，大大提高了数据处理的效率。

4.1　Excel 2010 概述

4.1.1　Excel 2010 的新功能

Microsoft Excel 2010 增强了很多的方法分析、管理和共享信息，从而能帮助用户做出更好、更明智的决策。使用 Microsoft Excel 2010 能够更高效、更灵活地实现用户的目标。

Excel 2010 在 Excel 2003、Excel 2007 的基础上进行了部分改进，但总体来说和 Excel 2007 的应用相似，只是在界面上略有变化，增加了以下几个主要功能：

- XLSX 格式文件增强了兼容性和安全性。
- Excel 2010 对 Web 的支持更好。
- Excel 2010 提供了与 SharePoint 的应用接口。
- Excel 2010 图表类型更多，图表更漂亮。
- Excel 2010 提供的网络功能可以实现同时分享数据。

4.1.2　Excel 2010 的启动和退出

1. Excel 2010 的启动

启动 Excel 方法和启动 Word 的方法一样，常用的法有以下 4 种：

- 单击“开始”按钮，从“所有程序”菜单中选择“Microsoft Office”→“Microsoft Excel 2010”选项。
- 如果在桌面上设置了 Excel 2010 快捷方式，则双击其图标。
- 打开资源管理器，访问 C:\Program Files\Microsoft Office\OFFICE10 文件夹，双击 EXCEL.EXE 文件。
- 选择任意 Excel 2010 工作簿文件，双击后系统就会自动启动 Excel，同时自动加载该文件。

2. Excel 2010 的退出

退出 Excel 2010 的常见方法有以下 6 种：

- 选择“文件”选项卡中的“退出”选项。
- 右击文档标题栏，在弹出的控制菜单中选择“关闭”命令。
- 单击窗口快速访问工具栏最左端的程序控制图标，在弹出的控制菜单中选择“关闭”

命令。

- 直接按 Alt+F4 组合键。
- 单击标题栏最右边的“关闭”按钮。
- 右击任务栏中的 Excel 程序图标，在弹出的快捷菜单中选择“关闭窗口”或“关闭所有窗口”命令。

注意：执行退出 Excel 的命令后，如果当前制作中的工作表没有存盘，则弹出一个保存文稿的提示对话框。单击“否”按钮，将忽略对工作表的修改，然后退出 Excel。若该工作簿为新建，在第一次被保存时会自动打开“另存为”对话框。为避免突发状况而丢失数据，用户要养成及时保存 Excel 工作簿的习惯。

4.1.3 Excel 2010 窗口的组成

启动 Excel 之后，在桌面上出现了 Microsoft Excel 应用程序的窗口，如图 4-1 所示。它由两部分组成：Excel 应用程序窗口和活动工作簿文档窗口。

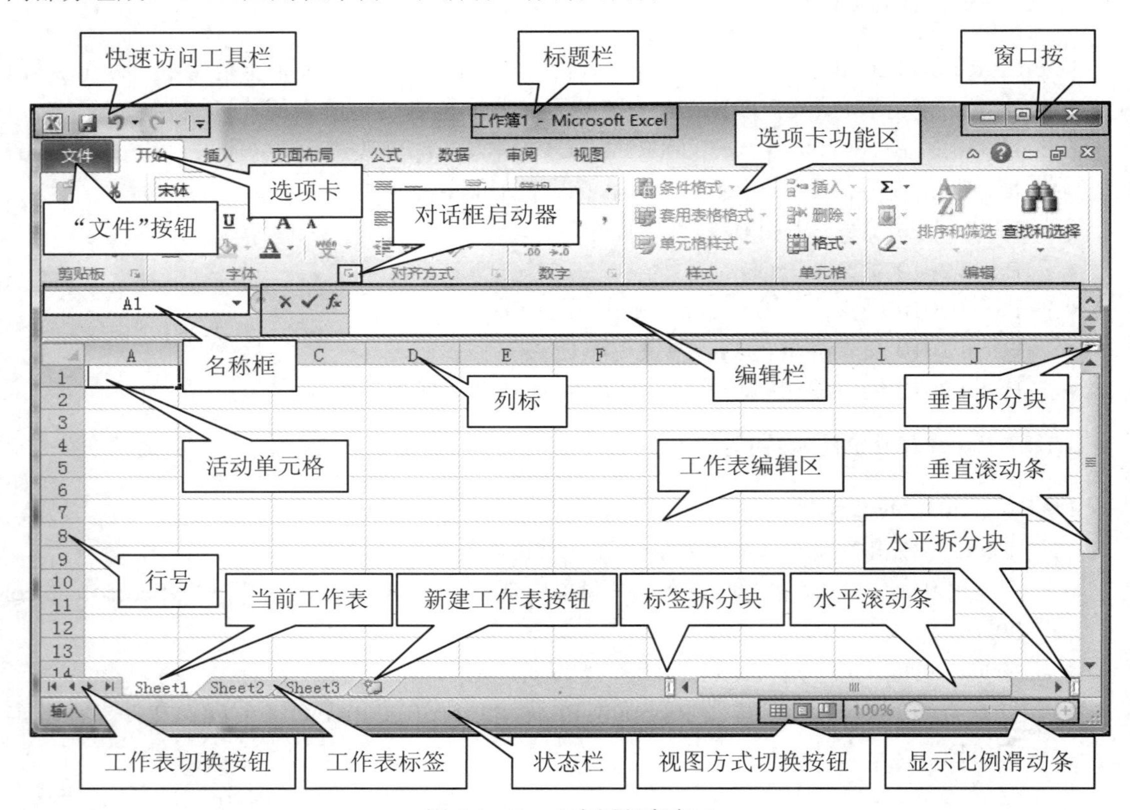

图 4-1 Excel 应用程序窗口

1. Excel 2010 应用程序窗口

Excel 应用程序窗口与 Word 工作窗口十分类似，主要包括快速访问工具栏、标题栏、选项卡功能区、工作表编辑区、编辑栏、工作表标签和状态栏等。

（1）快速访问工具栏。用户可以使用快速访问工具栏实现常用的功能，如保存、恢复和打印预览等。单击快速访问工具栏右边的向下按钮，在弹出的下拉列表框中可以选择快速访问工具栏中未显示的工具按钮。

（2）标题栏。标题栏位于 Excel 应用程序窗口的顶端，显示当前应用程序及当前工作簿的文件名（如图 4-1 中的“工作簿 1-Microsoft Excel”），右侧包含了控制窗口常显示的三个按钮（“最小化”按钮、“最大化/还原”按钮和“关闭”按钮）。

（3）“文件”按钮。“文件”按钮取代了 Excel 2007 中的 Office 按钮，可以实现打开、保存、打印、新建和关闭等功能。

（4）名称框。名称框位于编辑栏左端的下拉列表框中，它主要用于指示当前选定的单元格、图表项或绘图对象，也可用于快速选定指定的单元格以及单元格区域。

（5）编辑栏。编辑栏是一长条形区域，用于输入、编辑和修改当前活动单元格的内容或公式。

（6）状态栏。位于窗口底部，提供有关选定命令或操作进程的信息。

2. 活动工作簿文档窗口

活动工作簿文档窗口主要包括标题栏、工作表、滚动条、工作表标签、标签拆分块和拆分块 6 个部分。

（1）标题栏。位于文档窗口的最上方，显示出当前正在编辑的工作薄的文件名。标题栏最左边是文档控制菜单图标，最右边是文档窗口的“最小化”按钮“最大化/还原”按钮和“关闭”按钮。

（2）工作表。工作表是文档窗口的主体部分，一个工作簿可以包含多个工作表，但至少包含一个工作表。

（3）滚动条。滚动条分为水平滚动条和垂直滚动条，分别位于右下方和右侧。可以通过滚动条来滚动查看工作表中在屏幕上显示不下的内容。

（4）工作表标签。工作表标签位于文档窗口左下底部，用于显示工作表的名称。如果要在工作表间进行切换，只需单击相应的工作表标签即可。当工作表标签太多以致标签栏中显示不下时，可通过标签栏左侧滚动箭头来找到所需的工作表。

（5）标签拆分块。标签拆分块位于工作表标签和水平滚动条之间的小方块，将小方块向右或向左拖动可增加标签或增加水平滚动条的长度，双击它则恢复默认设置。

（6）拆分块。拆分块分为水平拆分块和垂直拆分块，分别位于垂直滚动条的顶端和水平滚动条的右端。拖动它可将文档窗口进行水平、垂直和水平与垂直同时拆分。双击拆分块可以取消相应的拆分。

4.1.4 Excel 2010 的基本概念和操作

1. 工作簿

在 Excel 2010 中，工作簿是处理和存储数据的文件，一个工作簿就是一个 Excel 文件，工作簿名就是文件名，扩展名为.xlsx。启动 Excel 后系统会自动创建一个新的工作簿，默认的文件名为工作簿 1 或 Book1，每个工作簿可以包含一个或多个工作表，最多可以包含 255 个工作表。每一个新建工作薄中默认情况下均包含 3 个工作表，默认名称为 Sheet1、Sheet2、Sheet3。由于每个工作簿可以包含多个工作表，因此可在一个文件中管理多种类型的相关信息。若再创建一个空白工作簿，其临时文件名为工作簿 2，依次类推。

工作表是工作簿的组成部分，每张工作表彼此是相互独立的，但不能以文件的形式存储在磁盘上，只有工作簿才能以文件的形式存储在磁盘上。

2. 工作表

工作表是显示在工作簿窗口中的表格，由单元格组成。在 Excel 2010 中，每一张工作表由 1048576 行和 16384 列构成。每张工作表都有一个相应的工作表标签，工作表标签上显示的就是该工作表的名称。可以通过单击工作表标签在不同的工作表之间进行切换。白色的为当前工作的工作表，称为活动工作表，活动工作表某一时刻只能有一个。单击任意一个工作表标签可将其设为活动工作表。

3. 单元格

工作表中的每一个小矩形格就是一个单元格。每个单元格都是工作表的一个存储单元，输入的任何数据都将保存在这些“单元格”中。

单击选定某一单元格时，该单元格四周显示为粗黑线，且所在的行列的行号和列标被凸起显示，该单元格被称为活动单元格。活动单元格是要进行数据输入和编辑的单元格，是 Excel 默认操作的单元格。它的地址显示在“名称框”中，数据或公式显示在“编辑栏”中。每张工作表虽有多个单元格，但某一时刻只有一个活动单元格。

行号、列标及单元格是组成工作表的基本要素，对单元格操作是指对活动单元格进行操作，在编辑栏会显示活动单元格内容，在名称栏显示活动单元格名称。单元格的名称也是单元格地址，每个单元格的地址是唯一的。单元格地址的编号规则是：列标+行号，例如 A1 表示由第 A 列与第 1 行所确定的单元格。

行号位于工作表的左侧，它上面标注有 1、2、3、…、1048576，表示单元格所在的行。列标位于工作表的上方，它上面标注有 A、B、C、…，表示单元格所在的列。列标从大写英文字母 A 开始表示，到 Z 之后使用两个字母表示列标，如 AA、AB、…、AZ、BA、BB、…、IA、IB、…直到 XFD，最多 16384 列。

4. 数据编辑与格式设置操作功能

对数据进行编辑可在编辑栏完成，可整体选中名称栏对应的单元格或区域，单击选项卡各组的功能按钮设置单元格格式等，单击对应的对话框启动器可弹出相应的对话框对单元格进行设置。

名称栏用来显示单元格或单元格区域的名称；编辑栏用于输入或编辑工作表中的数据或公式，由取消、输入和函数 3 个按钮与文字输入区组成。当没有选定编辑内容时，“取消”和“输入”按钮不会显示出来。

4.2 工作簿和工作表的建立

4.2.1 工作簿的基本操作

对工作簿的操作实际上就是对文件的操作，包括新建、保存、打开和关闭等。

1. 创建工作簿

单击快速访问工具栏上的“新建”按钮，直接新建一个空白工作簿；也可单击“文件”选项卡的“新建”按钮，在右侧的“可用模板”组中选择“空白工作簿”选项新建一个空白工作簿；如果要利用 Excel 提供的工作簿模板，可以选择“样本模板”选项，在弹出的列表中选择一种模板，单击“创建”按钮就可快速地建立工作簿，用户只需简单操作即可，从而大量节省工作簿格式设计等方面的时间。

2. 保存工作簿

对用户来说不管是设计好的工作簿还是未完成的工作簿都需要保存到磁盘上，以便将来继续编辑或打印。其保存与Word文档的保存相似，主要有以下几种方法：

- 直接单击快速访问工具栏上的“保存”按钮。
- 单击“文件”选项卡中的“保存”按钮。
- 直接按Ctrl+S快捷键。
- 单击“文件”选项卡中的“另存为”按钮。

如果工作簿是第一次存盘，将会弹出“另存为”对话框。Excel默认的工作簿保存路径一般为“我的文档”，如要修改可在“保存位置”列表框中选择文件存放的路径；在“文件名”对话框中输入文件名，在“保存类型”框中选取默认的“Microsoft Office Excel 工作簿”，设置完成单击“确定”按钮。

3. 打开工作簿

打开工作簿是指在Excel 2010程序中，将已经存储在磁盘上的文件装入计算机内存，并显示在编辑区中。可以对一个存在的文件进行编辑、查看和打印等操作。操作前首先要打开文件，打开的方法有以下两种：

（1）启动Excel 2010后打开文件的方法：选择“文件”选项卡的“打开”按钮，或利用快速访问工具栏的“打开”按钮，弹出“打开”对话框，在对话框中指出文件存储的位置，选择需要打开的文件名再单击“打开”按钮。

（2）在没有启动Excel 2010的情况下，打开文件的方法：单击“开始”按钮，指向“文档”，从“文档”级联菜单中选择相应的文件名，即可在启动Excel的同时打开该文档；或者直接打开目标文件夹，双击Excel文件。

4. 关闭工作簿

单击标题栏上的“关闭”按钮，选择“文件”选项卡中的“退出”命令，选择控制菜单中的“关闭”命令和按Alt+F4组合键，都可以关闭当前文档。对于修改后未保存的文档，系统还会给出提示信息，如图4-2所示。

图4-2 提示对话框

单击“保存”按钮，Excel 2010将保存修改并关闭当前文档；单击“不保存”按钮，Excel 2010将忽略该文档最后一次保存后的修改并关闭当前文档；单击“取消”按钮，Excel 2010将不关闭此文档，并返回编辑窗口，可以继续对其进行编辑。

4.2.2 操作对象的选取

在Excel中，进行某种操作之前必须先选择操作对象。如对单元格进行数据输入、编辑和计算等操作，必须先选择一个单元格或单元格区域；对工作表进行复制、移动操作之前，也必须先选择一个工作表或多个工作表。

1. 单元格的选择

（1）单个单元格的选择。在 Excel 中，用鼠标选择一个单元格时，首先将鼠标定位在该单元格上，当鼠标指针变成白色空心十字状时单击。选中的单元格四周为粗边框。使用快捷键可更快捷地选择活动单元格，见表 4-1。

表 4-1　Excel 选择单元格快捷键一览表

快捷键	意义
光标键→、←、↑、↓	选择左侧、右侧、上方、下方单元格
Home	选择当前行第一列单元格
End	进入结束模式，使用光标键可选择最边缘单元格
Page Up	上翻一页
Page Down	下翻一页
Ctrl+光标键	到左、右、上、下方第一个有数据的单元格
Ctrl+Home	到最前面一个单元格，即 A1 单元格
Ctrl+End	到工作表最后一个有数据或格式设置的单元格
Ctrl+G	单元格定位，可到任意单元格

（2）选择多个连续的单元格区域。首先将鼠标移到要选择的单元格区域起始单元格上单击，然后将鼠标移到要选择的单元格区域结束单元格上按住 Shift 键单击；或者在选定起始单元格后按住鼠标左键向结束的单元格拖曳，拖到结束单元格上释放鼠标左键。

（3）选择不连续的多个单元格。先用鼠标选择第一个单元格，然后按住 Ctrl 键不放，再分别依次单击其他不连续的单元格。

（4）选择局部连续总体不连续的单元格。采用“选择多个连续的单元格区域”和“选择不连续的多个单元格”这两种方法的组合，即在连续区域用“选择多个连续的单元格区域”的方法，而不连续部分采用“选择不连续的多个单元格”的方法。

（5）选定行。只需单击要选择行的行号；若要选择多个连续的行，则先选定第一行，然后将鼠标移到要选择区域的最后一行上按住 Shift 键单击。若要选择多个不连续的行，则先选定第一行，然后按住 Ctrl 键不放，再分别依次单击其他不连续的行。

（6）选定列。列的选定方法和行的选定方法类似。只需单击要选择列的列标；若要选择连续多列，则先选定第一列，然后将鼠标移到要选择区域的最后一列上按住 Shift 键单击。若要选择多个不连续的列，则先选定第一列，然后按住 Ctrl 键不放，再分别依次单击其他不连续的行。

（7）选定整个工作表。在 Excel 工作表的左上角，行号和列号相汇处有一灰色小方块，称为全选按钮。用鼠标直接单击该按钮选择整个工作表；或用 Ctrl+A 组合键也可。

若要取消选中的单元格或单元格区域，将鼠标移至空白处单击。

2. 工作表的选择

工作表的选取方法与单元格的选取方法相同。

（1）单个工作表的选择。选取单个工作表就是激活工作表，选定工作表标签为白色，选取方法是在所要选择的工作表标签上单击。

（2）选择多个连续的工作表。先单击要选择的第一张工作表，然后按住 Shift 键不放，再单击所要选择的最后一张工作表标签。被选择的工作表标签也呈白色状态。

（3）选择不连续的多个工作表。首先单击要选择的第一张工作表，然后按住 Ctrl 键不放，再分别依次单击其他不连续的工作表标签。被选择的工作表标签也呈白色状态。

注意：在选择多个工作表时，Excel 应用程序的标题栏内会出现“工作组”字样。在其中任意工作表内的操作将在所有所选的工作表中同时进行，例如：选择了 3 个工作表，当在工作表 1 中向 A2 单元格输入内容“姓名”时，工作表 2、工作表 3 的 A2 单元格也会出现相同内容。

3. 取消工作表选择

如果想取消工作表选择，则只需单击任意未选择的工作表标签。若想从工作组中取消某一工作表，只需按住 Ctrl 键，再单击该工作表标签。

4.2.3 工作表数据的输入

在 Excel 中，经常要对不同类型的数据进行处理，就要向单元格中输入数据。在 Excel 中，各类数据显示方式和用途各不相同，表 4-2 所示为不同类型数据的特点。

表 4-2 Excel 单元格常用数据类型

数据类型	默认对齐方式	示例
文本	左对齐	姓名、身份证号
数值	右对齐	3.125、-78
日期	右对齐	2014-1-18
时间	右对齐	15:38
百分比	右对齐	88.9%
货币	右对齐	¥52.00、$ 4.50

建立工作表后既可以从键盘输入数据，又可以用自动填充方法等方式输入。在 Excel 中规定每个单元格最多可输入 32000 个英文方式的字符。

单击目标单元格使之成为当前单元格，名称框中出现当前单元格的地址，然后输入字符串。输入的字符串在单元格中左对齐，输入完毕后按回车键或单击“√”按钮确认，若按 Tab 键则可将光标定位在该行的下一单元格，若按 Esc 键或单击“×”按钮则可取消此次输入。

1. 输入文本

在 Excel 中，文本数据包括汉字、英文字母、数字、空格及能用键盘输入的其他各种符号，在单元格中默认是左对齐。当输入的长度超过单元格宽度时，如果右边单元格无内容，则扩展到右边列，否则截断显示。

某些数字如邮政编码、电话号码等也可当字符来处理，但需在输入数字前加上一个英文方式的单引号“'”，显示时单元格中仅显示数字而不会显示出单引号，只有在编辑栏只才会显示出来，如'13981558077。另外也采用加等号和西文方式双引号的方法输入，如="8989777"。

除此之外，还可以先选中该单元格或单元格区域，单击“开始”选项卡“数字”组中的“数字”按钮，在弹出的“单元格格式”对话框中选择“数字”选项卡，选择分类列表框中的“文本”，此后在该单元格或单元格区域中输入的数据将会作为文本来处理，如图 4-3 所示。

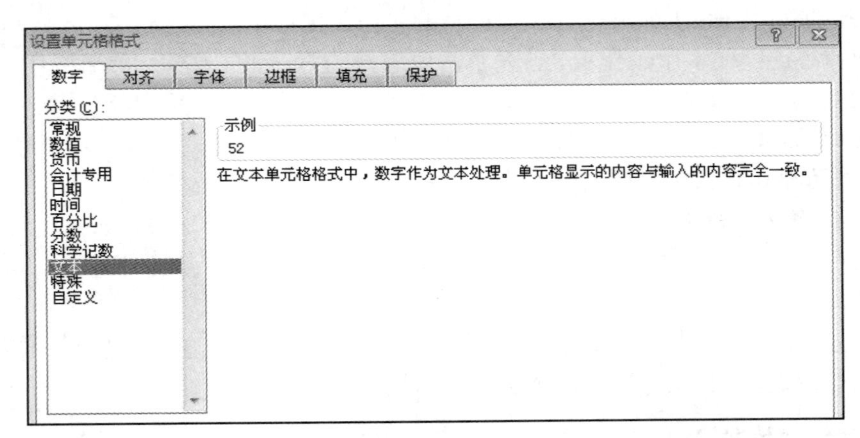

图 4-3 “设置单元格格式”对话框

2. 输入数值

在 Excel 中，输入的数值可以是整数、小数、分数或用科学计数法表示的数，如 56、-58.4 等。数值型数据在单元格中一般以右对齐方式显示。

科学计数法要用到字母 E 和“+”“-”，当输入的数字超过单元格宽度或超过 15 位时，Excel 先将用科学计数法表示数据，将用到 E 或 e。如 5.68E+05 表示 568000，4.12E-04 表示 0.000412。表示后，若仍超过单元格的宽度，单元格中将显示“########”，此时须加宽该单元格所在列的宽度才能将其显示出来。

输入负数时，既可以用“-”号开始，也可以用一对圆括号代替负号的形式如-99 或(99)。

输入分数时，为了和日期型数据区分，应先输入整数部分和空格，再输入分数。如要输入“4/5”则应在单元格中键入“0　4/5”，否则 Excel 会认为它是日期“4 月 5 日”。

3. 输入日期/时间型数据

在 Excel 中有一些固定的日期与时间格式，如 2011/12/1、2012 年 10 月 10 日、09:01 等。当输入的日期或时间数据与这些格式相匹配时，系统会自动将其作为日期或时间处理。

日期的输入可以用“/”分隔，也可用“-”分隔，如 2011/09/1、2016-10-5。若要输入当天的日期可用组合键 Ctrl+;。

时间的格式为“小时:分:秒（AM/PM）”，其中，小时、分、秒之间用“:”分隔。时间与字母之间必须加上一个空格，否则系统将识别其为文本。如未加上字母后缀，系统将使用 24 小时制显示时间。若要输入当前的时间可以用组合键 Ctrl+Shift+;。

4. 输入逻辑型数据

在 Excel 中可以直接输入逻辑值 TRUE（真）或 FALSE（假）。也可以是数据之间进行比较运算时，Excel 判断之后，在单元格中自动产生的运算结果 TRUE 或 FALSE。逻辑型数据在单元格中一般以居中方式显示。逻辑值可参与运算，TRUE 为 1，FALSE 为 0，如在 A1 单元格中输入“=TRUE+5”，则返回结果为 6。

5. 输入批注信息

在 Excel 中允许向单元格中数据输入批注信息，具体的操作方法如下：

选定某单元格，单击“审阅”选项卡“批注”组中的“新建批注”按钮，在系统弹出的批注编辑框中输入批注信息，然后单击编辑框外某一点表示确定。

一旦单元格中存有批注信息，其右上角会出现一个红色的三角形标记，当鼠标指针指向该单元格时就会显示这些批注信息。

6. 自动填充

自动填充是根据初始值确定以后填充数据。位于选定区域右下角的小黑块叫填充柄。移动鼠标到达该处，鼠标指针变成实心十字形，拖动它可将数据复制到相邻单元格或填充有序数据。也可通过“开始”选项卡“编辑”组中的“填充”按钮来完成有规律数据的填充。

填充分为以下几种情况：

（1）初始值为 Excel 预设的自动填充序列中的一员，按预设序列填充。如初始为一月，自动填充二月、三月、四月……

（2）初始值为纯文本或纯数值且非填充序列中的一员，填充相当于复制。

（3）初始值为文本和数值的混合体，填充时文本不变，数值部分递增。如初始值为第 1，填充为第 2、第 3、第 4……

（4）当某行或某列的数字为等差序列或等比序列时，Excel 会根据给定的初始值，按照固定的步长增加或减少填充的数据。例如，给出 1、2，然后选中这两个单元，拖动填充句柄到目的地，自动填充 3、4、5、6……若按住鼠标右键拖动填充句柄，在弹出的填充选项快捷菜单中选择“等比序列”，则自动填充 4、8、16……

Excel 预设的填充序列是有限的，用户可根据自己的需要来自定义填充序列。具体的步骤为：单击“文件”选项卡中的“选项”命令，在弹出的“Excel 选项”对话框中选择“高级”选项，在“高级”选项中找到“Web 选项”组，然后单击“编辑自定义列表”按钮，弹出“自定义序列”对话框，如图 4-4 所示。在“输入序列”表中分别输入序列的每一项，单击“添加”按钮，将所定义的序列添加到“自定义序列”列表框中，最后单击“确定”按钮退出对话框。

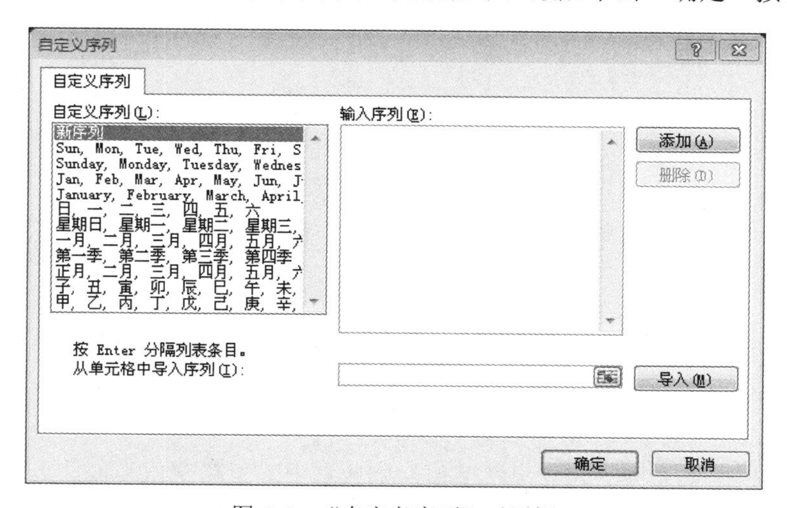

图 4-4 “自定义序列”对话框

另外，利用“自动填充选项”按钮填充。在起始单元格中输入数据，将填充柄拖过要填充区域。单击填充区域右下角的“自动填充选项”按钮，打开填充选项列表，如图 4-5 所示。

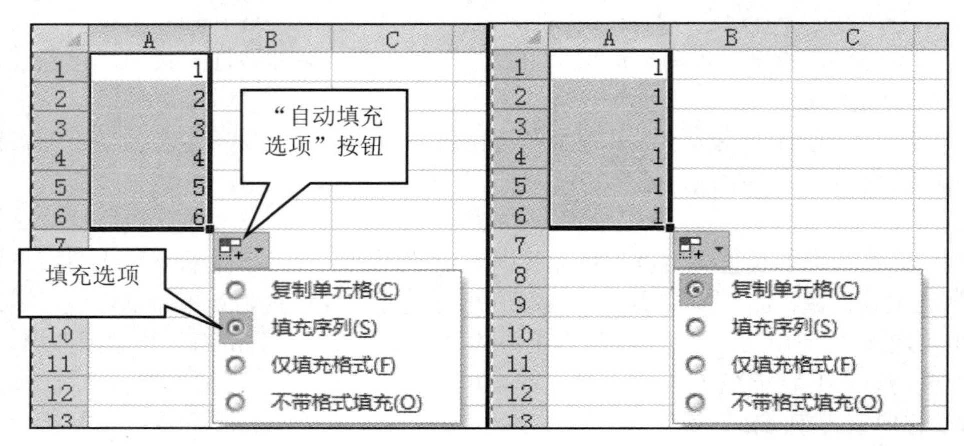

图 4-5 自动填充选项

7. 数据有效性设置

Excel 工作表建立好之后，为了输入数据方便和避免出错，可以为这些单元格设置允许输入的数据类型、范围和输入数据的提示信息等。为此可以进行输入数据有效性的设置，设置方法如下：

（1）选定要进行有效性定义的单元格。

（2）单击“数据”选项卡“数据工具”组中的“数据有效性”按钮，在下拉列表中选择“数据有效性”命令，弹出如图 4-6 所示的“数据有效性”对话框，选择“设置”选项卡。

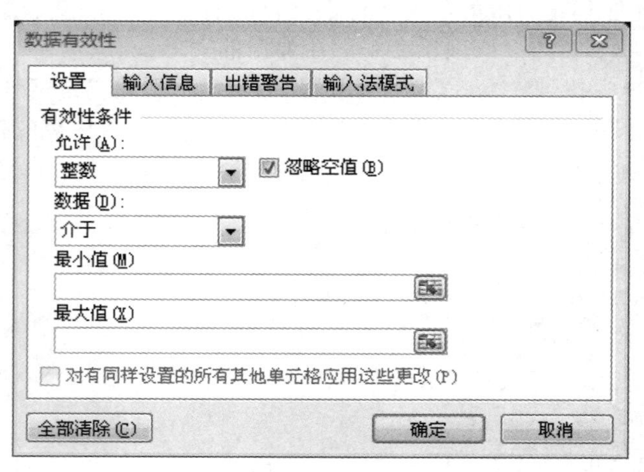

图 4-6 “数据有效性”对话框

（3）在“允许”下拉列表框中选择允许输入的数据类型。

（4）在“数据”下拉列表框中选择所需操作符，如“介于”“不等于”等，然后在数值栏中根据需要填入上下限。

如果在有效数据单元格中允许出现空值，则应选中“忽略空值”复选框，否则不选中。为了在用户选定该单元格时给出提示信息，可有“有效数据”对话框中选择“输入信息”标签，然后在其中输入提示信息。错误提示信息则单击“错误警告”选项卡后输入。

有效数据设置以后，输入数据时可以判断所输入数据的正确性，从而避免输入错误。

4.2.4 Excel 2010 的公式与函数

1. 公式

公式是在工作表中对数据进行分析的式子，利用它可对同一工作表中单元格数据或同一工作簿中不同工作表的单元格数据进行数学运算。

（1）公式定义。在 Excel 中，公式是由常量、一个或多个单元格地址和数学运算符构成的式子，每个公式必须以“=”开头。

（2）运算符及其运算。公式中使用的运算符一般有算术运算符、关系运算符和文本运算符，它们各自有自己的运算规则。

1）运算符。算术运算符：可以用来创建算术表达式，完成基本的数学运算。包括+（加）、-（减）、*（乘）、/（除）、^（乘幂）、%（百分比），其运算结果为数值型。

关系运算符：可以用来创建关系表达式，对两个数值进行比较，产生的结果为逻辑值 TRUE 或 FALSE。包括<（小于）、<=（小于或等于）、=（等于）、>=（大于或等于）、>（大于）、<>（不等于）。

文本运算符：文本运算符“&”也称字符串连接符，用于将两个及两个以上的字符型数据按顺序连接在一起组成一个字符串数据。如“计算机”&“信息技术”&“教程”结果为“计算机信息技术教程”，其结果仍是字符型数据。

2）运算符的优先级。如果公式中同时用了多个运算符，Excel 按以下规则进行运算：同级运算符按从左到右的顺序运算；可用（）改变运算的优先顺序。

公式中运算符的顺序从高到低依次为（）、^、*和/、+和-、&、关系运算符。

（3）公式的建立。在 Excel 中可以创建许多的公式，既可以进行简单的代数运算，也可以进行复杂的数学运算。建立公式的操作步骤为：选择需要建立公式的单元格，如 G3，然后在编辑栏键入=号，再输入公式，如 F3-C3*D3，按回车键或单击编辑栏中的 √ 按钮，如图 4-7 所示。之后运算结果就将在 G3 单元格中显示出来，而在编辑栏中将显示该单元格的公式。

SUM　=F3-C3*D3

	A	B	C	D	E	F	G
1	数码部2014年第1季度销售情况表						
2	类别	商品名称	购入单价	销售数量	销售单价	销售额	利润
3	手机	苹果iPhone5s	¥4,900.00	184	¥5,299.00	¥975,016.00	=F3-C3*D3
4	手机	索尼Xperia Z1	¥3,750.00	38	¥4,099.00	¥155,762.00	
5	手机	vivo Xplay3S	¥3,498.00	46	¥3,799.00	¥174,754.00	
6	数码相机	佳能5D Mark III	¥18,300.00	3	¥24,999.00	¥74,997.00	
7	平板电脑	苹果iPad Air	¥3,450.00	20	¥3,699.00	¥73,980.00	

图 4-7　公式的建立

（4）公式的修改。

1）单击要修改公式的单元格。

2）按 Del 键删除该单元格的公式，或将光标移至需要修改的公式处，按 Del 键删除需要修改的地方。

3）在编辑栏键入=号，然后重新输入新公式（或重新输入新的内容），按回车键或单击编辑栏中的 √ 按钮。

2. 函数

函数是 Excel 定义好的内置公式，利用它可以进行简单或复杂的运算，也可以认为是常用公式的简写形式。

（1）函数的定义。函数是 Excel 提供的内置公式，可在指定的值范围执行一系列操作，每个函数一般由三个部分组成。

- “=”：表示后面跟的是公式或函数。
- 函数名：表示执行何种操作。
- 参数：表示操作的对象，通常是包含在括号中的内容，可以是常数、单元格或单元格区域、表达式或另一个函数。

（2）Excel 中常用函数。表 4-3 至表 4-7 给出了 Excel 中常用的一些函数的名称、格式、含义、返回结果和示例。

表 4-3　常用数学和三角函数表

函数名	格式	含义	返回结果	示例
INT	=INT(参数)	对数值取整	数值	=INT(55.63)
ABS	=ABS(参数)	计算一组数字的绝对值	数值	=ABS(-86.23)
ROUND	=ROUND(参数,小数位数)	对数值进行四舍五入计算	数值	=ROUND(A1*0.45,2)
RAND	=RAND()	产生大于等于 0 且小于 1 的随机数	数值	=RAND()+1
SIN	=SIN(参数)	返回给定角度的正弦值	数值	=SIN(60)
COS	=COS(参数)	返回给定角度的余弦值	数值	=SIN(30)

表 4-4　常用文本函数表

函数名	格式	含义	返回结果	示例
LEFT	=LEFT(文本参数,截取位数)	截取文本参数左边字符	文本	=LEFT(A5,2)
RIGHT	=RIGHT(文本参数,截取位数)	截取文本参数左边字符	文本	=RIGHT(A5,2)
MID	=MID(文本参数,起始位数,截取位数)	截取文本参数中指定起始位置开始后指定位数的字符	文本	=MID(A5,5,3)
LEN	=LEN (文本参数)	求文本参数的长度	数值	=LEN(B8)

表 4-5　常用日期和时间函数表

函数名	格式	含义	返回结果	示例
DATE	=DATE(年,月,日)	将指定的年、月、日值转换为日期	日期	=DATE(2016,2,27)
TIME	=TIME(时,分,秒)	将指定的时、分、秒值转换为时间	时间	=TIME(15,11,05)

续表

函数名	格式	含义	返回结果	示例
TODAY	=TODAY()	求系统当前日期	日期	=TODAY()
YEAR	=YEAR(日期参数)	从日期参数中提取出“年”	数值	=YEAR(TODAY)
MONTH	=MONTH(日期参数)	从日期参数中提取出“月”	数值	=MONTH(TODAY)+2
DAY	=DAY(日期参数)	从日期参数中提取出“日”	数值	=DAY("2016/4/9")

表 4-6　常用统计函数表

函数名	格式	含义	返回结果	示例
SUM	=SUM(参数 1,参数 2,,…)	求指定单元格引用的和	数值	=SUM(A1:F5,H3,I4)
MAX	=MAX(参数 1,参数 2,…)	求指定单元格引用中的最大值	数值	=MAX(B2:B20)
MIN	=MIN(参数 1,参数 2,…)	求指定单元格引用中的最小值	数值	=MIN(2,20,1)
AVERAGE	=AVERAGE(参数 1,参数 2,…)	求指定单元格引用的平均值	数值	=AVERAGE(A1:F5,8)
COUNT	=COUNT(参数 1,参数 2,…)	求指定单元格引用中数值、日期单元格个数	数值	=COUNT(A3:D20)
SUMIF	=SUMIF(条件单元格引用,条件参数,求和单元格引用)	求指定单元格引用中满足条件的行对应的列的总和	数值	=SUMIF(A1:A20, "男",F1:F20)
COUNTIF	=COUNTIF(条件单元格引用,条件参数)	求指定单元格引用中满足条件的单元格的个数	数值	=COUNTIF(C2:G15,"<=60")
RANK	=RANK(排序参数,单元格引用区域参数,升降序参数)	排序在单元格引用区域中的位次	数值	=RANK(B2,B2:B20,1)
VLOOKUP	=VLOOKUP(参数,单元格引用,列序号,逻辑值)	在指定单元格区域首列查找指定的参数，并返回指定单元格区域中该数值所在行中指定列处的数值	查找列中对应的值	=VLOOKUP(H4,A2:F12,6,1)

表 4-7　常用逻辑函数表

函数名	格式	含义	返回结果	示例
IF	=IF(条件参数,返回参数 1,返回参数 2)	根据条件参数结果返回参数 1 或参数 2	文本	=IF(A5>=60,F5+2,100)
AND	=AND(条件参数1,条件参数2,…)	求是否满足所有条件参数	逻辑	=AND(A1="女", 6>5)
OR	=OR(条件参数 1,条件参数 2,…)	求是否满足所有条件参数中的一个数	逻辑	=OR(A5,5>3)
NOT	=NOT (条件参数)	求指定参数的相反条件	逻辑	=NOT(B1>5)

（3）自动求和工具的使用。求和是最常用的公式计算，在 Excel 中提供了自动求和的功能，使用“开始”选项卡“编辑”组中的“自动求和”按钮可以自动对活动单元格上方或左侧开始的数值型数据求和。

（4）函数向导的使用。对于简单的函数，可以直接在单元格内输入，而对于复杂的或者不知如何操作的其他函数可以使用函数向导来完成，具体的操作步骤如下：

1）选定需要输入函数的单元格。

2）单击“开始”选项卡“编辑”组中的“Σ自动求和”按钮右侧的倒三角箭头，在下拉列表框中选择“其他函数”命令，弹出“插入函数”对话框。

3）在“选择函数”下拉列表框中选择合适的函数。

4）然后单击“确定”按钮，弹出“函数参数”对话框。

5）根据提示输入每个参数值，最后单击“确定”按钮完成操作。

（5）函数的嵌套。在引用函数时，函数的参数可以又引用函数，这种方法称为“函数的嵌套”。公式中最多可以包含 7 级嵌套的函数。被嵌套的函数必须返回与当前参数使用的数值类型相同的值。如果嵌套函数引用不正确，Excel 将在单元格中显示#VALUE!错误值。

3. 单元格的引用

在公式和函数中，经常要引用某一单元格或单元格区域中的数据。引用的对象是单元格在工作表中的列标和行号，即单元格地址。单元格的引用分为相对引用、绝对引用和混合引用三种。

（1）相对引用。相对引用是指当公式在复制或移动时将根据变化后的新位置自动调整公式中引用单元格的地址，Excel 默认的单元格引用是相对引用，如“B15”。

（2）绝对引用。绝对引用是指当公式在复制和移动到新位置时不改变单元格引用的引用方式。绝对引用时需要在列标与行号之前分别加上一个“$”符号，如“$B$9”。

（3）混合引用。混合引用是指相对地址和绝对地址的混合使用。将混合引用的公式复制到另一单元格时，只调整公式中单元格相对地址引用部分，绝对地址引用部分不变，如“$B15”“B$9”。

（4）三维引用。对同一工作簿内不同工作表中相同引用位置的单元格或区域的引用称为三维引用。表示方式为：工作表名！单元格名，如“Sheet3!A8”。

前三种引用方式在输入时可以相互转换，其操作方法是：在公式中用鼠标选定引用单元格的部分，反复按 F4 键可以进行引用之间的转换。转换时，单元格的引用会按以下顺序变化：A1→A1→A$1→$A1→A1。

注意：加上了绝对引用符“$”的列标和行号为绝对地址，在复制公式时不会发生变化，没有加上绝对地址符号的列标和行号为相对地址，在复制公式时会随着发生变化，混合引用时部分地址发生变化。

4.3 工作表的编辑和格式化

在单元格中输入数据后，就需要对数据进行修改、删除、复制和移动等操作。

4.3.1 单元格的基本操作

1. 单元格内容的修改

在 Excel 中有时需要修改单元格中的内容，在 Excel 中修改单元格内容有两种方法：

（1）直接修改。修改的内容较少时，可直接在单元格中修改，双击单元格后，进行修改。

（2）编辑栏中修改。修改的内容较多或对公式进行修改时，可以在编辑栏中进行修改。选中需修改数据的单元格，然后在编辑栏中进行相应的修改。

修改完成后按回车键或 Tab 键进行确认，按 Esc 键放弃修改。

2. 数据清除和删除

（1）数据清除。针对的对象是数据，单元格本身不受影响。清除的内容可选择格式、数据、超链接、批注和全部。具体的操作方法是：单击“开始”选项卡“编辑”组中的“清除”按钮，在弹出的下拉列表中选择相应命令。

（2）数据删除。针对的对象是单元格，删除后选取的单元格连同里面的数据都将从工作表中消失。具体的操作方法是：单击“开始”选项卡“单元格”组中的“删除”按钮，在弹出的下拉列表中选择“删除单元格”命令。

3. 复制和移动数据

与 Word 中的操作类似，复制或移动数据也有很多种方法，既可以用剪贴板，也可以使用鼠标拖动的方法来实现。

（1）用鼠标拖动。用鼠标选择源单元格区域，然后将鼠标移到源数据区域的四周边框，鼠标指针由空心十字变为一个左指向箭头，拖动到目标区域实现移动。或按住 Ctrl 键不放，此时鼠标指针右上角出现一个“+”字，拖动鼠标到目的地，然后释放鼠标就可以实现数据的复制。

移动过程与复制过程相似，只是不需按 Ctrl 键，拖动时，鼠标指针右上角也不会出现“+”字。

（2）用剪贴板。首先选择要移动或复制的源单元格或单元格区域，如果要移动，单击“开始”选项卡“剪贴板”组中的“剪切”按钮；如果要复制则单击“复制”按钮，此时区域周围会出现闪烁的虚线框，表明所选内容已放入剪贴板中。

移动鼠标到目的区域，单击“开始”选项卡“剪贴板”组中的“粘贴”按钮。只要闪烁的虚线框不消失，粘贴就可以反复进行。需注意的是用剪切方法将内容放入剪贴板，只能粘贴一次，而用复制的方法则可粘贴多次。

此外，一个单元格含有多种特性，如格式、内容、批注等，有时复制数据可能只需要其中的一部分，这时可通过“选择性粘贴”命令来实现。

4. 单元格的插入和删除

（1）单元格的插入。插入单元格后，Excel 将当前单元格的内容自动向右或向下移动，具体的操作步骤如下：

1）选择所需插入单元格的位置。

2）单击“开始”选项卡“单元格”组中的“插入”按钮，在弹出的下拉列表中选择“插入单元格”命令或右击，在弹出的快捷菜单中选择“插入”命令。

3）在弹出的“插入”对话框中，选择插入后当前活动单元格移动的方向，然后单击“确定”按钮。

（2）单元格的删除。删除单元格后，Excel 将其右或下方的单元格的内容自动向左移或向上移。具体的操作步骤如下：

1）选择所要删除的单元格。

2）单击“开始”选项卡“单元格”组中的“删除”按钮，在弹出的下拉列表中选择“删除单元格”命令或右击，在弹出的快捷菜单中选择“删除”命令。

3）在弹出的“删除”对话框中，选择删除后单元格移动的方向，单击“确定”按钮。

5. 合并、拆分单元格

（1）合并单元格。选定需要合并的多个单元格，单击“开始”选项卡“对齐方式”组中的“合并后居中”按钮右侧的倒三角按钮，在弹出的下拉列表中选择一种合并方式。

（2）拆分单元格。选定需要拆分的单元格（是由多个单元格合并的），单击“开始”选项卡“对齐方式”组中的“合并后居中”按钮右侧的倒三角按钮，在弹出的下拉列表中选择“取消单元格合并”命令。

6. 行列的插入和删除

（1）行、列的插入。单击所要插入的行、列所在的任一单元格，然后单击“开始”选项卡“单元格”组中的“插入”按钮，在弹出的下拉列表中选择“插入工作表行”或“插入工作表列”或者右击，在弹出的快捷菜单中选择“插入”命令，再在“插入”对话框中选择“整行”或“整列”命令，然后单击“确定”按钮，则会在选定单元格的上面或左面插入一行或一列。

若选定的是不连续的单元格区域，则在每一单元格的左面或上面插入一行或列；若选定的是连续的单元格区域，则在选定的单元格区域左边或上面插入多行或多列。

（2）行、列的删除。单击所要删除的行号或列号，选定该行或该列，单击“开始”选项卡“单元格”组中的“删除”按钮，在弹出的下拉列表中选择“删除工作表行”或“删除工作表列”或右击，在弹出的快捷菜单中选择“删除”命令，在弹出对话框中选择“整行”或“整列”命令，则将选定的行或列删除。

4.3.2 工作表的基本操作

对工作表的操作主要包括工作表的插入、删除、移动、复制和重命名等。

1. 工作表的插入

选择需要插入工作表的工作表标签，单击鼠标右键，在弹出的快捷菜单中选择“插入”命令，在弹出的“插入”对话框（如图 4-8 所示）中选择工作表或直接单击“开始”选项卡“单元格”组中的“插入”按钮，在弹出的下拉列表中选择“插入工作表”命令。需要说明的是插入的工作表放在所选工作表的左边。

图 4-8 “插入”对话框

2. 工作表的移动和复制

工作表的移动和复制最常用的方法就是用鼠标拖动来完成，具体的操作步骤如下：

（1）选择所要移动或复制的工作表标签。

（2）如果要移动，则直接拖动所选标签到所需用的位置，然后释放鼠标。若要复制，则按住 Ctrl 键不放，同时拖动所选标签到所需位置，然后释放鼠标。

3. 工作表的删除

选择所要删除的工作表标签，右击，在弹出的快捷菜单中选择“删除”命令；或单击“开始”选项卡“单元格”组中的“删除”按钮，在弹出的下拉列表中选择“删除工作表”命令。

4. 工作表的重命名

Excel 中工作表默认的名称为 Sheet1、Sheet2 等，为了便于识别，一般习惯给工作表取一个能反映出该工作表内容的新名称。重命名工作表的方法有如下两种：

（1）双击要重命名的工作表标签，这时工作表名称将突出显示，然后输入工作表的新名称后按回车键确定。

（2）右击要重命名的工作表标签，在弹出的快捷菜单中选择“重命名”命令，此时工作表名称将突出显示，然后输入工作表的新名称后按回车键确定。

5. 工作表窗口的拆分与冻结

（1）工作表窗口的拆分。由于受屏幕大小的限制，当工作表很大时，工作表中的数据不能完全显示在屏幕上，若要把相距甚远的数据同时显示在屏幕上，可以通过窗口拆分来实现，工作表窗口的拆分是指将工作表窗口分为几个窗口，在每个窗口均独立查看或编辑工作表。工作表窗口的拆分可分为水平拆分、垂直拆分、水平和垂直同时拆分三种。

拆分窗口最简单的方法就是通过水平或垂直拆分块来实现，如图 4-9 所示，也可以通过菜单命令来完成。撤销窗口拆分的方法是直接双击窗口分割条或选择“视图”选项卡“窗口”组中的“拆分”按钮。

	A	B	C	D	E	F	G	H	I
1	数码部2014年第1季度进销存情况表								
2	类别	商品名称	购入数量	购入单价	购入额	销售数量	销售单价	销售额	库存量
3	手机	苹果iPhone5s	200	4900		184	5299		
4	手机	三星GALAXY Note3	180	3900		136	4150		
5	手机	华为荣耀3C	400	1100		400	1450		
6	手机	魅族MX3	200	1999		191	2299		
13	数码相机	尼康D7100	20	7000		18	7450		
14	数码相机	尼康D7000	20	5000		20	5699		
15	数码相机	奥林巴斯SZ-16	10	1200		9	1500		
16	数码相机	三星WB200F	30	1000		29	1200		
17	数码相机	卡西欧ZR700	10	1300		10	1550		
18	平板电脑	苹果iPad Air	20	3450		20	3699		
19	平板电脑	苹果iPad mini 2	20	2900		18	3250		

图 4-9　工作表窗口的拆分

（2）工作表窗口的冻结。工作表的冻结是指将工作表窗口的上部或左部固定，使它不随滚动条而移动。当工作表太大时，由于受屏幕大小的限制，移动滚动条时行列标题随之移动而不能识别工作表中的数据，因此通常不希望行列标题跟随滚动条移动，可以通过工作表窗口的冻结来实现。窗口的冻结也分为水平冻结、垂直冻结和水平、垂直同时冻结三种。

工作表窗口冻结的操作方法与拆分十分类似，也可先拆分，再冻结。其具体的操作步骤如下：

选择冻结位置，单击“视图”选项卡“窗口”组中的“冻结窗格”按钮，在弹出的下拉列表中选择“冻结拆分窗格”命令，如图 4-10 所示。冻结后冻结线为一条黑色细线。

普通 页面布局 分页预览 自定义视图 全屏显示 工作簿视图
标尺 编辑栏 网格线 标题 显示
显示比例 100% 缩放到选定区域 显示比例
新建窗口 全部重排 冻结窗格 拆分 隐藏 取消隐藏

取消冻结窗格(F) 解除所有行和列锁定以滚动整个工作表。
冻结首行(R) 滚动工作表其余部分时，保持首行可见。
冻结首列(C) 滚动工作表其余部分时，保持首列可见。

K14

	A	B	C	D	E	F	G
1	数码部2014年第1季度进销存情况表						
2	类别	商品名称	购入数量	购入单价	购入额	销售数量	销售单价
12	数码相机	佳能70D	20	6080		16	6360
13	数码相机	尼康D7100	20	7000		18	7450
14	数码相机	尼康D7000	20	5000		20	5699
15	数码相机	奥林巴斯SZ-16	10	1200		9	1500
16	数码相机	三星WB200F	30	1000		29	1200
17	数码相机	卡西欧ZR700	10	1300		10	1550
18	平板电脑	苹果iPad Air	20	3450		20	3699
19	平板电脑	苹果iPad mini 2	20	2900		18	3250
20	平板电脑	酷比魔方TALK 7X	50	399		32	499
21	平板电脑	微软Surface 2	20	3250		16	3550
22	平板电脑	华硕MeMO Pad	10	1400		10	1699
23	平板电脑	联想A3000	50	1150		41	1450

图 4-10 “冻结窗格”功能

若要冻结首行或首列，则在下拉列表中选择“冻结首行”或“冻结首列”选项。

撤销冻结只能通过单击“视图”选项卡“窗口”组中的“冻结窗格”按钮，在弹出的下拉列表中选择“取消冻结窗格”命令来完成。

4.3.3 工作表的格式化

一张赏心悦目的工作表不仅要求数据正确无误，而且要求排列整齐、重点突出、外观美观。这就要求对单元格的数据格式化。格式化工作主要包括行高和列宽的调整、表格边框及底纹的设置、数字的格式化、对齐方式的设置等。

1. *自动套用格式*

Excel 2010 为用户提供预置的 60 多种格式化内容组合的样式，使用时只要选择一种格式化方式，就可以快速完成所选表格的格式化。如果对工作表的格式没有过多的特殊要求，可以使用自动套用格式功能来完成表格的格式化。其具体的操作步骤如下：

（1）选择所需格式化的单元格区域内的任意单元格。

（2）单击“开始”选项卡“样式”组中的“套用表格格式”按钮。

（3）在弹出的列表中选择一种表格格式，弹出如图 4-11 所示的“套用表格式”对话框，在其中指定表数据的来源范围。

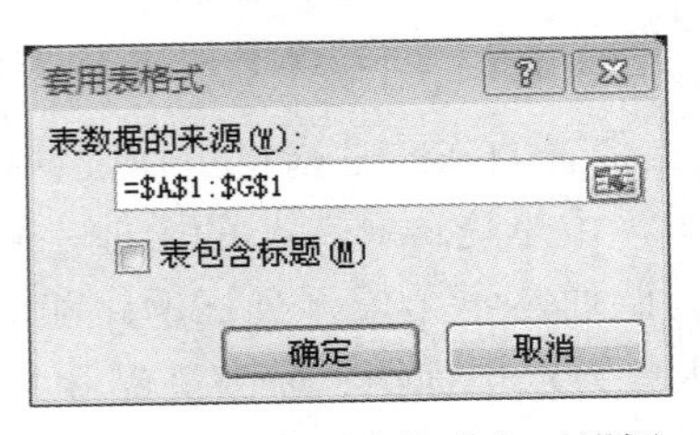

图 4-11 “套用表格式”对话框

（4）最后单击“确定”按钮。

2. 自定义格式化

Excel 中预设的格式有时不能满足用户的要求，这时用户只能自己来定义表格的格式。

（1）行高、列宽的调整。如果单元格内的内容超过显示范围不能显示时，就需要调整其行高和列宽。

1）用鼠标拖动的方法：把鼠标移到需要调整的行（列）标头网格线处，鼠标指针变为双向箭头，按住鼠标左键进行拖动，调整到合适的高宽（宽度）后，释放鼠标。

若要更改多行（列）的高度（宽度），则先选定要更改的行或列，然后拖动标头分界线，可以设置多行或多列的高宽或宽度。

2）设置最合适的行高、列宽：选定所要设置的行（列），单击“开始”选项卡的“单元格”组中“格式”按钮，在弹出的下拉列表中选择“自动调整行高”或“自动调整列宽”命令，则 Excel 2010 将根据单元格中的内容进行自动调整。

（2）数字的格式化。在 Excel 中，数字是最常用的单元格内容，所以 Excel 为我们提供了多种数字格式。在对数字格式化时，可以设置小数位数、百分号、货币符号、千位分隔样式等。

1）用数字格式化按钮格式化数字。单击需要设置数字格式的单元格，然后单击“开始”选项卡“数字”组中提供的数字格式化按钮，来设置数字格式。

2）菜单格式化数字。选定要格式化数字所在的单元格，单击“开始”选项卡“数字”组“数字”按钮，在弹出“设置单元格格式”对话框中选择“数字”选项卡（如图 4-12 所示）。再在“分类”列表框中选择一种分类格式，并在右边进行相应的设置。最后单击“确定”按钮。

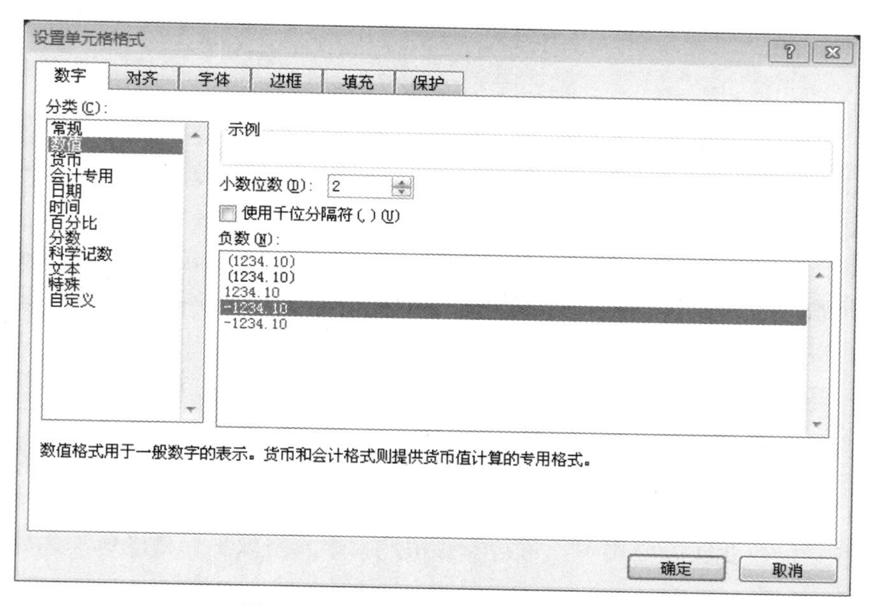

图 4-12 “设置单元格格式”对话框

（3）取消数字的格式。选定需要取消数字格式的单元格，选择“开始”选项卡“编辑”分组中的“清除”按钮，在弹出的列表中选择“清除格式”命令。

（4）字符的格式化。字符的格式化主要包括字形、字号、字体的设置以及其他对字符的修饰。

1）用“字体”组按钮设置字体。单击需要设置字体格式的单元格，再单击“开始”选项卡“字体”组中提供的字体格式化按钮，来设置字体格式。

2）用菜单进行字体格式化。选定要格式化字体所在的单元格，单击“开始”选项卡“字体”组中的“字体”按钮，在弹出“设置单元格格式”对话框中选择“字体”选项卡，如图4-13 所示，再对“字体”“字号”“字形”“颜色”“下划线”及“特殊效果”进行设置，最后单击“确定”按钮。

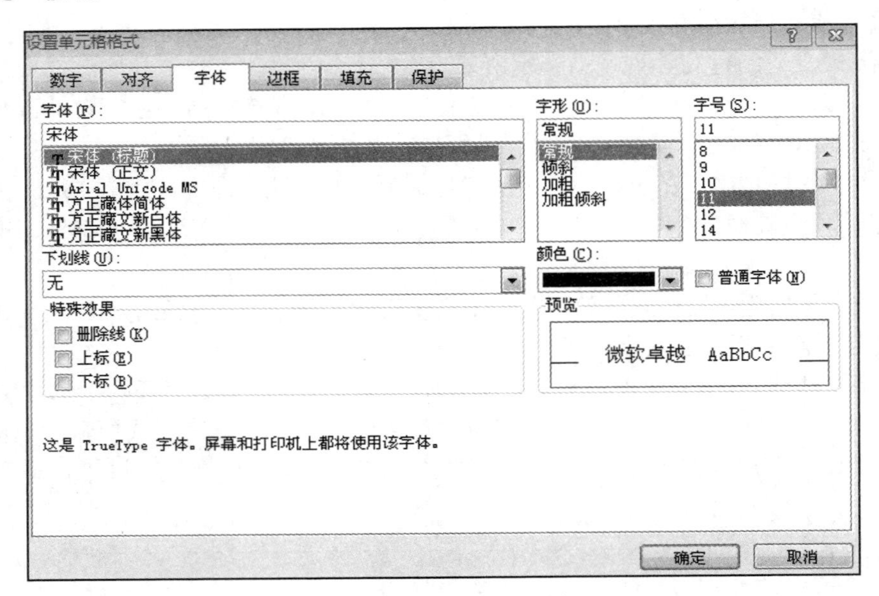

图 4-13 “字体”选项卡

（5）对齐方式的设置。Excel 中将根据输入数据的类型自动调节对齐方式，默认情况下，文本左对齐、数字右对齐、逻辑值居中对齐等。为了达到更美的效果，用户可以自己设置数据的对齐方式。

1）用对齐方式选项按钮设置对齐方式。单击需要设置对齐方式的单元格或单元格区域，然后单击“开始”选项卡“对齐方式”组中的“文本左对齐”“文本右对齐”“居中”“垂直居中”“增加缩进量”“顶端对齐”“底端对齐”和“减少缩进量”按钮来设置。

2）用菜单进行对齐方式的设置。选定要设置对齐方式的单元格或单元格区域，单击“开始”选项卡“对齐方式”组中的“对齐方式”按钮，在弹出“设置单元格格式”对话框中选择“对齐”选项卡，如图 4-14 所示。在其中选择水平和垂直对齐方式。

（6）边框和底纹的设置。一般情况下，Excel 工作表中的网格线是淡虚线，是为了输入、编辑方便而预设的。在实际应用中，常常需要用户给单元格或单元格区域加上适当的边框或底纹加以修饰。

1）用“字体”选项按钮设置边框与底纹。选择需要添加的各个单元格或单元格区域，再分别单击“开始”选项卡“字体”组中的“下框线”按钮右侧的倒三角按钮、“填充颜色”按钮右侧的倒三角按钮，在弹出的下拉列表中选择所需的网格线或填充颜色。

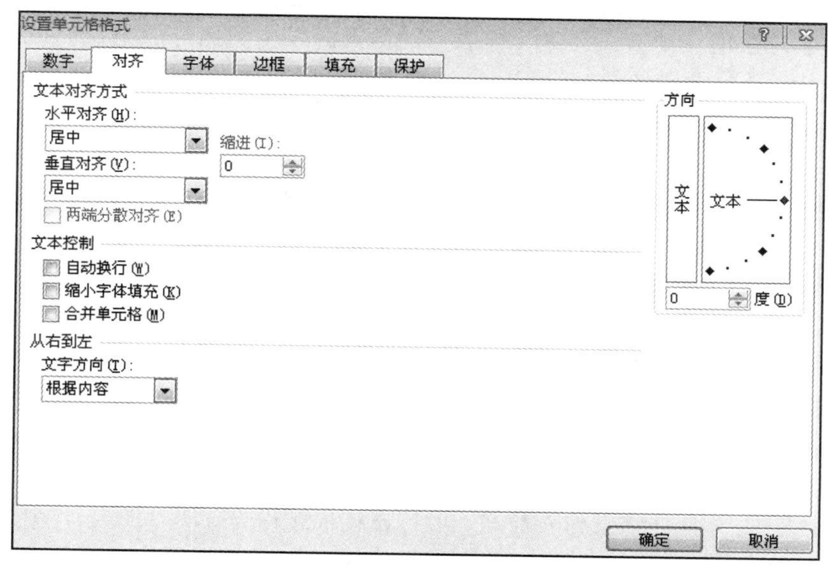

图 4-14 “对齐”选项卡

2）用菜单设置边框与底纹。选择所要格式化的单元格或单元格区域，单击“开始”选项卡“字体”组中的“字体”按钮，在弹出的对话框中选择“边框”选项卡，根据提示设置，最后单击“确定”按钮。

（7）样式。当不同的单元格需要重复使用同一格式时，逐一设定耗费时间，这时可以利用 Excel 的“样式”功能，具体的操作步骤是：选定欲设置样式的单元格或单元格区域，单击“开始”选项卡“样式”组中的“单元格样式”按钮，在弹出的下拉列表中选择一种单元格样式，即可把所选样式应用到目标单元格或单元格区域。

若对 Excel 提供的内置样式不满意，则可以由用户自己来创建样式。单击“开始”选项卡“样式”组中的“单元格样式”按钮，在弹出的下拉列表中选择“新建单元格样式”命令，弹出 “样式”对话框，在其中取消对“保护”复选框的选择，在“样式名”中输入新样式的名称，单击“格式”按钮，根据需要设置好格式，单击“确定”按钮，将样式添加到样式库中。移动鼠标选定目标单元格或单元格区域，单击“开始”选项卡“样式”组中的“单元格样式”按钮，在弹出的下拉列表中选择刚添加的新样式名，即可把已设置好的格式应用到目标单元格或单元格区域。

（8）条件格式。利用 Excel 的“条件格式”可以动态设置选定区域内各单元格格式，根据单元格数据满足不同的条件显示不同的格式，从而使有些数据特别醒目。具体的操作步骤如下：

1）选定需要设置条件格式的单元格或单元格区域。

2）单击“开始”选项卡“样式”组中的“条件格式”按钮。

3）根据所需设定的条件从下拉列表中选择格式设置。

4.4 Excel 图表

图表是将单元格中的数据以各种统计图表的形式显示，把枯燥乏味的数据资料转换为形象、直观和便于理解的图形方式。当工作表中的数据源发生变化时，图表中对应项的数据也会自动更新，从而不需要重新绘制。

4.4.1 图表的基本概念

（1）数据标志：图表中的条形、面积、圆点、扇面或其他符号，代表源于数据表单元格的单个数据点或值。图表中的相关数据标志构成了数据系列。

（2）数据系列：在图表中绘制的相关数据点，这些数据源自数据表的行或列。图表中的每个数据系列具有唯一的颜色或图案并且在图表的图例中表示。可以在图表中绘制一个或多个数据系列。

（3）主要网格线：可添加到图表中以易于查看和计算数据的线条。网格线是坐标轴上刻度线的延伸，并穿过绘图区。它标出了轴上的主要间距。用户可在图表上显示次要网格线，用以标出主要间距之间的间隔。

（4）分类名称：Excel 将工作表数据中的行或列标题作为分类轴的名称使用。

（5）图表数据系列名称：Excel 将工作表数据中的行或列标题作为系列名称使用。系列名称会出现在图表的图例中。

（6）图例：是一个方框，用于标识为图表中的数据系列或分类指定的图案或颜色。

（7）图表提示：当您将指针停留在某个图表项上时，会出现包含图表项名称的图表提示。

4.4.2 图表的类型

在 Excel 中，常见的图表类型有以下几种：

（1）柱形图：是 Excel 默认的图表类型，用矩形的高低长短来显示数据点的值，用来显示一段时间内数据的变化或者各组数据之间的比较关系。

（2）条形图：类似于柱形图，强调各个数据项之间的差别关系，用矩形的高低长短来表示数据大小。

（3）折线图：将同一系列的数据在图中表示成点并用直线连接起来，适用于显示某段时间内数据的变化趋势，特别适合于 X 轴为时间轴的情况。

（4）饼图：只适用于单个数据系列间各数据的比较，显示数据系列中每一项占该系列数值总和的比例关系。

（5）XY 散点图：用于比较几个数据系列中的数值，也可以将两组数值显示为 xy 坐标系中的一个系列。它可按不等间距显示出数据，有时也称为簇。多用于科学数据分析。

（6）面积图：将每一系列数据用直线段连接起来，并将每条线以下的区域用不同颜色填充。面积图强调幅度随时间的变化，通过显示所绘数据的总和，说明部分和整体的关系。

（7）圆环图：显示部分与整体的关系。可以含有多个数据系列，每个环代表一个数据系列。

（8）曲面图：当你希望在两组数据间查找最优组合时，曲面图将会很有用。比如在地形图中，颜色和图案指出了有相同值的范围的地域。

（9）雷达图：每个分类拥有自己的数值坐标轴，这些坐标轴由中点向四周辐射，并用折线将同一系列中的值连接起来。

（10）股价图：通常用来描绘股票价格走势。计算成交量的股价图有两个数值坐标轴，一个代表成交量，一个代表股票价格。

（11）气泡图：一种特殊的 XY 散点图，在组织数据时，将 X 值放置在一行或列中，然后在相邻的行或列中输入相关的 Y 值和气泡的大小。

（12）圆柱图、圆锥图和棱锥图：是柱形图和条形图的变化形式，可以使柱形图和条形图产生很好的三维效果。

4.4.3 图表的建立

在 Excel 中图表分为嵌入式图表和独立式图表两种。在嵌入式图表中，图表和创建图表的数据源放置在同一张工作表中，可与数据表同时打印输出；而独立式图表是一张独立的图表工作表，打印时将与数据源数据表分开打印。

创建图表有两种方法：一种方法是利用“插入”选项卡“图表”组中的按钮来创建图表；另一种方法是直接按 F11 键快速创建图表。

1. 用“插入”选项卡“图表”组中的按钮来创建嵌入式图表

如图 4-15 所示，以 1、2 月业绩进行对比为例来讲述图表的创建步骤。

（1）选定需要创建图表的数据区域，如图 4-15 所示。

	A	B	C	D	E	F	G
1	销售1组业绩情况						
2	类别	商品名称	1月	2月	3月	4月	总计
3	手机	苹果iPhone5s	¥63,552.00	¥63,493.00	¥62,935.00	¥20,255.00	
4	手机	三星GALAXY Note3	¥76,615.00	¥76,613.00	¥77,038.00	¥21,834.00	
5	手机	华为荣耀3C	¥72,872.00	¥73,270.00	¥73,092.00	¥26,033.00	
6	手机	魅族MX3	¥71,461.00	¥71,482.00	¥71,207.00	¥15,834.00	
7	手机	酷派大神F1	¥9,827.00	¥9,507.00	¥10,042.00	¥18,665.00	
8	手机	HTC One	¥19,909.00	¥20,222.00	¥20,255.00	¥14,604.00	
9	手机	索尼Xperia Z1	¥21,623.00	¥21,331.00	¥21,834.00	¥22,778.00	
10	手机	vivo Xplay3S	¥25,896.00	¥25,754.00	¥26,033.00	¥2,612.00	
11	数码相机	佳能5D Mark III	¥16,253.00	¥16,207.00	¥15,834.00	¥3,982.00	
12	数码相机	佳能70D	¥18,477.00	¥18,964.00	¥18,665.00	¥1,542.00	
13	数码相机	尼康D7100	¥14,006.00	¥14,399.00	¥14,604.00	¥10,841.00	
14	数码相机	尼康D7000	¥22,288.00	¥22,172.00	¥22,778.00	¥6,882.00	
15	数码相机	奥林巴斯SZ-16	¥2,218.00	¥2,289.00	¥2,612.00	¥2,559.00	
16	数码相机	三星WB200F	¥3,670.00	¥3,072.00	¥3,982.00	¥6,941.00	
17	数码相机	卡西欧ZR700	¥1,779.00	¥1,753.00	¥1,542.00	¥4,293.00	
18	平板电脑	苹果iPad Air	¥10,784.00	¥11,037.00	¥10,841.00	¥8,683.00	
19	平板电脑	苹果iPad mini 2	¥6,614.00	¥6,940.00	¥6,882.00	¥62,935.00	
20	平板电脑	酷比魔方TALK 7X	¥2,261.00	¥1,851.00	¥2,559.00	¥77,038.00	
21	平板电脑	微软Surface 2	¥7,054.00	¥6,245.00	¥6,941.00	¥73,092.00	
22	平板电脑	华硕MeMO Pad	¥4,485.00	¥3,560.00	¥4,293.00	¥71,207.00	
23	平板电脑	联想A3000	¥9,156.00	¥8,487.00	¥8,683.00	¥10,042.00	

图 4-15　选择建立图表的数据区域

（2）单击“插入”选项卡“图表”组中的“柱形图”按钮，在弹出的下拉表中选择“三维柱形图”中的“三维柱形图”，在工作表中插入所选的柱形图。

（3）选中图表，单击“设计”选项卡“图表布局”组的“布局 4”按钮，将其应用到所选图表。

（4）选中图表中的“图表标题”选项，将其修改为“销售 1 组业绩情况图表”。

（5）单击“图表样式”下拉按钮，选择其中的一种样式如：样式 26，将其应用到所选图表，这样便创建了一个完整的图表（如图 4-16 所示）。

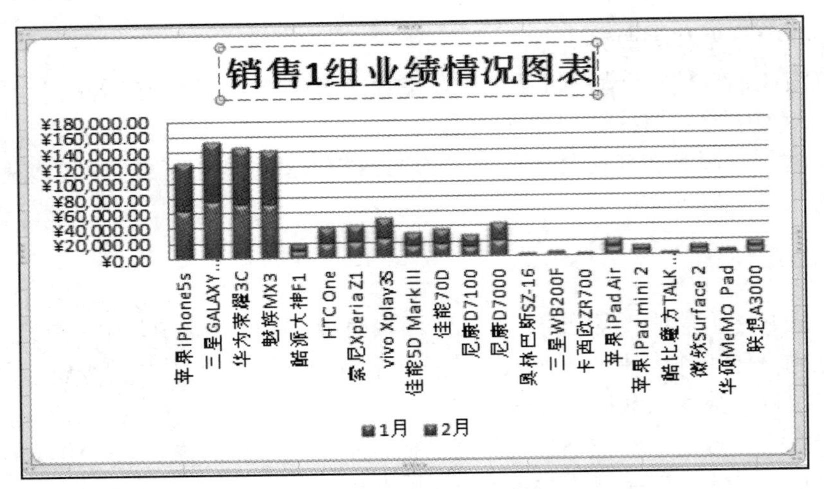

图 4-16 创建完成的图表

2. 快速创建图表

直接按 F11 键，可以对选定的数据区域快速地建立图表。

首先选定要创建图表的数据区域，然后直接按 F11 键，则创建的是系统默认图表类型“柱形图”的独立式图表。

4.4.4 图表的编辑

图表创建好之后，为了达到更好的视觉效果，可以根据需要对图表进行必要的修改。图表编辑就是指对图表及图表中各个对象进行编辑，如数据的增加与删除、图表类型的更改、格式化数据等。

1. 图表对象

在 Excel 中，一个图表由许多图表对象组成，要想显示图表对象名只需要将鼠标指针停在某个图表对象上，即可显示该图表对象的名称。

2. 图表的移动、复制、缩放和删除

Excel 中的图表是作为图形对象来处理的，因而图表的移动、复制、缩放和删除操作与其他任何图形的操作类似。

选定图表后，拖动图表可进行移动；按住 Ctrl 键拖动图表，则可进行复制；若拖动 8 个方向上的任意一个句柄则可进行缩放；按 Del 键可进行删除。

3. 更改图表类型

图表创建好之后，其类型仍可根据需要进行更改，具体的操作步骤如下：

（1）选定图表。

（2）单击“图表工具/设计”选项卡“类型”组中的“更改图表类型”按钮，弹出“更改图表类型”对话框。

（3）在其中选择所需的图表类型和子类型。

（4）单击“确定”按钮。

4. 编辑图表中数据

图表建立好后，当工作表中的数据发生变化，图表中的数据也会随之而发生变化，说明图表与工作表的数据源区域之间已经建立好了联系。

（1）删除数据系列。删除数据系列的操作十分简单。只需选定想要删除的数据系列后按Del键或单击“图表工具/设计”选项卡“数据”组中的“选择数据”按钮，在弹出的“选择数据源”对话框中单击“删除”按钮。以这种方法删除数据系列不会删除工作表中的数据。

（2）添加数据系列。在实际应用中有时需要向图表添加数据系列或者需要重新选择创建图表的数据区域，下面以向图表中增加“3月”的数据系列为例，具体操作步骤如下：

1）单击嵌入式图表或独立图表标签。

2）右击，在弹出的快捷菜单中选择“选择数据”命令，弹出如图4-17所示的“选择数据源”对话框。

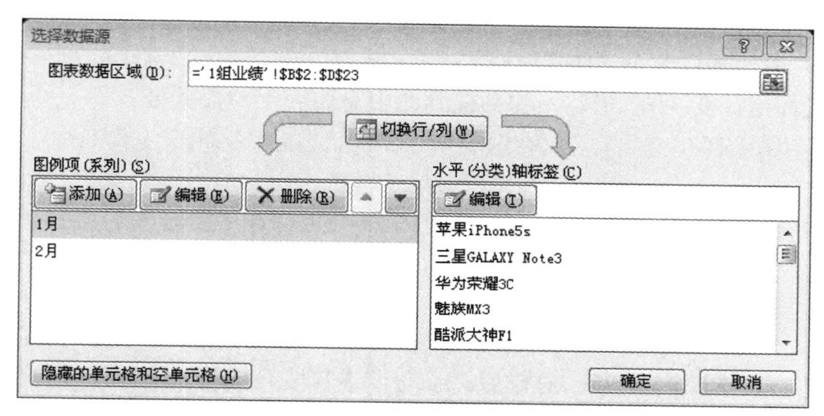

图4-17 “选择数据源”对话框

3）在“图表数据区域”折叠框中选中将要添加的数据系列所在的单元格区域。

4）单击“确定”按钮，将在原图表中增加选中的数据系列，如图4-18所示。

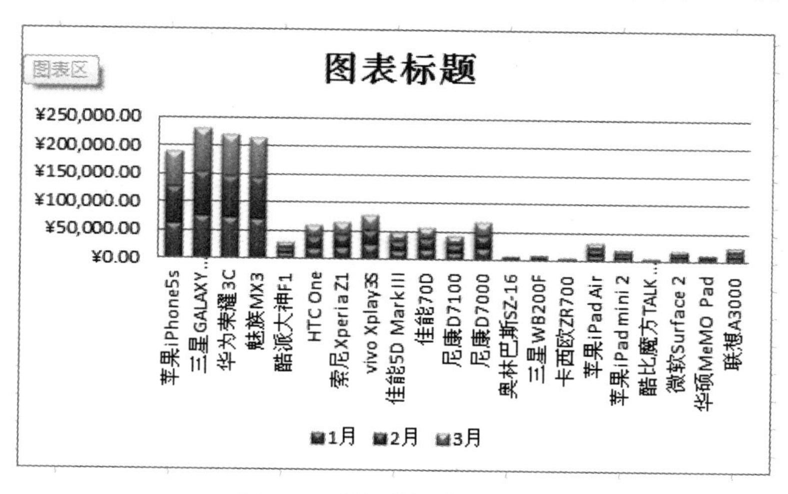

图4-18 增加数据系列后图表

5. 编辑图表中的文字

为了更好地说明图表的有关内容，可对图表增加说明性文字或对说明性文字进行修改、删除。

（1）增加图表标题和坐标轴标题。向已有的图表增加图表标题的具体步骤是：先选定图表对象，然后单击“图表工具”选项卡“标签”组中的“图表标题”按钮，在弹出的下拉列表中选择“图表上方”命令，将在图表上方插入一个“图表标题”的文本框，选中该文本框根据需要输入标题。

若想要增加坐标轴标题，则选定图表对象后，单击“图表工具”选项卡“标签”组中的“坐标轴标题”按钮，在弹出的下拉列表中选择“主要横坐轴标题”和“主要纵坐轴标题”命令中的一个，在级联菜单再选择相应的选项，然后根据需要输入标题。

（2）突出指定数据。为突出图表中的某个数据，可以利用绘图工具栏的按钮来增加一些说明性的文字和线条。具体的操作步骤如下：

1）单击“图表工具/布局”选项卡“插入”组中的“形状”按钮，从中选择某种图形，如在“箭头总汇”中选择“向下箭头”。

2）此时鼠标指针变“+”形状，将其拖到图表需要突出的数据处。

3）选中绘出的图形，右击，在弹出的快捷菜单中选择“编辑文字”命令，向图形中添加说明性文字。

（3）修改和删除文字。如果要修改文字，只需用鼠标选中要修改的文字，然后直接输入新的内容；如果要删除文字，则选中后按 Del 键。

6. 图表的格式

图表的格式化是指对图表中各个对象的格式设置。在设置格式时可以直接套用预设的图表样式，也可以选中图表中的某一对象后，手动设置其填充颜色、边框样式和形状效果等。

（1）应用预设图表样式。Excel 2010 为用户提供了很多预设的图表样式，从而大大地满足了用户的需要，免去用户手动逐项地对图表进行设置，直接选择自己需要的样式。具体的操作步骤如下：

1）选中图表。

2）单击“图表工具/设计”选项卡“图表样式”组快翻按钮。

3）从展开的样式库中选择自己想要的样式。

（2）使用预设样式设置图表形状。与套用预设的图表样式类似，用户可以选择图表中的元素，在“图表工具/格式”选项卡下的“形状样式”库中选择需要的套用形状样式。

（3）使用图案填充图表背景墙。对于三维图形，其图表区域中包括了背景墙和基底，为了突出显示这两个部分，可为它们设置不同的格式。使用图案填充图表背景墙的具体操作步骤如下：

1）选中图表。

2）单击“图表工具/布局”选项卡“背景”组中的“图表背景墙”按钮，从弹出的下拉列表中选择“其他背景墙选项”按钮。

3）在弹出的“设置背景墙格式”对话框中，选择“填充”选项卡，在右侧的选项卡中选择填充图表背景墙的方式“图案填充”单选按钮。

4）在下方的图案样式中选择自己喜欢的图案。

5）单击“前景色”和“背景色”的倒三角箭头，从展开的下拉列表中选择图案的前景色和背景色。

6）设置完毕，单击“关闭”按钮返回工作表。

（4）使用图片填充图表区。除了图案填充、纯色填充外，还可以采用图片填充的方式，将自己喜欢的图片添加到图表元素中。具体的操作步骤如下：

1）选中图表。

2）单击“图表工具/格式”选项卡“形状样式”组中的“形状填充”按钮，从弹出的下拉列表中选择“图片”选项。

3）弹出“插入图片”对话框，选择要填充的图片，单击“插入”按钮。

7. 迷你图的使用

迷你图是 Excel 2010 中的一个新功能，它是工作表单元格中的一个微型图表，可以提供数据的直观表示。使用迷你图可以显示数值系列中的趋势，或者可以突出显示最大值和最小值。在数据旁边放置迷你图可达到最佳效果。

（1）插入迷你图。虽然行和列中呈现的数据很有用，但很难一眼看出数据的分布形态。通过在数据旁边插入迷你图可为这些数字注释。迷你图可以通过清晰简明的图形表示方法显示相邻数据的趋势，而且迷你图占用的空间很少。具体的操作步骤如下：

1）在“插入”选项卡“迷你图”组中选择插入的迷你图类型。

2）弹出如图 4-19 所示的“创建迷你图”对话框，单击“数据范围”右侧折叠按钮。

3）返回工作表中拖动鼠标指针选择创建迷你图的数据范围。

4）再次单击折叠按钮，返回“创建迷你图”对话框，用同样的方法在“位置范围”中选择放置迷你图的位置。

5）单击“确定”按钮，返回工作表。此时在工作表指定位置就创建好了一个迷你图。

（2）更改迷你图数据。迷你图创建完成后，若需要更改迷你图的数据范围，应该怎么做呢？可以重新选择迷你图数据区域来解决，具体的操作步骤如下：

1）选中要更改的迷你图所在的单元格。

2）单击“迷你图工具/设计”选项卡“迷你图”组中的“编辑数据”按钮，在弹出的下拉列表中选择“编辑单个迷你图的数据”选项。

3）在弹出的如图 4-20 所示的“编辑迷你图数据”对话框中单击“选择迷你图的源数据区域”右侧的折叠按钮返回工作表中。

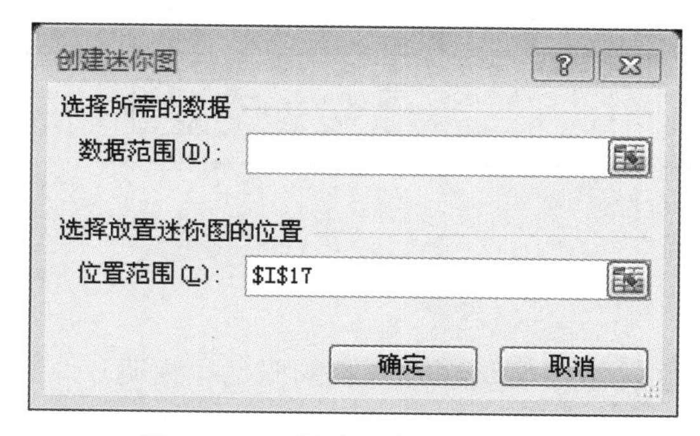

图 4-19 “创建迷你图”对话框

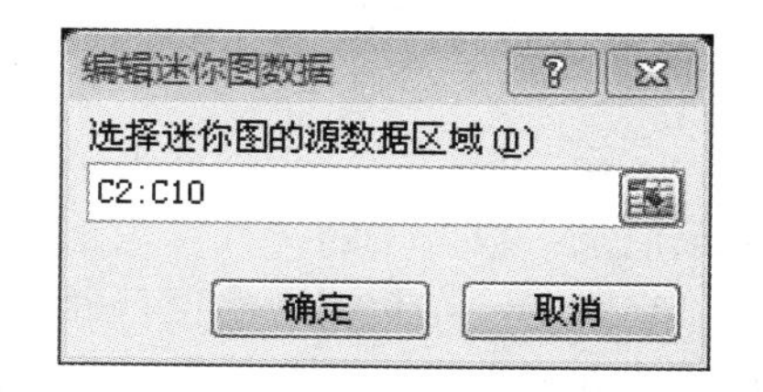

图 4-20 “编辑迷你图数据”对话框

4）重新选择创建迷你图的数据区域。

5）单击折叠按钮，返回“创建迷你图”对话框，单击“确定”按钮返回工作表中。此时可以看到在工作表指定的位置中迷你图的变化。

（3）更改迷你图类型。如同更改图表类型一样，也可以根据自己的需要更改迷你图类型，所不同的是迷你图只有三种图表类型而已。具体的操作步骤如下：

1）选中要更改的迷你图所在的单元格。

2）在“迷你图工具/设计”选项卡“类型”组中的选择一种迷你图类型。

（4）清除迷你图。若想删除已创建好的迷你图，则需选中已创建好迷你图的单元格，然后单击“迷你图工具/设计”选项卡“分组”组中的“清除”按钮。

4.5 数据库管理与数据分析

Excel 不仅具有较强的计算功能，还具有较强的数据库管理功能。利用它可以十分方便地实现对数据的排序、筛选和分类汇总等。

4.5.1 数据管理的基本概念

数据库是保存数据的仓库，这些数据是按一定结构方式来存储的。如图 4-21 所示的业绩表即为一个简单的数据库。数据库中常用的概念有以下几个：

	A	B	C	D	E	F	G
1	销售1组业绩情况						
2	类别	商品名称	1月	2月	3月	4月	总计
3	手机	苹果iPhone5s	¥63,552.00	¥63,493.00	¥62,935.00	¥20,255.00	¥210,235.00
4	手机	三星GALAXY Note3	¥76,615.00	¥76,613.00	¥77,038.00	¥21,834.00	¥252,100.00
5	手机	华为荣耀3C	¥72,872.00	¥73,270.00	¥73,092.00	¥26,033.00	¥245,267.00
6	手机	魅族MX3	¥71,461.00	¥71,482.00	¥71,207.00	¥15,834.00	¥229,984.00
7	手机	酷派大神F1	¥9,827.00	¥9,507.00	¥10,042.00	¥18,665.00	¥48,041.00
8	手机	HTC One	¥19,909.00	¥20,222.00	¥20,255.00	¥14,604.00	¥74,990.00
9	手机	索尼Xperia Z1	¥21,623.00	¥21,331.00	¥21,834.00	¥22,778.00	¥87,566.00
10	手机	vivo Xplay3S	¥25,896.00	¥25,754.00	¥26,033.00	¥2,612.00	¥80,295.00
11	数码相机	佳能5D Mark III	¥16,253.00	¥16,207.00	¥15,834.00	¥3,982.00	¥52,276.00
12	数码相机	佳能70D	¥18,477.00	¥18,964.00	¥18,665.00	¥1,542.00	¥57,648.00
13	数码相机	尼康D7100	¥14,006.00	¥14,399.00	¥14,604.00	¥10,841.00	¥53,850.00
14	数码相机	尼康D7000	¥22,288.00	¥22,172.00	¥22,778.00	¥6,882.00	¥74,120.00
15	数码相机	奥林巴斯SZ-16	¥2,218.00	¥2,289.00	¥2,612.00	¥2,559.00	¥9,678.00
16	数码相机	三星WB200F	¥3,670.00	¥3,072.00	¥3,982.00	¥6,941.00	¥17,665.00
17	数码相机	卡西欧ZR700	¥1,779.00	¥1,753.00	¥1,542.00	¥4,293.00	¥9,367.00
18	平板电脑	苹果iPad Air	¥10,784.00	¥11,037.00	¥10,841.00	¥8,683.00	¥41,345.00
19	平板电脑	苹果iPad mini 2	¥6,614.00	¥6,940.00	¥6,882.00	¥62,935.00	¥83,371.00
20	平板电脑	酷比魔方TALK 7X	¥2,261.00	¥1,851.00	¥2,559.00	¥77,038.00	¥83,709.00
21	平板电脑	微软Surface 2	¥7,054.00	¥6,245.00	¥6,941.00	¥73,092.00	¥93,332.00
22	平板电脑	华硕MeMO Pad	¥4,485.00	¥3,560.00	¥4,293.00	¥71,207.00	¥83,545.00
23	平板电脑	联想A3000	¥9,156.00	¥8,487.00	¥8,683.00	¥10,042.00	¥36,368.00
24							

图 4-21　数据列表

- 字段：数据表的一列称为字段。
- 记录：数据表的一行称为记录。
- 字段名：在数据表的顶行通常有字段名，字段名是字段内容的概括和说明。
- 数据列表：也称数据清单，它与一张二维表十分相似。

在数据表中输入数据时应遵循以下规则：

（1）数据库的第一行必须输入字段名称。字段名称一般用大写字母或汉字书写，字段名称与第一行记录之间不能有空行，否则 Excel 将无法确定其列标题。

（2）每一条记录为一行，记录间绝对不允许有空行，且同一列数据的类型必须一致。

4.5.2 使用记录单

可以像一般工作表一样对数据列表进行编辑、修改，也可以通过“记录单”按钮来进行编辑、修改等操作。要使用“记录单”按钮，需要将“记录单”按钮添加到快速访问工具栏中。添加的方法如下：单击“文件”选项卡中的“选项”按钮，选择“快速访问工具栏”选项，在右侧的“从下列位置选择命令”下拉列表中选择“不在功能区的命令”，找到“记录单”命令，单击“添加”按钮就将“记录单”命令添加到快速访问工具栏中。

单击快速访问工具栏中的“记录单”按钮，弹出如图 4-22 所示的记录编辑对话框，通过它来查看、更改、添加及删除工作表数据库中的记录。

图 4-22 记录编辑对话框

1. 使用记录单添加数据

在数据列表中增加一条记录，既可在工作表中增加一行空行后输入数据来实现，也可在“记录编辑”对话框中单击“新建”按钮后输入数据来实现，新建记录位于列表的最后，且可一次连续增加多条记录。

2. 使用记录单修改和删除记录

对数据列表中的某条记录做修改，既可在工作表中找到该条记录后选中所需修改的数据单元格，直接输入新的数据；也可在记录编辑对话框中选中所需修改的数据，直接输入新的数据。

删除数据列表中的某条记录，既可在工作表中选定该条记录，单击“编辑”菜单中的“删除”命令；也可在记录编辑对话框中通过“上一条”或“下一条”按钮找到该条记录后单击“删除”按钮，在弹出的提示确认对话框中，单击“确定”按钮。

3. 使用记录单搜索条件匹配的记录

查找数据列表中的某条记录，可单击记录编辑对话框中的“条件”按钮，弹出“查询条件”对话框，在其中输入相应的条件，然后单击“上一条”或“下一条”按钮找到与输入条件相匹配的记录。

4.5.3 数据排序

数据排序是指将工作表中的数据根据要求以升序或降序重新排列。在 Excel 中，新建的数据清单，其数据排列是按照记录输入的先后次序排列的，没有规律。而我们经常需要对工作表的数据按要求进行排序，这就要用到 Excel 的数据排序功能。

1. 简单数据排序

在实际应用中，常常需要将数据按某一列字段进行排序，如在统计学生成绩时，常常需要按总分从高到低来排序。这种按单列数据的排序称之为简单数据排序。具体的操作方法如下：

（1）移动鼠标到工作表中要排序字段所在列的任一单元格。

（2）单击“数据”选项卡“排序和筛选”组中的“降序”或“升序”按钮，工作表中的数据就会按要求重新排序。

2. 复杂数据排序

在实际应用中，往往排序不局限于单列，会出现按多个字段排序的情况，即两列以上的数据排序，则必须使用“排序”按钮。例如先按“总计”升序排列，然后再按“类别”降序排列，其具体的操作步骤如下：

（1）选定数据列表中任一单元格。

（2）单击“数据”选项卡“排序和筛选”组中的“排序”按钮，打开如图 4-23 所示的“排序”对话框。

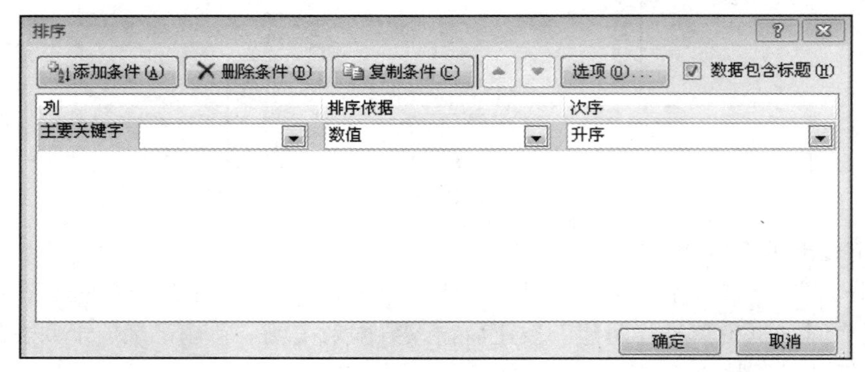

图 4-23 “排序”对话框

（3）在“主要关键字”下拉列表框中选择“总计”字段，排序方式选择“升序”。

（4）单击“添加条件”按钮可以添加排序的条件。

（5）在“次要关键字”下拉列表框中选择“类别”字段，排序方式选择“降序”，如图 4-24 所示。

图 4-24 按“总计”“类别”升序排序

（6）为避免字段名也成为排序对象，可选中“数据包含标题”复选项，再单击“确定”按钮完成排序，排序结果如图 4-25 所示。

	A	B	C	D	E	F	G
1	销售1组业绩情况						
2	类别	商品名称	1月	2月	3月	4月	总计
3	数码相机	卡西欧ZR700	¥1,779.00	¥1,753.00	¥1,542.00	¥4,293.00	¥9,367.00
4	数码相机	奥林巴斯SZ-16	¥2,218.00	¥2,289.00	¥2,612.00	¥2,559.00	¥9,678.00
5	数码相机	三星WB200F	¥3,670.00	¥3,072.00	¥3,982.00	¥6,941.00	¥17,665.00
6	平板电脑	联想A3000	¥9,156.00	¥8,487.00	¥8,683.00	¥10,042.00	¥36,368.00
7	平板电脑	苹果iPad Air	¥10,784.00	¥11,037.00	¥10,841.00	¥8,683.00	¥41,345.00
8	手机	酷派大神F1	¥9,827.00	¥9,507.00	¥10,042.00	¥18,665.00	¥48,041.00
9	数码相机	佳能5D Mark III	¥16,253.00	¥16,207.00	¥15,834.00	¥3,982.00	¥52,276.00
10	数码相机	尼康D7100	¥14,006.00	¥14,399.00	¥14,604.00	¥10,841.00	¥53,850.00
11	数码相机	佳能70D	¥18,477.00	¥18,964.00	¥18,665.00	¥1,542.00	¥57,648.00
12	数码相机	尼康D7000	¥22,288.00	¥22,172.00	¥22,778.00	¥6,882.00	¥74,120.00
13	手机	HTC One	¥19,909.00	¥20,222.00	¥20,255.00	¥14,604.00	¥74,990.00
14	手机	vivo Xplay3S	¥25,896.00	¥25,754.00	¥26,033.00	¥2,612.00	¥80,295.00
15	平板电脑	苹果iPad mini 2	¥6,614.00	¥6,940.00	¥6,882.00	¥62,935.00	¥83,371.00
16	平板电脑	华硕MeMO Pad	¥4,485.00	¥3,560.00	¥4,293.00	¥71,207.00	¥83,545.00
17	平板电脑	酷比魔方TALK 7X	¥2,261.00	¥1,851.00	¥2,559.00	¥77,038.00	¥83,709.00
18	手机	索尼Xperia Z1	¥21,623.00	¥21,331.00	¥21,834.00	¥22,778.00	¥87,566.00
19	平板电脑	微软Surface 2	¥7,054.00	¥6,245.00	¥6,941.00	¥73,092.00	¥93,332.00
20	手机	苹果iPhone5s	¥63,552.00	¥63,493.00	¥62,935.00	¥20,255.00	¥210,235.00
21	手机	魅族MX3	¥71,461.00	¥71,482.00	¥71,207.00	¥15,834.00	¥229,984.00
22	手机	华为荣耀3C	¥72,872.00	¥73,270.00	¥73,092.00	¥26,033.00	¥245,267.00
23	手机	三星GALAXY Note3	¥76,615.00	¥76,613.00	¥77,038.00	¥21,834.00	¥252,100.00

图 4-25 排序结果

若需要增加多个排序条件，则需多次单击“添加条件”按钮，添加足够的排序关键字，然后根据需要进行设置。

4.5.4 数据筛选

当数据列表中记录非常多，而用户仅对其中一部分数据感兴趣时，需要只显示感兴趣的数据，将不感兴趣的数据暂时隐藏起来，这时可以使用 Excel 的数据筛选功能。

1. 自动筛选

如图 4-26 所示的业绩情况表，如果只想看数码相机销售情况的记录，则需要把相关数据筛选出来，单独查看。

	A	B	C	D	E	F	G
1	销售1组业绩情况						
2	类别	商品名称	1月	2月	3月	4月	总计
3	数码相机	卡西欧ZR700	¥1,779.00	¥1,753.00			
4	数码相机	奥林巴斯SZ-16	¥2,218.00	¥2,289.00			
5	数码相机	三星WB200F	¥3,670.00	¥3,072.00			
6	平板电脑	联想A3000	¥9,156.00	¥8,487.00			
7	平板电脑	苹果iPad Air	¥10,784.00	¥11,037.00			
8	手机	酷派大神F1	¥9,827.00	¥9,507.00			
9	数码相机	佳能5D Mark III	¥16,253.00	¥16,207.00			
10	数码相机	尼康D7100	¥14,006.00	¥14,399.00			
11	数码相机	佳能70D	¥18,477.00	¥18,964.00			
12	数码相机	尼康D7000	¥22,288.00	¥22,172.00			
13	手机	HTC One	¥19,909.00	¥20,222.00			
14	手机	vivo Xplay3S	¥25,896.00	¥25,754.00			
15	平板电脑	苹果iPad mini 2	¥6,614.00	¥6,940.00			
16	平板电脑	华硕MeMO Pad	¥4,485.00	¥3,560.00			
17	平板电脑	酷比魔方TALK 7X	¥2,261.00	¥1,851.00			
18	手机	索尼Xperia Z1	¥21,623.00	¥21,331.00			
19	平板电脑	微软Surface 2	¥7,054.00	¥6,245.00			
20	手机	苹果iPhone5s	¥63,552.00	¥63,493.00			
21	手机	魅族MX3	¥71,461.00	¥71,482.00			
22	手机	华为荣耀3C	¥72,872.00	¥73,270.00			
23	手机	三星GALAXY Note3	¥76,615.00	¥76,613.00			
24							

升序(S)
降序(O)
按颜色排序(T)
从“总计”中清除筛选(C)
按颜色筛选(I)
数字筛选(F)
搜索
(全选)
¥9,367.00
¥9,678.00
¥17,665.00
¥36,368.00
¥41,345.00
¥48,041.00
¥52,276.00
¥53,850.00
¥57,648.00
¥74,120.00
¥74,990.00
确定 取消

等于(E)...
不等于(N)...
大于(G)...
大于或等于(O)...
小于(L)...
小于或等于(Q)...
介于(W)...
10 个最大的值(T)...
高于平均值(A)
低于平均值(O)
自定义筛选(F)...

图 4-26 自定义筛选

操作步骤如下：

（1）选定数据列表中任一单元格。

（2）单击“数据”选项卡“排序和筛选”组中的“筛选”按钮。

（3）每个列标题旁边将出现向下的筛选箭头，单击“类别”列的筛选箭头，只选择下拉菜单中的“数码相机”复选框。此时，含筛选条件的列旁边的筛选箭头变为筛选器。

注意：筛选并不意味着删除不满足条件的记录，而只是暂时隐藏，如果想显示全部记录，只需在筛选列的下拉列表中选择“全部”，但筛选箭头并不消失。如果要取消自动筛选功能，只需单击“数据”选项卡“排序和筛选”组中的“筛选”按钮，则所有列标题右边的箭头消失，所有数据也将恢复显示。

2. 自定义自动筛选

筛选的条件还可以自己定义，例如可以查看所有销售“总计”大于 15000 元的记录，其操作步骤如下：

（1）选定数据列表中任一单元格。

（2）单击“数据”选项卡“排序和筛选”组中的“筛选”按钮。

（3）在每个列标题旁边将增加一个向下的筛选箭头，单击“总计”列的筛选箭头，选择下拉列表中的“数字筛选”，在级联菜单中选择“自定义筛选”命令，将弹出如图 4-27 所示的“自定义自动筛选方式”对话框，在左边操作符下拉列表框中选择“大于”，右边值列表框中输入“15000”，最后单击“确定”按钮。

图 4-27　自定义筛选方式

3. 高级筛选

如果要求使用高级筛选功能，筛选出数码相机销售总计在 15000 元以上的记录并把结果显示到指定的位置，则可以按如下方法操作：

（1）先建立一个条件区域。条件区域用来指定筛选的数据必须满足的条件，如图 4-28 所示。

（2）设置好条件区域后，单击“数据”选项卡“排序和筛选”组中的“高级”按钮，弹出如图 4-29 所示的“高级筛选”对话框，在“方式”区域中选择“将筛选结果复制到其他位置”单选框；在“列表区域”进行单元格区域选取；在“条件区域”中选取输入的筛选条件单元格区域。

（3）在“复制到”区域设置显示筛选结果的单元格区域；设置完成单击“确定”按钮，系统会自动将符合条件的记录筛选出来并复制到指定的单元格区域。如图 4-30 所示。

15	数码相机	尼康D7000	¥22,288.00	¥22,172.00	¥22,778.00	¥6,882.00	¥74,120.00
16	数码相机	尼康D7100	¥14,006.00	¥14,399.00	¥14,604.00	¥10,841.00	¥53,850.00
17	平板电脑	苹果iPad Air	¥10,784.00	¥11,037.00	¥10,841.00	¥8,683.00	¥41,345.00
18	平板电脑	苹果iPad mini 2	¥6,614.00	¥6,940.00	¥6,882.00	¥62,935.00	¥83,371.00
19	手机	苹果iPhone5s	¥63,552.00	¥63,493.00	¥62,935.00	¥20,255.00	¥210,235.00
20	手机	三星GALAXY Note3	¥76,615.00	¥76,613.00	¥77,038.00	¥21,834.00	¥252,100.00
21	数码相机	三星WB200F	¥3,670.00	¥3,072.00	¥3,982.00	¥6,941.00	¥17,665.00
22	手机	索尼Xperia Z1	¥21,623.00	¥21,331.00	¥21,834.00	¥22,778.00	¥87,566.00
23	平板电脑	微软Surface 2	¥7,054.00	¥6,245.00	¥6,941.00	¥73,092.00	¥93,332.00
24							
25							
26		类别	总计				
27		="数码相机"	>=15000				

条件区域

图 4-28　条件区域

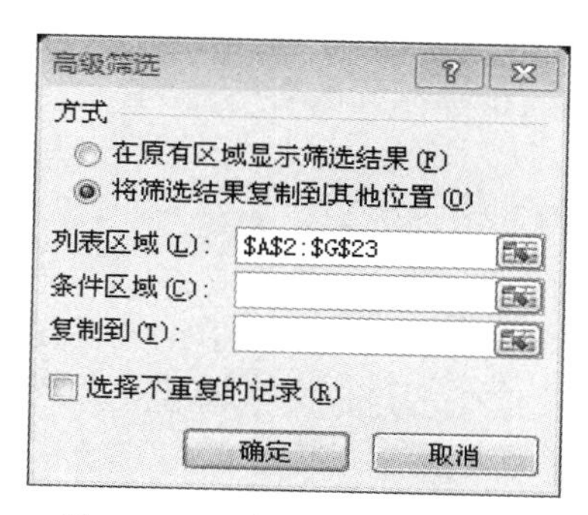

图 4-29　“高级筛选”对话框

	A	B	C	D	E	F	G
1	销售1组业绩情况						
2	类别	商品名称	1月	2月	3月	4月	总计
3	手机	HTC One	¥19,909.00	¥20,222.00	¥20,255.00	¥14,604.00	¥74,990.00
4	手机	vivo Xplay3S	¥25,896.00	¥25,754.00	¥26,033.00	¥2,612.00	¥80,295.00
5	数码相机	奥林巴斯SZ-16	¥2,218.00	¥2,289.00	¥2,612.00	¥2,559.00	¥9,678.00
6	平板电脑	华硕MeMO Pad	¥4,485.00	¥3,560.00	¥4,293.00	¥71,207.00	¥83,545.00
7	手机	华为荣耀3C	¥72,872.00	¥73,270.00	¥73,092.00	¥26,033.00	¥245,267.00
8	数码相机	佳能5D Mark III	¥16,253.00	¥16,207.00	¥15,834.00	¥3,982.00	¥52,276.00
9	数码相机	佳能70D	¥18,477.00	¥18,964.00	¥18,665.00	¥1,542.00	¥57,648.00
10	数码相机	卡西欧ZR700	¥1,779.00	¥1,753.00	¥1,542.00	¥4,293.00	¥9,367.00
11	平板电脑	酷比魔方TALK 7X	¥2,261.00	¥1,851.00	¥2,559.00	¥77,038.00	¥83,709.00
12	手机	酷派大神F1	¥9,827.00	¥9,507.00	¥10,042.00	¥18,665.00	¥48,041.00
13	平板电脑	联想A3000	¥9,156.00	¥8,487.00	¥8,683.00	¥10,042.00	¥36,368.00
14	手机	魅族MX3	¥71,461.00	¥71,482.00	¥71,207.00	¥15,834.00	¥229,984.00
15	数码相机	尼康D7000	¥22,288.00	¥22,172.00	¥22,778.00	¥6,882.00	¥74,120.00
16	数码相机	尼康D7100	¥14,006.00	¥14,399.00	¥14,604.00	¥10,841.00	¥53,850.00
17	平板电脑	苹果iPad Air	¥10,784.00	¥11,037.00	¥10,841.00	¥8,683.00	¥41,345.00
18	平板电脑	苹果iPad mini 2	¥6,614.00	¥6,940.00	¥6,882.00	¥62,935.00	¥83,371.00
19	手机	苹果iPhone5s	¥63,552.00	¥63,493.00	¥62,935.00	¥20,255.00	¥210,235.00
20	手机	三星GALAXY Note3	¥76,615.00	¥76,613.00	¥77,038.00	¥21,834.00	¥252,100.00
21	数码相机	三星WB200F	¥3,670.00	¥3,072.00	¥3,982.00	¥6,941.00	¥17,665.00
22	手机	索尼Xperia Z1	¥21,623.00	¥21,331.00	¥21,834.00	¥22,778.00	¥87,566.00
23	平板电脑	微软Surface 2	¥7,054.00	¥6,245.00	¥6,941.00	¥73,092.00	¥93,332.00
24							
25							
26		类别	总计				
27		数码相机	>=15000				
28							
29	类别	商品名称	1月	2月	3月	4月	总计
30	数码相机	佳能5D Mark III	¥16,253.00	¥16,207.00	¥15,834.00	¥3,982.00	¥52,276.00
31	数码相机	佳能70D	¥18,477.00	¥18,964.00	¥18,665.00	¥1,542.00	¥57,648.00
32	数码相机	尼康D7000	¥22,288.00	¥22,172.00	¥22,778.00	¥6,882.00	¥74,120.00
33	数码相机	尼康D7100	¥14,006.00	¥14,399.00	¥14,604.00	¥10,841.00	¥53,850.00
34	数码相机	三星WB200F	¥3,670.00	¥3,072.00	¥3,982.00	¥6,941.00	¥17,665.00

图 4-30　筛选结果显示数据表格

注意：若要通过隐藏不符合条件的行来筛选区域，可单击“在原有区域显示筛选结果”，系统会自动将符合条件的记录筛选出来并隐藏不符合条件的行。

4.5.5 分类汇总

在实际应用中常常要对数据进行分类，然后将同类数据放在一起，这时筛选功能就不能满足要求，必须用 Excel 的分类汇总功能。

1. 简单的分类汇总

如需查看“销售业绩情况”表中各类数码产品的总体销售情况，同时保留原始数据，类似会计工作中的总账和明细账，可以使用“分类汇总”功能来完成。在使用分类汇总前，应使用“排序”功能将关键字相同的各行排列在一起。

（1）按“类别”字段排序，将同系列的记录放在一起，实现分类。

（2）单击“数据”选项卡“分级显示”组中的“分类汇总”按钮，弹出如图 4-31 所示的“分类汇总”对话框。

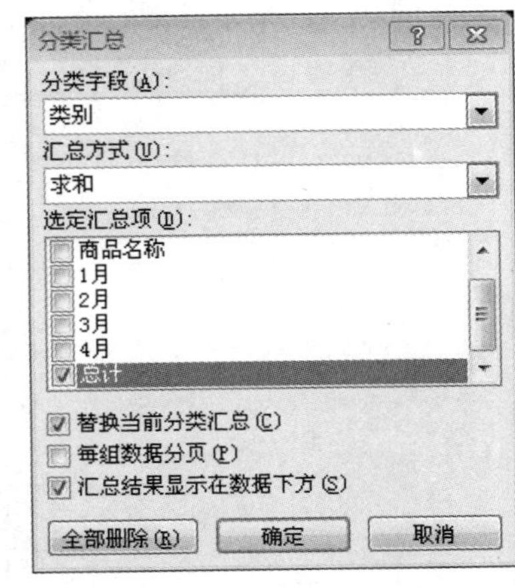

图 4-31 “分类汇总”对话框

（3）在“分类字段”中选择“类别”；“汇总方式”表示要进行汇总的方式，在此选择“求和”；“选定汇总项”用于选定表中的汇总对象，在此选择“总计”；“替换当前分类汇总”表示此次分类汇总替换已存在的分类汇总结果。

（4）单击“确定”按钮，结果如图 4-32 所示。

	A	B	C	D	E	F	G
1	销售1组业绩情况						
2	类别	商品名称	1月	2月	3月	4月	总计
3	平板电脑	联想A3000	¥9,156.00	¥8,487.00	¥8,683.00	¥10,042.00	¥36,368.00
4	平板电脑	苹果iPad Air	¥10,784.00	¥11,037.00	¥10,841.00	¥8,683.00	¥41,345.00
5	平板电脑	苹果iPad mini 2	¥6,614.00	¥6,940.00	¥6,882.00	¥62,935.00	¥83,371.00
6	平板电脑	华硕MeMO Pad	¥4,485.00	¥3,560.00	¥4,293.00	¥71,207.00	¥83,545.00
7	平板电脑	酷比魔方TALK 7X	¥2,261.00	¥1,851.00	¥2,559.00	¥77,038.00	¥83,709.00
8	平板电脑	微软Surface 2	¥7,054.00	¥6,245.00	¥6,941.00	¥73,092.00	¥93,332.00
9	**平板电脑 汇总**						¥421,670.00
10	手机	酷派大神F1	¥9,827.00	¥9,507.00	¥10,042.00	¥18,665.00	¥48,041.00
11	手机	HTC One	¥19,909.00	¥20,222.00	¥20,255.00	¥14,604.00	¥74,990.00
12	手机	vivo Xplay3S	¥25,896.00	¥25,754.00	¥26,033.00	¥2,612.00	¥80,295.00
13	手机	索尼Xperia Z1	¥21,623.00	¥21,331.00	¥21,834.00	¥22,778.00	¥87,566.00
14	手机	苹果iPhone5s	¥63,552.00	¥63,493.00	¥62,935.00	¥20,255.00	¥210,235.00
15	手机	魅族MX3	¥71,461.00	¥71,482.00	¥71,207.00	¥15,834.00	¥229,984.00
16	手机	华为荣耀3C	¥72,872.00	¥73,270.00	¥73,092.00	¥26,033.00	¥245,267.00
17	手机	三星GALAXY Note3	¥76,615.00	¥76,613.00	¥77,038.00	¥21,834.00	¥252,100.00
18	**手机 汇总**						¥1,228,478.00
19	数码相机	卡西欧ZR700	¥1,779.00	¥1,753.00	¥1,542.00	¥4,293.00	¥9,367.00
20	数码相机	奥林巴斯SZ-16	¥2,218.00	¥2,289.00	¥2,612.00	¥2,559.00	¥9,678.00
21	数码相机	三星WB200F	¥3,670.00	¥3,072.00	¥3,982.00	¥6,941.00	¥17,665.00
22	数码相机	佳能5D Mark III	¥16,253.00	¥16,207.00	¥15,834.00	¥3,982.00	¥52,276.00
23	数码相机	尼康D7100	¥14,006.00	¥14,399.00	¥14,604.00	¥10,841.00	¥53,850.00
24	数码相机	佳能70D	¥18,477.00	¥18,964.00	¥18,665.00	¥1,542.00	¥57,648.00
25	数码相机	尼康D7000	¥22,288.00	¥22,172.00	¥22,778.00	¥6,882.00	¥74,120.00
26	**数码相机 汇总**						¥274,604.00
27	**总计**						¥1,924,752.00

图 4-32 设置分类汇总的结果

2. 分级显示数据

在进行分类汇总时，Excel 会自动对列表中数据进行分级显示。在工作表窗口左边会出现分级显示区，列出一系列分级显示符号，允许对数据的显示进行控制。默认情况下，数据会分三级显示，可以通过单击分级显示区上方的“1”“2”“3”三个按钮进行控制。下面介绍分级视图中的各个按钮的功能：

- 一级数据按钮 1：只显示数据表格中的列标题和汇总结果，该级为最高级。
- 二级数据按钮 2：显示分类汇总结果即二级数据。
- 三级数据按钮 3：显示所有的详细数据即三级数据。
- 分级显示按钮 +：表示高一级向低一级展开显示。
- 分级显示按钮 −：表示低一级折叠为高一级数据显示。

数据分级显示可以设置，方法是：单击“数据”选项卡“分级显示”组中的“取消组合”按钮，在弹出的下拉列表中选择“清除分级显示”可以清除分级显示区域；单击“数据”选项卡“分级显示”组中的“创建组”按钮，在弹出的下拉列表中选择“自动建立分级显示”则显示分级显示区域。

取消分类汇总的方法是：单击“数据”选项卡“分级显示”组中的“分类汇总”按钮，在弹出的“分类汇总”对话框中单击“全部删除”按钮。

4.5.6 创建和编辑数据透视表

分类汇总只适合于按单个字段进行分类，然后对一个或多个字段进行汇总。在实际应用中常常需要按多个字段进行分类并汇总，如果用分类汇总方式进行处理比较困难，而用 Excel 提供的数据透视表则可以轻松实现。

1. 建立数据透视表

数据透视表一般由 7 部分组成：页字段、页字段项、数据字段、数据项、行字段、列字段、数据区域。

例如要分析图 4-33 中的“综合班成绩表”，既要按专业分类，又要按性别分类，查看各专业男女生人数总体情况。具体的操作步骤如下：

	A	B	C	D	E	F	G	H
1	综合班成绩表							
2	专业	姓名	性别	语文	数学	英语	专业课	总分
3	旅游	邢启惠	女	89	63	87	120	359
4	旅游	李雪瑶	女	90	64	88	121	363
5	旅游	邹延梅	女	91	65	89	122	367
6	旅游	俄吉沙尔	男	92	66	90	123	371
7	计算机	杨培豪	男	93	67	91	124	375
8	计算机	沙志华	男	94	68	92	125	379
9	计算机	毛建茹	女	95	69	93	126	383
10	财会	刘琪	男	96	70	94	127	383
11	财会	杨富何	女	97	71	95	128	391
12	财会	王雅莉	女	98	72	96	129	395

图 4-33 综合班成绩表

（1）单击数据列表中任一单元格。

（2）单击“插入”选项卡“表格”组中的“数据透视表”按钮，从展开的下拉列表中选择“数据透视表”命令，弹出“创建数据透视表”对话框，如图 4-34 所示。

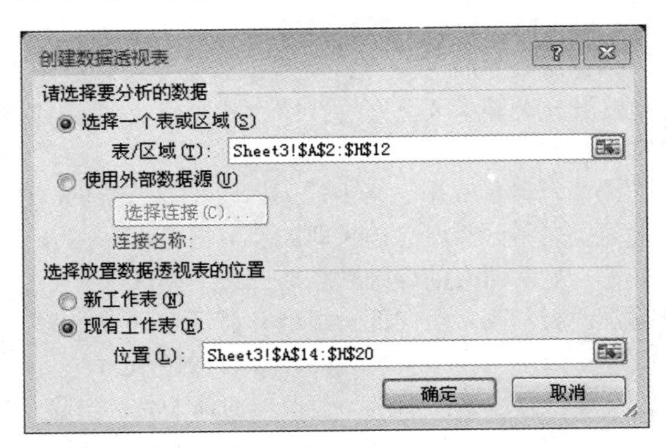

图 4-34 “创建数据透视表”对话框

（3）选择数据源。数据透视表的数据源是透视表的数据来源。数据源可以是 Excel 的数据表格，也可以是外部数据表和 Internet 上的数据源，还可以是经过合并计算的多个数据区域以及另一个数据透视表。

（4）在“选择放置数据透视表的位置”组中选定数据透视表的放置位置，有“新建工作表”和“现有工作表”两种方式。选择前者，数据透视表放置在同一工作簿内新建的工作表中；而选择后者时还必须指定数据透视表在现在工作表中放置的位置。本例中选“现有工作表”，再单击“位置”列表框右侧的折叠按钮选取数据透视表存放的位置区域，然后单击“确定”按钮，得到如图 4-35 所示的“数据透视表”布局。

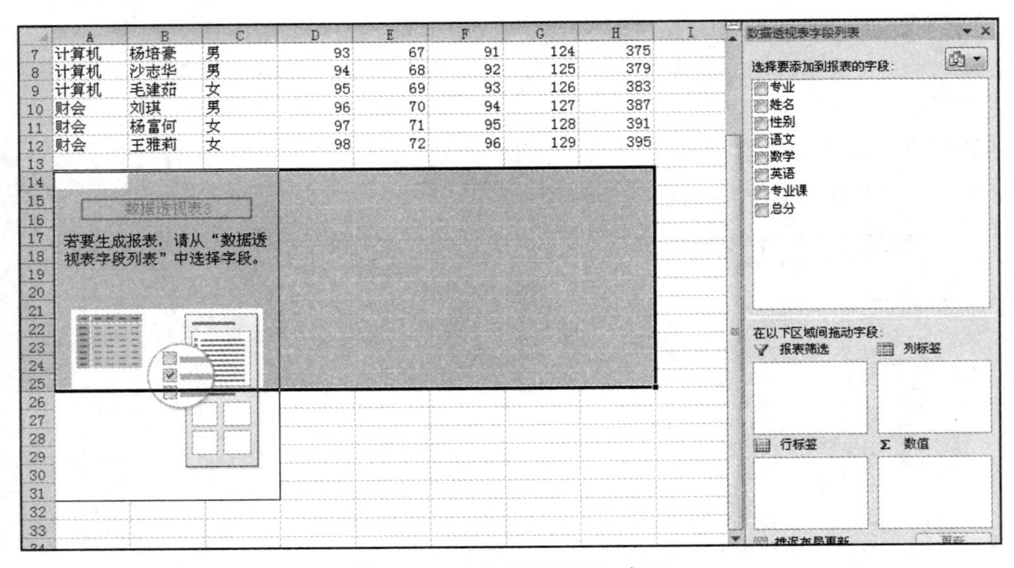

图 4-35 “数据透视表”布局

（5）确定数据透视表的布局。“数据透视表字段列表”任务窗格中显示出了全部字段，将分类的字段添加到“行标签”和“列标签”中，并成为透视表的行、列标题。将要汇总的字段拖入“数值”区。在本例中，先将“性别”拖至数值区，即按性别计数；然后将“专业”

拖至“行标签”区，即按“专业”进行分类汇总；再将“性别”拖至“列标签”区，即按“性别”进行分类汇总。建立好的数据透视表如图 4-36 所示。

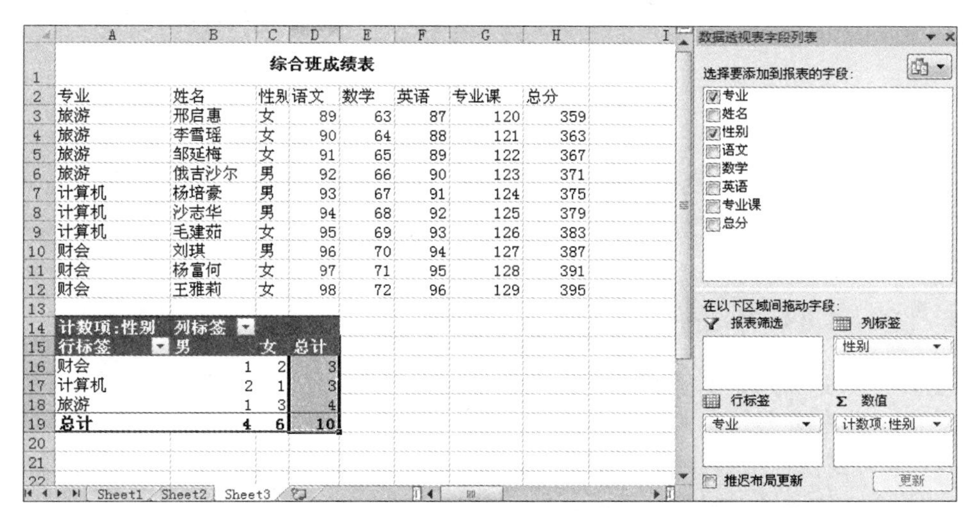

综合班成绩表

专业	姓名	性别	语文	数学	英语	专业课	总分
旅游	邢启惠	女	89	63	87	120	359
旅游	李雪瑶	女	90	64	88	121	363
旅游	邹延梅	女	91	65	89	122	367
旅游	俄吉沙尔	男	92	66	90	123	371
计算机	杨培豪	男	93	67	91	124	375
计算机	沙志华	男	94	68	92	125	379
计算机	毛建茹	女	95	69	93	126	383
财会	刘琪	男	96	70	94	127	387
财会	杨富何	女	97	71	95	128	391
财会	王雅莉	女	98	72	96	129	395

计数项:性别	列标签		
行标签	男	女	总计
财会	1	2	3
计算机	2	1	3
旅游	1	3	4
总计	4	6	10

图 4-36　数据透视表结果图

2. 修改数据透视表

在创建数据透视表时，Excel 打开了一个“数据透视表”工具栏，利用它可对数据透视表进行修改。在实际应用中，常常需要更改数据透视表的布局和改变汇总方式。例如想修改如图 4-36 中对各专业男女生人数的统计，并统计出各专业男女生专业课的平均成绩，具体的操作步骤如下：

（1）选择透视表中任一单元格。

（2）在“数据透视表字段列表”任务窗格中将“性别”字段从数值区拖出，然后将“专业课”字段拖入“数值”区。可以看出，计算的结果还不正确，原因是当前的汇总方式为求和，应将其汇总方式改为“计算平均成绩”。

（3）单击“数据透视表字段列表”任务窗格“数值”区中的“求和项：专业课”右侧的倒三角箭头，在展开的列表中选择“值字段设置”命令，弹出“值字段设置”对话框。

（4）在“值汇总方式”选项卡的“计算类型”列表框中选择专业课类型为“平均值”；单击“数字格式”按钮，在弹出的对话框中可以设置数字显示的格式。

（5）设置完成，单击“确定”按钮。

4.5.7 创建和编辑数据透视图

数据透视图是对数据透视表显示的汇总数据的一种图解表示法，它是基于数据透视表的。虽然 Excel 允许同时创建数据透视表和数据透视图，但不能在没有数据透视表的情况下创建数据透视图。

创建数据透视图的方法如下：

（1）选择透视表中任一单元格。

（2）单击“数据透视表工具/选项”选项卡“工具”组中的“数据透视图”按钮，弹出“插入图表”对话框。

（3）在其中选择一种图表类型，单击“确定”按钮返回工作表。

单击数据透视图将显示“数据透视图工具”选项卡，包括“设计”“布局”“格式”和“分析”4 个选项，利用这 4 个选项可以对数据透视图进行编辑、修改和数据的分析。

4.6 页面设置和打印

工作表创建后，一般需要打印出来。在打印之前，一般还要进行以下操作：首先进行页面设置（若只打印工作表的一部分，还须选定打印区域），然后通过打印预览查看打印效果，最后打印输出。

4.6.1 设置打印区域和分页

设置打印区域是将选定的区域定义为打印区域，分页是人工设置分页符。

1. 设置打印区域

Excel 会自动选择工作表中有数据的最大行和列作为打印区域。如果只想打印工作表中的部分数据和图表，则可通过设置打印区域来实现。具体的操作步骤如下：

（1）首先选定需要打印的区域。

（2）单击“页面布局”选项卡“页面设置”组中的“打印区域”按钮，在下拉列表中选择“设置打印区域”命令，在工作表选定区域的边框上出现虚线，表示打印区域设置完成。

注意：打印区域设置好后，打印时只会打印已选定区域的数据，即使保存该工作簿后，下次再打开工作簿文件，该工作表中设置好的打印区域仍然有效。

如果想取消打印区域，只需单击“页面布局”选项卡“页面设置”组中的“打印区域”按钮，在下拉列表中选择“取消打印区域”命令。

2. 分页与分页预览

当工作表比较大时，Excel 会根据设置的纸张大小、边框等自动分页。如果用户对这种分页结果不满意，可以对工作表进行人工分页。

（1）插入和删除分页符。为了达到自己满意的分页效果，可以手动插入分页符。分页可分为水平分页和垂直分页。具体的操作步骤如下：

1）首先单击要另起一页的起始行（列）的行（列）号或选择该行最左边的单元格（选择该列最上端的单元格）。

2）然后单击“页面布局”选项卡“页面设置”组中的“分隔符”按钮，在弹出的下拉表中选择“插入分页符”命令，在起始行（列）上端（左边）出现一条水平（垂直）虚线，表示分页成功。

要删除分页符，可选择分页虚线的一行或一列的任一单元格，然后单击“页面布局”选项卡“页面设置”组中的“分隔符”按钮，在弹出的下拉表中选择“删除分页符”。

（2）分页预览。使用分页预览可直接在窗口中查看工作表的情况。在分页预览时，仍然可对工作表进行编辑，也可以直接改变设置的打印区域大小以及调整分页符位置等。

在设置好分页后，单击状态栏中的“分页预览”按钮或单击“视图”选项卡“工作簿视图”组中的“分页预览”按钮，进入分页预览视图。视图中蓝色的粗实线表示了分页的情况，每页区域都有暗淡页码显示。若事先选择了打印区域，可以看到最外层蓝色粗边框没有框住所有数据，非打印区域为深色，打印区域为浅色背景。

在分页预览时，改变打印区域大小操作非常简单，移动鼠标到打印区域的边界上，指针变为双箭头，拖动鼠改变打印区域。若要调整分页符位置，则将鼠标移至分页线上，指针变为双箭头时，拖曳鼠标即调整分页符的位置。

4.6.2 页面设置

在打印工作表之前，使用页面设置可以设置工作表的打印方向、缩放比例、纸张大小、页边距、页眉/页脚等。

1．页面设置

单击“页面布局”选项卡“页面设置”选组中的“页面设置”按钮，弹出“页面设置”对话框，选择其中的“页面”选项卡。各个选项的含义如下：

- 方向：“纵向”为竖向打印；“横向”为横向打印。
- 缩放：放大或缩小打印工作表。
- 纸张大小：默认为 A4，可以从列表中选择其他类型的纸张。
- 打印质量：打印质量以 dpi（即每英寸点数）为单位，数字越大，打印质量越好。
- 起始页码：打印的首页的页码从何值开始。

2．页边距设置

单击“页面设置”对话框的“页边距”选项卡。其设置主要包括三个方面：

- 可调整打印工作表在所选纸张的上、下、左、右位置，留出的空白尺寸。
- 设置页眉和页脚上下两边的距离应小于上下空白尺寸，否则将与正文重合。
- 默认情况下，打印出来的工作表是靠上靠左对齐，还可以通过居中方式来设置打印出水平居中、垂直居中或水平垂直同时居中的效果。

3．添加页眉和页脚

页眉是打印在工作表顶部的眉批、文本或页号；页脚是打印在工作表底部的脚注、文本或页号。用户可以根据自己的需要添加默认的页眉和页脚，也可以自定义页眉和页脚，具体操作步骤如下：

（1）打开 Excel 2010 工作表窗口，单击“视图”选项卡，在“工作簿视图”组中单击“页面布局”按钮。

（2）在工作表页面顶部单击“单击可添加页眉”提示，可以直接输入页眉文字，并且可以在“开始”功能区中设置文字格式。在“页眉和页脚工具/设计”选项卡中，可以实现插入页码、图片或时间等控件。还可以设置“首页不同”“奇偶页不同”等选项。

此外，也可以单击“页面设置”对话框中的“页眉/页脚”选项卡。在“页眉（页脚）”下拉列表框中选择 Excel 提供的一些页眉（页脚）样式，在它的上面（下面）还可以看到设置的效果。

也可以自定义页眉（页脚）。单击“自定义页眉（页脚）”按钮，弹出“页眉（页脚）”设置对话框，在其中从左到右的按钮分别是“格式文本”“插入页码”“插入页数”“插入日期”“插入时间”“插入文件路径”“插入文件名”“插入数据表名”“插入图片和设置图片格式”，用户可以通过它们自己定义页眉（页脚）。

3．工作表设置

单击“页面设置”对话框中的“工作表”选项卡。各个参数的含义如下：

- 打印区域：允许用户选择打印的区域。
- 打印标题：当工作表较大时，会出现除第一页外的其他页看不到列标题或行标题的情况。可通过“顶端标题行”或“左端标题行”来指定各页上端和左端打印的行标题与列标题。
- 打印：打印含有“网格线”“行号列标”“按草稿方式”和“单色打印”等复选框。其中“网格线”是指工作表带网格线输出与否；“行号列标”是指是否允许打印输出行号和列标，默认为不输出；“按草稿方式”是指降低打印质量，从而加快打印的速度。
- 打印顺序：工作表较大时，高、宽超过一页时，默认“先列后行”即垂直方向先分页打印，再水平方向分页打印。而“先行后列”规定水平方向先分页打印，然后再垂直方向分页打印。

4.6.3 打印预览和打印

与 Word 一样，工作表打印之前可先进行预览，模拟显示打印结果，当确认显示无误后就可通过打印命令进行打印输出。

1．打印预览

单击“文件”选项卡中的“打印”命令，或单击快速访问工具栏中“打印预览”按钮，此时在“打印”选项窗口的右侧可预览打印效果。

2．打印

在完成打印区域设置、页面设置和打印预览之后，就可以正式打印输出工作表。单击“文件”选项卡中的“打印”命令，弹出任务窗格，其各选项的含义如下：

- 设置：可选择“打印选定区域”“打印选定工作表”及“打印整个工作簿”。
- 页数：可以选择“全部”或部分页，其设定方法与 Word 相同。
- 份数：默认为一份，可以由用户自己指定打印的份数。
- 打印机：显示选择的打印机的类型、连接的端口等信息。

若单击快速访问工具栏上的“打印”按钮，不会弹出“打印”对话框，而是直接采用默认打印设置进行打印。

习题 4

单项选择题

1．Excel 2010 的默认文件名称是（　　）。

A．工作表 1.xlsx　　B．工作簿 1.xlsx

C．工作簿 1.xls　　D．单元格 1.xlsx

2．在 Excel 2010 中，使用格式刷工具按钮，可以复制的是（　　）。

A．单元格名称　　B．单元格数据

C．单元格全部内容　　D．单元格字体格式

3．给工作表设置背景，可以通过（　　）来完成。

A．“开始”选项卡　　B．“视图”选项卡

C．“页面布局”选项卡　　D．“插入”选项卡

4．在 Excel 2010 中，若要选择一个工作表的所有单元格，应单击（　　）。

A．表标签　　B．左下角单元格

C．列标行与行号列相交的单元格　　D．右上角单元格

5．在单元格输入下列（　　）选项，该单元格显示为 0.3。

A．6/20　　B．=6/20　　C．=“6/20”　　D．“6/20”

6．在单元格 A1 和 A2 中分别输入八月和九月，则选择并向右拖曳填充柄，经过 F2 和 G2 后松开，F2 和 G2 中显示的内容是（　　）。

A．十月、十月　　B．十月、十一月

C．八月、九月　　D．九月、九月

7．在 Excel 2010 中，对单元各$B16 的引用是（　　）。

A．相对引用　　B．绝对引用　　C．混合引用　　D．综合引用

8．在 Excel 2010 中，若在 A2 单元格中输入表达式=56<=57，则显示结果为（　　）。

A．56<57　　B．=56<=57　　C．TRUE　　D．FALSE

9．在单元格 B9 中输入表达式=DATE(2014,2,27)+3，返回结果为（　　）。

A．30　　B．2014-2-30　　C．2014-3-2　　D．2014-3-3

10．要在 Excel 中计算 A1 到 G1 以及 K5 的和，下列表达式正确的是（　　）。

A．=SUM(A1,G1,K5)　　B．=SUM(A1:G1:K5)

C．=SUM(A1:G1,K5)　　D．=SUM(A1,G1:K5)

11．若在单元格中输入日期型数据“2015-08-09”，超出了该列的列宽，则该单元格内显示的是（　　）。

A．2015-08　　B．科学计数值

C．######　　D．#VALUE!

12．在两个单元格中分别输入表达式=3>5+5 和=(3>5)+5，则返回值分别是（　　）。

A．5，FALSE　　B．FALSE，0

C．FALSE，5　　D．5，TRUE

13．在 Excel 2010 中，右击一个工作表的标签不能够进行（　　）。

A．插入工作表　　B．删除工作表

C．重命名工作表　　D．打印工作表

14．下面关于 Excel 2010 的“排序”功能，说法不正确的是（　　）。

A．可以按行排序　　B．可以按列排序

C．最多允许有三个排序关键字　　D．可以自定义序列排序

15．在 Excel 2010 中，下面关于分类汇总的叙述错误的是（　　）。

A．分类汇总前应该按关键字先排序数据

B．汇总方式只能是求和

C．分类汇总的关键字段只能是一个字段

D．分类汇总可以被删除，但删除汇总后排序操作不能撤销

16. 在 Excel 2010 中，要让某单元格里的数值保留两位小数，下列方法不能够实现的是（　　）。

A. 利用“开始”选项卡“单元格”组下的格式按钮，选择“设置单元格格式”

B. 右击单元格，选择“设置单元格格式”

C. 利用“开始”选项卡“数字”组中的“增加小数位”或者“减少小数位”按钮

D. 使用“数据有效性”命令

17. 在 Excel 中，工作窗口的拆分分为（　　）。

A. 水平拆分和垂直拆分

B. 水平、垂直同时拆分

C. 水平拆分、垂直拆分和水平、垂直同时拆分

D. 以上均不是

18. 在 Excel 中，下面不属于工作窗口的冻结方式的是（　　）。

A. 冻结首行　　B. 冻结尾行　　C. 冻结首列　　D. 冻结拆分窗格

19. 在 Excel 中，下面不属于图表类型的是（　　）。

A. 柱形图　　B. 条形图　　C. 散点图　　D. 扇形图

20. 在 Excel 中，下面关于页眉页脚，说法不正确的是（　　）。

A. 可以设置首页不同的页眉页脚　　B. 可以设置奇偶页不同的页眉页脚

C. 不能随文档一起缩放　　D. 可以与页边距对齐

第 5 章　PowerPoint 2010 的使用

PowerPoint 2010 是微软公司 Office 2010 办公自动化软件的组件之一，是一个演示文稿制作软件。它功能丰富、制作简单，能够制作生动的幻灯片，并达到最佳的现场演示效果。

PowerPoint 2010 编制的演示文稿可以包含文字、图形、图像、动画、声音以及视频剪辑等媒体元素，能够立体表现出用户所要表达的信息。广泛运用于工作汇报、企业宣传、产品推介、婚礼庆典、项目竞标、管理咨询、产品演示、学校教学以及电视节目制作等方面。

PowerPoint 2010 可以用比以往更多的方式创建动态演示文稿并与观众共享。新增音频和可视化功能可以帮助你讲述一个简洁的“电影”故事，该故事既易于创建，又极具观赏性。

5.1　PowerPoint 2010 概述

5.1.1　PowerPoint 2010 的启动和退出

（1）PowerPoint 2010 的启动。

PowerPoint 的启动方法与 Word、Excel 一样也有多种，常用的有如下几种：

- 单击“开始”按钮，从“程序”菜单中选择“Microsoft Office→Microsoft PowerPoint 2010”选项。
- 双击桌面上的 PowerPoint 2010 快捷方式图标。
- 选择任意 PowerPoint 文件，双击后系统就会自动启动 PowerPoint 2010，同时自动加载该文件。

（2）PowerPoint 2010 的退出。

- 单击“文件”选项卡中的“退出”选项。
- 单击 PowerPoint 2010 窗口右上角的“关闭”按钮。
- 右击文档标题栏，在弹出的控制菜单中选择“关闭”命令。
- 按 Alt+F4 组合键。

执行退出 PowerPoint 2010 的命令后，如果当前制作中的演示文稿没有存盘，则会弹出一个保存文稿的提示对话框，单击“保存”按钮则进行保存，单击“不保存”按钮将忽略对演示文稿的修改，然后退出 PowerPoint 2010。

5.1.2　PowerPoint 2010 界面

启动 PowerPoint 2010 后，出现 PowerPoint 主窗口，如图 5-1 所示。

PowerPoint 2010 主窗口由标题栏、快速访问工具栏、功能区、大纲/幻灯片窗格、幻灯片编辑窗格、备注窗格、视图区和状态栏组成。

（1）标题栏。位于 PowerPoint 应用程序窗口顶部，由控制菜单栏、应用程序名称、当前正在编辑的演示文稿名称和窗口控制按钮 4 部分组成。

（2）快速访问工具栏。快速访问工具栏位于标题栏的左端，用户可以使用快速访问工具栏实现常用的功能，如保存、恢复、打印预览等。单击右边的快速访问工具栏下拉按钮，在弹出的下拉列表中可以选择快速访问工具栏中未显示的工具按钮。

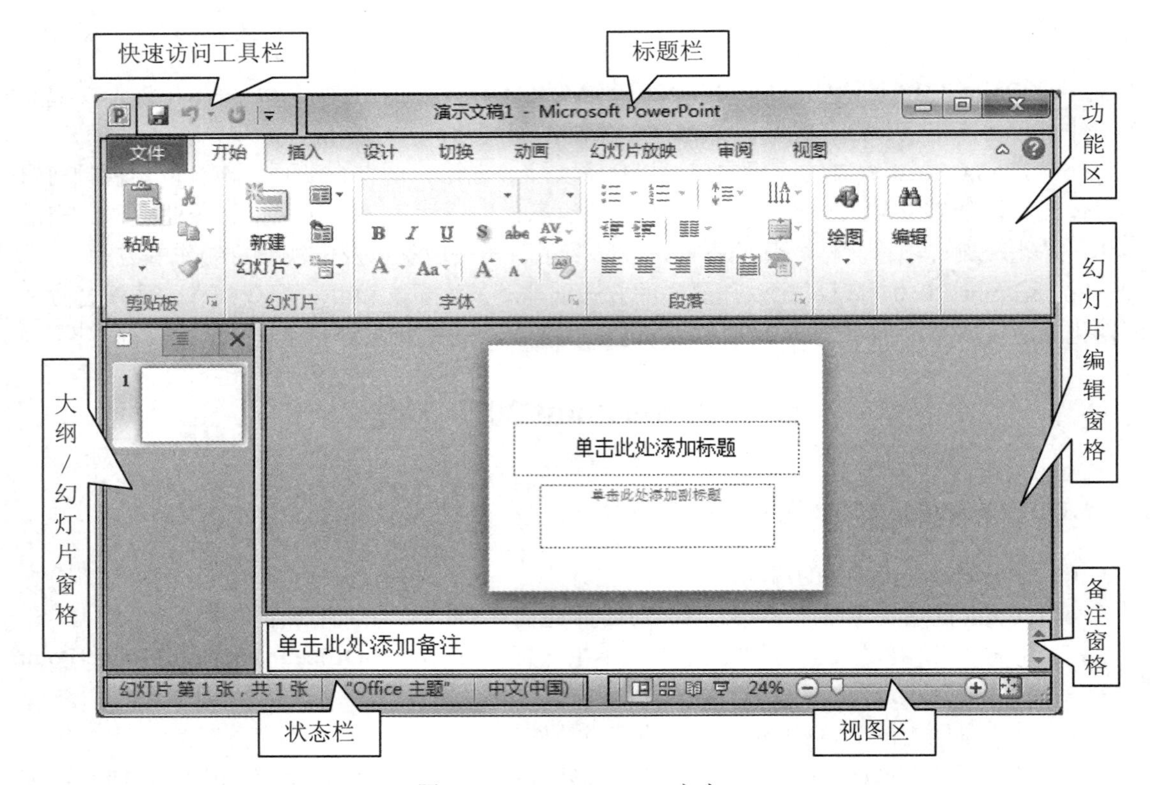

图 5-1 PowerPoint 2010 主窗口

（3）功能区。功能区位于标题栏的下方，由文件、开始、插入、设计、切换、动画、幻灯片放映、审阅、视图 9 个选项卡组成。“文件”选项卡中集合了一些最常用的菜单命令，其余的每个选项卡集成了多个功能组，每个组中又包含了多个相关的按钮或选项。

在编辑幻灯片的过程中，软件会自动判断当前需要进行的操作类别，并在功能区中切换到相应的选项卡，以便用户选择。

（4）大纲/幻灯片窗格。大纲/幻灯片窗格位于幻灯片编辑窗格的左侧，用于显示当前演示文稿的内容结构，如幻灯片的数量及位置等。它包括“大纲”和“幻灯片”两个窗格。

大纲窗格：主要显示幻灯片中各级文本的内容，通过它可以清楚地了解演示文稿的文本结构，也可以对各级文本进行修改与增删。

幻灯片窗格：主要以缩略图的形式显示演示文稿中的幻灯片，在这里可以进行幻灯片的切换、增删及位置的调换等。

（5）幻灯片编辑窗格。幻灯片编辑窗格位于工作界面的中间，主要用于显示和编辑制作幻灯片

（6）备注窗格。备注窗格位于编辑窗格的下方，用户可在此处添加对当前幻灯片的说明或备注信息。

（7）状态栏。状态栏位于屏幕的底部，显示有关选定命令或操作进程的信息。

（8）视图区。状态栏的右侧是视图区，包括视图切换按钮、当前显示比例和调节页面显示比例按钮，如图 5-2 所示。

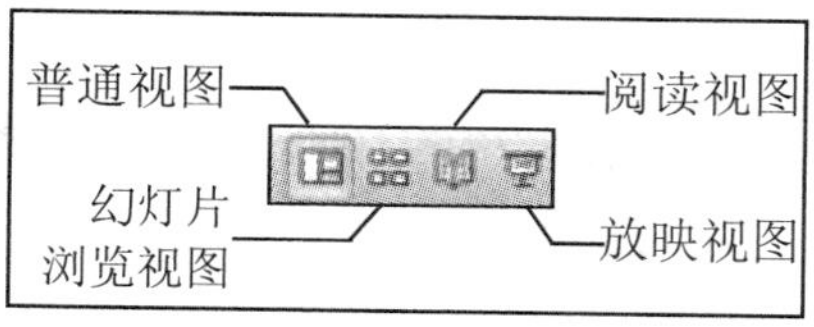

普通视图 阅读视图
幻灯片浏览视图 放映视图

图 5-2 视图方式切换按钮

5.1.3 PowerPoint 2010 的视图方式

PowerPoint 2010 为用户提供了多种视图方式，单击视图按钮可以实现各种视图的相互切换，也可以通过执行“视图”选项卡中的相应命令进行切换。

（1）普通视图。这种视图是 PowerPoint 2010 的默认视图方式，也是使用频率最高的一种视图方式，主要用来制作单张幻灯片、操作幻灯片或编辑演示文稿的大纲。

在普通视图下有三个窗格：左侧是大纲/幻灯片窗格，右侧为幻灯片窗格，底部为备注窗格。幻灯片窗格较大，其余两个窗格较小，但可以通过拖动窗格边框来改变窗格大小。

- 大纲/幻灯片窗格：单击“大纲”或“幻灯片”选项卡，分别进入大纲模式或幻灯片模式。在大纲模式下可以键入演示文稿中的所有文本，然后重新排列项目符号、段落和幻灯片；在幻灯片模式下显示幻灯片缩小图，可对幻灯片进行详细设计和美化。
- 幻灯片窗格：幻灯片窗格主要用于幻灯片的操作。
- 备注窗格：在备注窗格中可以添加说明信息。如果需要在备注中含有图形，必须在备注页视图中添加备注。

（2）幻灯片浏览视图。在幻灯片浏览视图中，演示文稿中的所有幻灯片在屏幕上同时排列出来，这些幻灯片以缩略图方式显示，如图 5-3 所示。在该视图方式下最容易实现拖动、复制、插入和删除幻灯片等操作，但是不能对单张幻灯片进行编辑。可以利用幻灯片浏览视图检查各幻灯片是否有不适合或不协调，再对文稿重新修改。

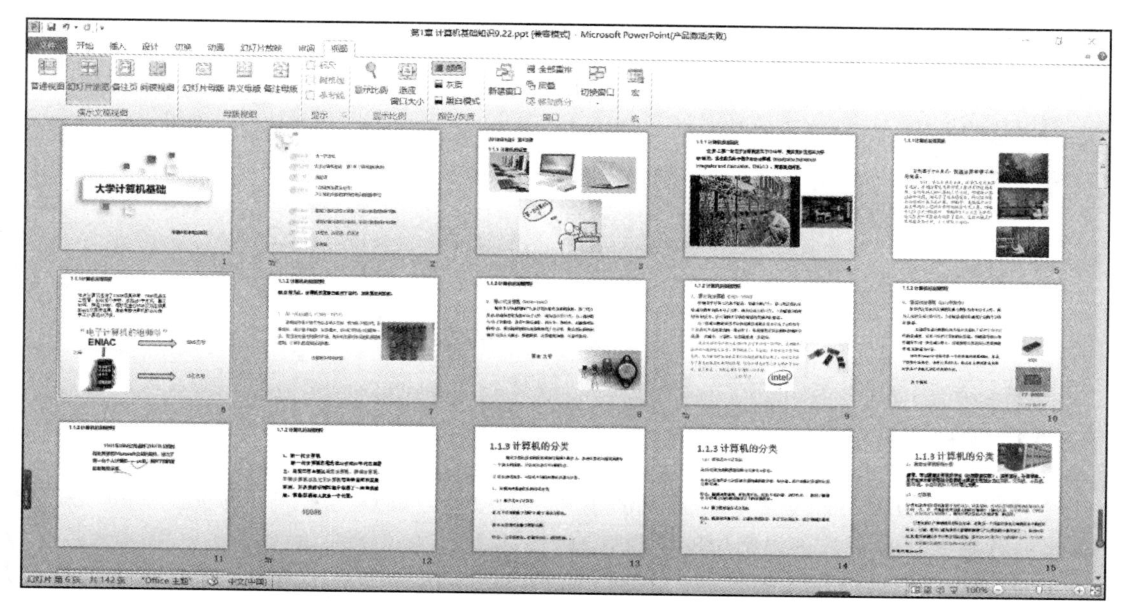

图 5-3 幻灯片浏览视图

（3）阅读视图。阅读视图用于使用自己的计算机来查看演示文稿。而幻灯片放映视图则是全屏显示。如果希望在一个设有简单控件以方便审阅的窗口中查看演示文稿，而不是全屏的话，则可以使用阅读视图。如果要更改演示文稿，可随时从阅读视图切换至其他视图。

（4）放映视图。在创建演示文稿的任何时候，都可以通过单击“幻灯片放映视图”按钮来启动幻灯片放映和浏览演示文稿，按 Esc 键可退出放映视图。幻灯片放映视图会占据整个计算机屏幕，这与观众观看演示文稿时在大屏幕上显示的完全一样，可以看到图形、计时、电影、动画效果和切换效果。幻灯片放映视图可用于向观众放映演示文稿。

（5）备注页视图。在视图按钮条上没有对应的备注页视图按钮，只能在“视图”功能区的“演示文稿视图”组中单击“备注页”按钮进行切换。在备注页视图下，屏幕上半部分显示幻灯片，下半部分用于添加备注。

（6）母版视图。母版视图包括幻灯片母版视图、讲义母版视图和备注母版视图。它们存储有关演示文稿的设计信息，其中包括背景、颜色、字体、效果、占位符大小和位置等，如图 5-4 所示。使用母版视图的一个主要优点在于，在幻灯片母版、备注母版或讲义母版上，可以对与演示文稿关联的每个幻灯片、备注页或讲义的样式进行全局更改。

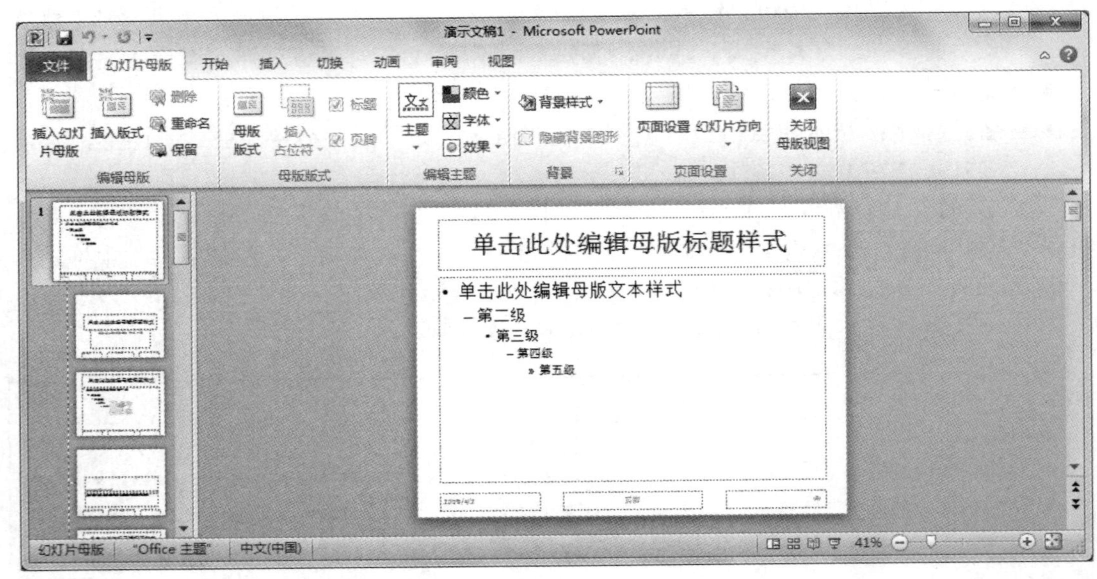

图 5-4 幻灯片母版视图

5.2 演示文稿的基本操作

5.2.1 新建演示文稿

PowerPoint 2010 提供了多种新建立演示文稿的方法，选择“文件”选项卡下的“新建”命令即可看到，其中有三种为常用的创建方式。

（1）利用“空白演示文稿”建立演示文稿。当启动 PowerPoint 2010 时，程序会创建名为“演示文稿 1”的空文档，可以从此空白文稿开始编辑制作自己的演示文稿，也可以用以下步骤建立空白演示文稿：单击“文件”选项卡中的“新建”命令，展开“新建”任务窗格，在其中选择“空白演示文稿”，再单击“创建”按钮即可，如图 5-5 所示。

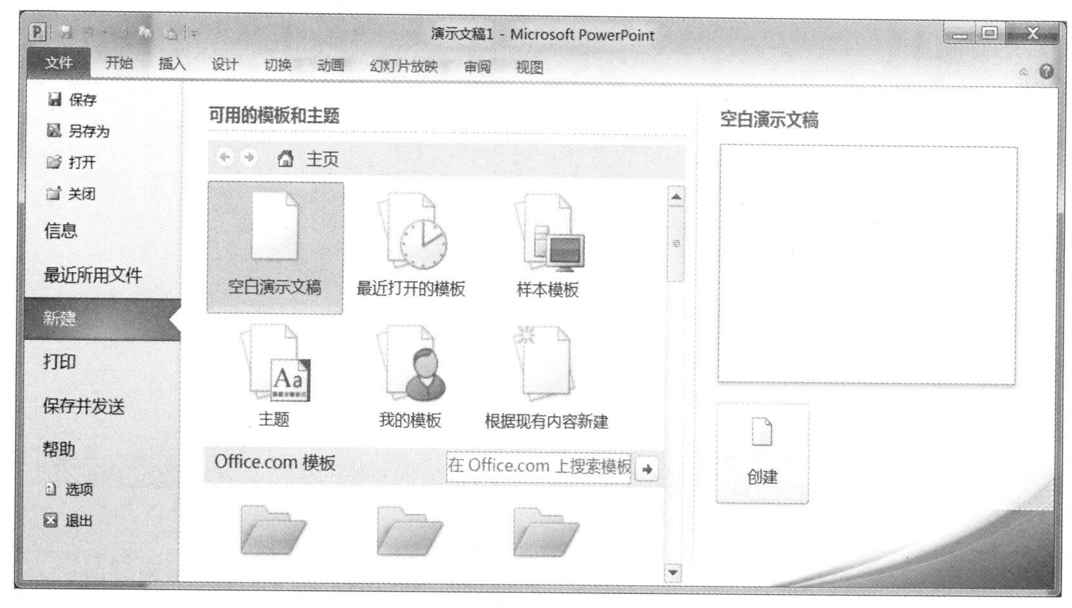

图 5-5 “新建”窗格

（2）利用“模板”建立演示文稿。模板主要针对文稿的内容，帮助用户快速创建各种专业的演示文稿。单击“文件”选项卡中的“新建”命令，展开“新建”任务窗格，在其中可以看到：样本模板、Office.com 模板、我的模板。选择一种模板分类，再选择其中一个，单击“创建”按钮，即按照所选模板创建好一个演示文稿。

（3）利用“主题”建立演示文稿。主题决定了文稿的外观和风格，每个主题都有固定的文字格式和配色方案，可以在这些设计方案基础上制作演示文稿。选择该项后，再选择其中一种主题，然后单击“创建”按钮，即按照所选主题创建好一个演示文稿。

5.2.2 保存演示文稿

当演示文稿编辑完毕后，在退出 PowerPoint 2010 前应将它作为磁盘文件保存起来。

PowerPoint 2010 中，制作的一个演示文稿通常保存在一个文件中。保存演示文稿的方法有以下常用三种：

- 单击快速访问工具栏中的“保存”按钮。
- 单击“文件”选项卡中的“保存”按钮。
- 直接按 Ctrl+S 快捷键。

保存新文档时使用的“保存”命令相当于“另存为”命令。会弹出如图 5-6 所示的“另存为”对话框。由于是第一次保存文件，此时文件使用的是系统默认的“演示文稿 1”文件名，用户要使用自定义的文件名，只需在“文件名”文本框中输入新的文件名。单击“保存位置”下拉列表框选择文件要保存的位置。在“保存类型”下拉列表框中选择文件的保存类型。PowerPoint 2010 默认的演示文稿保存类型为.pptx，而 PowerPoint 2010 演示文稿有多种文件格式，最常用的是.ppt 和.pptx。

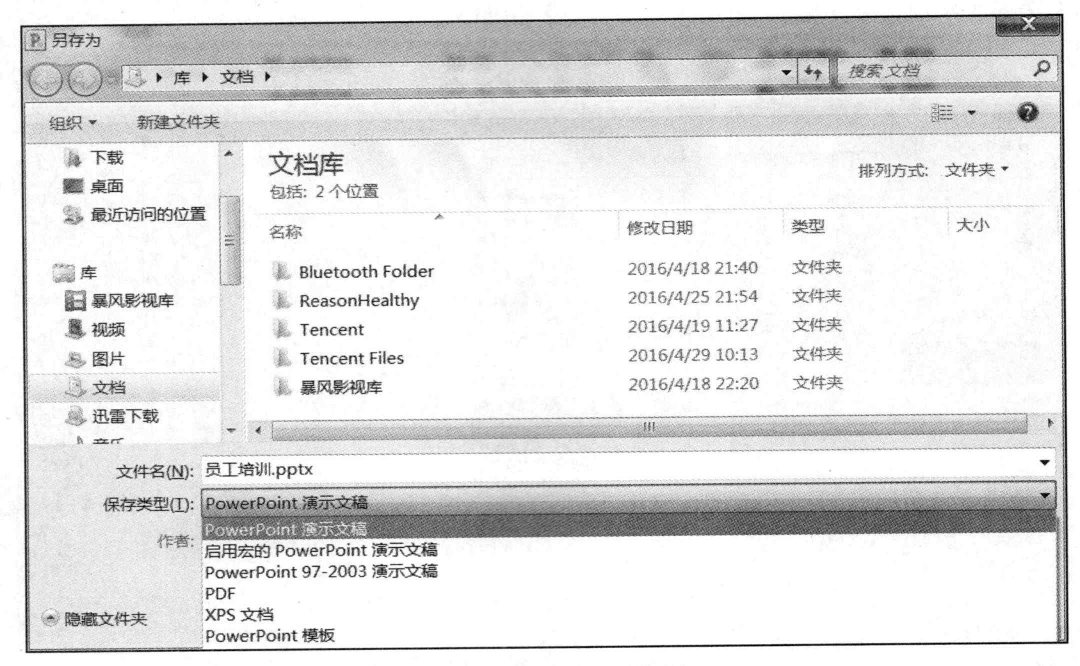

图 5-6 “另存为”对话框

.ppt 格式是 PowerPoint 97-2003 默认演示文稿文件类型，.pptx 是 PowerPoint 2010 默认演示文稿文件类型。

最后单击“保存”按钮，即将新建的演示文稿保存在指定的位置。

5.2.3 打开演示文稿

打开演示文稿有两种情况：

（1）启动 PowerPoint 2010 后打开文件：单击“文件”选项卡中的“打开”按钮，弹出“打开”对话框，在其中找到文件存储的位置，选择需要打开的文件，再单击“打开”按钮。

（2）在没有启动 PowerPoint 2010 的情况下打开文件：找到要打开的 PowerPoint 2010 文件，双击即可在启动 PowerPoint 2010 的同时打开该文档，或者右击要打开的文件，在快捷菜单中选择打开方式为 PowerPoint 2010。

5.3 演示文稿的初步制作

演示文稿的初步制作包括幻灯片制作、格式化、幻灯片基本操作和设置演示文稿的整体风格。

5.3.1 制作幻灯片

演示文稿由多张幻灯片组成，每张幻灯片都是演示文稿中既独立又相互联系的内容。制作一个演示文稿的过程就是依次制作一张张幻灯片的过程。每张幻灯片中都可以包含文字、图表、声音、图片、动画和视频等内容。向幻灯片中插入各种媒体对象的方法多数都与 Word 非常相似，可以参照。

1. 输入文本

演示文稿中用于表达内容的元素极其丰富，但文本仍然是演示文稿设计中最基本、最常用的元素。

（1）直接输入文本。如果在空白演示文稿中需要编辑大量的文本，则可以采用直接输入文本方法。在“普通视图”模式下，左侧的窗格切换到“大纲”窗格下，将鼠标定位在大纲窗格中。然后直接输入文本字符。每输入完一个内容后，按 Enter 键，新建一张幻灯片，输入后面的内容。

注意： 如果按 Enter 键，仍然希望在原幻灯片中输入文本，再按一下 Tab 键。如果想新增一张幻灯片，则按 Enter 键后，再按 Shift+Tab 组合键。

（2）在占位符中输入。在普通视图下，只要单击文本占位符后即可键入文本，如图 5-7 所示。

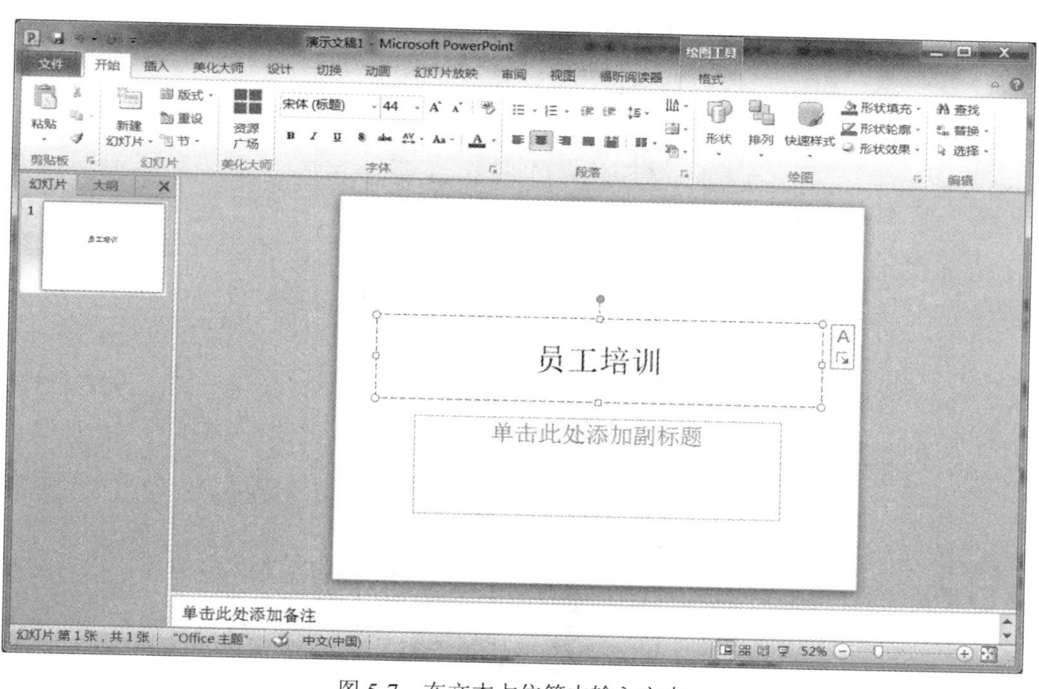

图 5-7　在文本占位符中输入文本

（3）在文本框中输入。在幻灯片中除了可以直接通过文本占位符输入文本外，还可以使用文本框来输入。方法是：使用“开始”选项卡“绘图”组中的“文本框”按钮在幻灯片中添加文本框，然后再在“文本框”中输入文本。

文本框与占位符的区别有以下几点：

- 文本占位符是由幻灯片的版式和母版确定，而文本框是通过绘图工具或“插入”选项卡插入的。
- 输入的文本太多或太少时，占位符可以自动调整文本的字号，使之与占位符的大小相适应，而同样的情况下文本框却不能自行调节字号的大小。

- 文本框可以和其他自选图形、自绘图形、图片等对象组合成一个更为复杂的对象，占位符却不能进行这样的组合。

（4）插入符号和特殊字符。具体的步骤如下：

1）单击“插入”选项卡“符号”选项组中的“符号”按钮，弹出“符号”对话框；

2）在该对话框的“字体”下拉列表框中选择一种字体，在“子集”下拉列表框中选择需要插入的符号或字符所属的子集，然后在列表框中找到自己所需的符号或字符，再单击“插入”按钮实现插入符号或字符，最后单击“关闭”按钮。

2. 插入图形

（1）插入剪贴画。从“剪辑库”中插入剪贴画的方法如下：

1）单击“插入”选项卡“图像”组中的“剪贴画”按钮，打开“剪贴画”任务窗格。

2）在此任务窗格最上边的“搜索文字”文本框中输入所需图片的关键字，如运动、工具等，然后单击“搜索”按钮，在下方的列表框中列出了搜索到的结果，如图 5-8 所示。

图 5-8 “剪贴画”任务窗格

3）在搜索结果中单击要插入的图片即可将剪贴画插入到目标位置。

如果要使用“剪辑管理器”来插入剪贴画，则需用执行“开始”→“所有程序”→“Microsoft Office”→“Microsoft Office 2010 工具”→“Microsoft 剪辑管理器”命令，打开“Microsoft

剪辑管理器”窗口，如图 5-9 所示。在“收藏集列表”列表框中双击需要的主题类型，在右边的窗格就会出现该类型的所有剪贴画。把鼠标指向所需的剪贴画，此时在剪贴画的右侧将会出现一个下拉箭头，单击该箭头，在弹出的菜单中选择“复制”命令。在文档的目标位置单击快速访问工具栏上的“粘贴”按钮，则剪贴画被插入到目标位置。

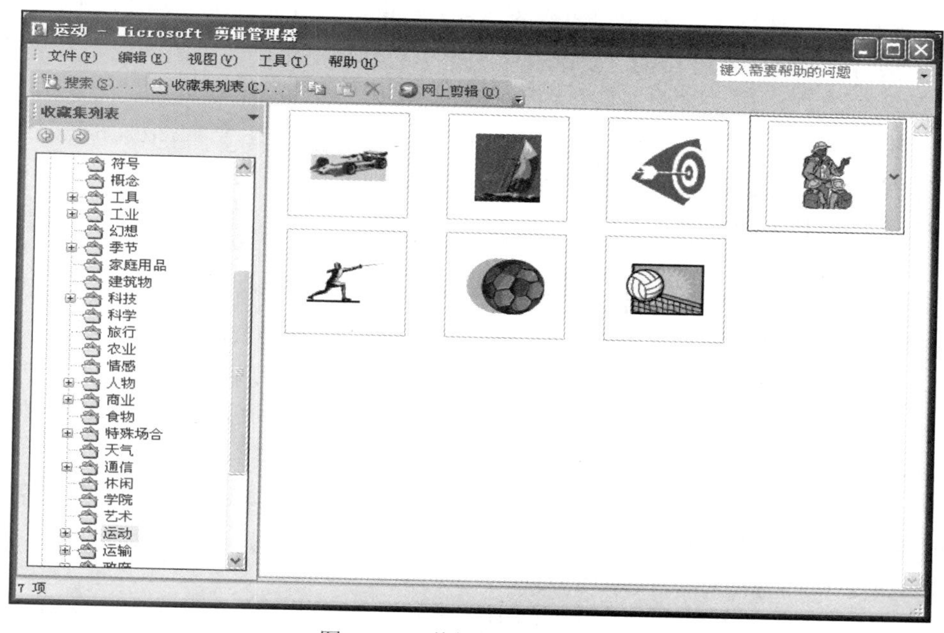

图 5-9 “剪辑管理器”窗口

（2）插入图片文件。如果在文档中使用的图片来自文件，则可直接将其插入到文档中，具体的操作步骤如下：

1）将插入点移动定位到需插入图片位置。

2）单击“插入”选项卡“图像”组中的“图片”按钮，弹出“插入图片”对话框。

3）找到要插入图片文件的位置。

4）选定要插入的文件后单击“插入”按钮右边的下拉箭头，在弹出下拉菜单中选择一种插入方式即可。

（3）插入艺术字。插入艺术字的具体操作步骤如下：

1）在“幻灯片”窗格中，单击要插入艺术字的幻灯片。

2）单击“插入”选项卡“文本”组中的“艺术字”按钮。

3）在展开的列表中单击所需艺术字式样。

4）在“请在此放置你的文字”框中键入文本。

若要添加或更改文本的效果，选中文本后使用“绘图工具/格式”选项卡中的相应选项来完成即可。

除此之外，还可插入自选图形和 SmartArt 图形，操作方法与 Word 相似。

3. 插入图表

统计图表能够更直观地描述数据，能产生比文字更好的效果。

（1）在演示文稿中插入图表。单击“插入”选项卡“插图”组中的“图表”按钮，在弹出的“插入图表”对话框中根据需要选择一种图表类型，然后单击“确定”按钮，显示一个图表，以及和其相关的“Microsoft PowerPoint 中的图表-Microsoft Excel”应用程序。Excel 应用程序工作表内提供了输入行与列标签和数据的示范信息。创建图表后，可以在 Excel 应用程序工作表中输入数据，也可从 Excel 的工作表中导入。

（2）更改图表类型。单击选定要改变的图表，再单击“图表工具”选项卡“类型”组中的“更改图表类型”按钮，在弹出的“更改图表类型”对话框中单击所需的图表类型及子类型。

要更改其他选项，在“图表工具”选项卡中选择相应的选项组即可进行更改。

（3）删除图表中的数据。若从“Microsoft PowerPoint 中的图表-Microsoft Excel”应用程序的工作表中删除数据，图表会自动更新。在 PowerPoint 中，单击要改变的图表，选定要删除数据的单元格，按 Del 键删除数据。

4. 插入表格

表格中通常情况下只包含文本，如果希望向表格中填充数字也可以实现。当数据之间的关系不复杂，不用统计图表形象地表示时，使用表格可以取得更简洁明了的效果。

在 PowerPoint 2010 中添加表格有 4 种不同的操作方法：一是在 PowerPoint 中创建表格并设置表格格式；二是从 Word 中复制和粘贴表格；三是从 Excel 中复制和粘贴一组单元格；四是在 PowerPoint 中插入 Excel 表格。

在 PowerPoint 中有两种方法可以创建表格：一是创建规则表格；二是使用“绘制表格”功能来创建不规则表格。另外还可以插入 Excel 表格。

创建规则表格的方法有以下两种：

（1）单击“插入”选项卡“表格”组中的“表格”按钮，拖动鼠标选择行列数，再在单元格中输入文本。

（2）单击“插入”选项卡“表格”组中的“表格”按钮，在下拉列表中选择“插入表格”命令，再在对话框中输入表格行、列数，单击“确定”按钮。

创建不规则表格的具体操作如下：单击“插入”选项卡“表格”组中的“表格”按钮，在下拉列表中选择“绘制表格”命令，此时鼠标指针变为笔形。将鼠标从左上角拖到右下角来定义表格的边框，然后拖动鼠标创建表格中的行和列。

5. 插入组织结构图

组织结构图由一系列图形框和连线组成，它可以显示一个结构的等级、层次关系。只要是有层次、隶属关系的结构都可以使用组织结构图来表达。

（1）插入组织结构图。选择要添加组织结构图的幻灯片，单击“插入”选项卡“插图”组中的 SmartArt 按钮，在弹出的“选择 SmartArt 图形”对话框左侧选择“层次结构”，在右侧选择其中一种，单击“确定”按钮，在弹出的组织结构图框中输入文本。

（2）编辑组织结构图。单击此组织结构图，使用“SmartArt 工具”的“设计”和“格式”选项卡来更改组织结构图，若要返回 PowerPoint 2010，则单击演示文稿的其他位置即可。

6. 插入公式

在 PowerPoint 2010 演示文稿中可以插入公式，具体操作如下：

（1）选中要插入公式的幻灯片，将光标定位在插入点处。

（2）单击“插入”选项卡“符号”组中的“公式”按钮下方的倒三角按钮，在下拉列表框中选择一种公式类型，即在幻灯片中插入了该公式。

下拉列表中若无所需的公式类型，则可以自己创建公式，具体的操作如下：

1）选中要插入公式的幻灯片，将光标定位在插入点处。

2）单击“插入”选项卡“符号”组中的“公式”按钮。

3）在弹出的“公式工具/设计”选项卡的“结构”组中选择自己所需的结构。

4）在公式的虚线框中输入字母、数字或符号即可。如图 5-10 所示。

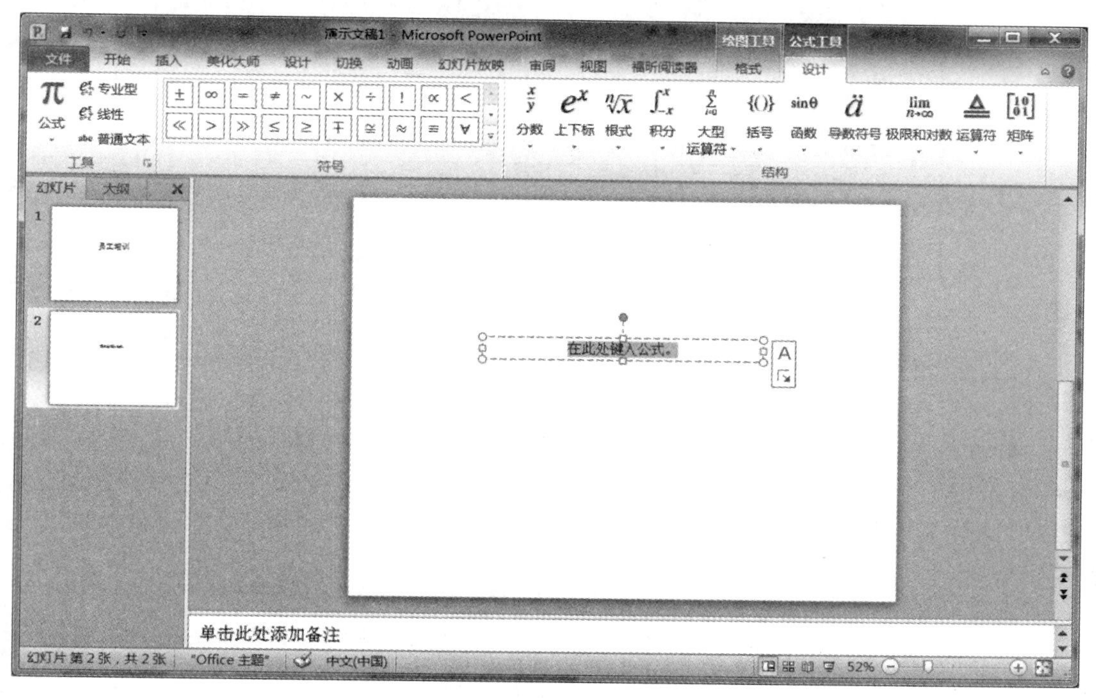

图 5-10　新建公式

5.3.2　格式化演示文稿

对于演示文稿中的标题及内容文本可以进行格式设置。

1. 文本格式设置

文本格式设置包括文字的字体、字号、颜色、字型（阴影等）等。具体的方法如下：

（1）选取要设置的文本，单击“开始”选项卡“字体”组右下角的“对话框启动器”按钮，弹出“字体”对话框。

（2）在其中分别设置中文字体、西文字体、字体样式、字号、颜色和效果，设置完成后单击“确定”按钮。

此外还可设置文本的对齐方式，方法为：选取要设置对齐方式的文本，单击“开始”选项卡“段落”组中的“对齐文本”按钮，在下拉列表中选择相应的对齐方式。

2. 添加、修改项目符号和编号

选定所要操作的文本，单击“开始”选项卡“段落”组中的“项目符号”或“编号”按钮右侧的倒三角按钮打开“项目符号和编号”对话框，在选择项目符号和编号的样式，单击“确定”按钮。

3. 行间距设置

行间距设置的方法是：选定所要操作的文本，单击“开始”选项卡“段落”组中的“行距”按钮，在下拉列表中选择“行距选项”命令，弹出“段落”对话框，选择“缩进和间距”选项卡（如图 5-11 所示），在其中按照提示设置完各参数后单击“确定”按钮。

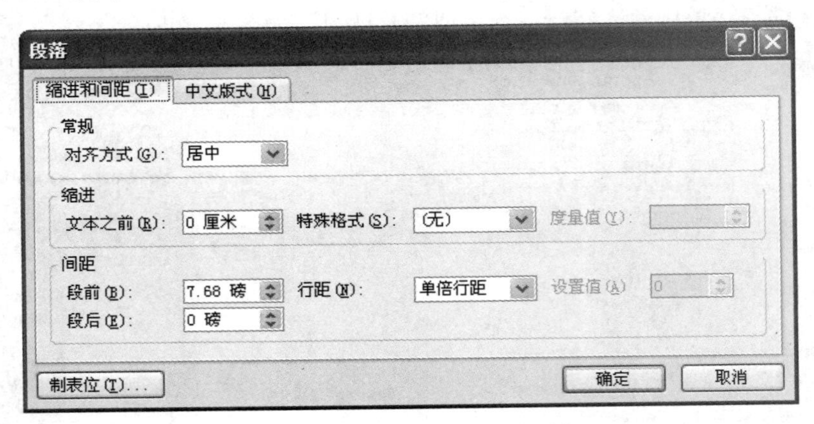

图 5-11 “缩进和间距”选项卡

4. 对象格式化

幻灯片中的对象除文字、段落外，还包括图片、文本框、表格等，对它们的格式化操作可通过“图片工具/格式”选项卡、“绘图工具/格式”选项卡和“表格工具”选项卡的相应按钮及命令完成。

5. 段落格式化

（1）段落对齐设置。演示文稿中输入的文字均有文本框，设置段落的对齐方式主要用来调整文本在文本框中的排列方式。先选择文本框或文本框中的某段文字。单击“开始”选项卡“段落”组中的“左对齐”“居中对齐”“右对齐”“两端对齐”和“分散对齐”按钮来设置。

（2）段落缩进设置。对于每个文本框，用户可以先选择要设置缩进的文本，再拖动标尺上的缩进标记为段落设置缩进。如果文本包含两层或更多层次带项目符号的文本，标尺会显示每层的缩进符号。

5.3.3 幻灯片基本操作

在 PowerPoint 中幻灯片操作主要包括选择幻灯片、插入幻灯片、删除幻灯片、复制和移动幻灯片等。

1. 选择幻灯片

在普通视图或幻灯片浏览视图下均可以。选择单张幻灯片，单击该幻灯片即可；选择连续的多张幻灯片，则首先单击第一张幻灯片，然后按住 Shift 键并单击要选择的最后一张幻灯片；选择不连续的多张幻灯片，则需按住 Ctrl 键并单击各张要选择的幻灯片。选择多张幻灯片在幻灯片浏览视图模式下方便一些。

2. 插入幻灯片

在 PowerPoint 中插入新建幻灯片有两种操作方法：一种是插入默认版式的幻灯片，另一种是插入不同版式的幻灯片。

（1）插入默认版式的幻灯片。插入默认版式的幻灯片时，是根据演示文稿默认主题的幻灯片版式来创建的。具体的操作方法如下：

1）选定要插入位置的前一幻灯片；

2）单击“开始”选项卡“幻灯片”组中的“新建幻灯片”按钮或单击插入位置的前一幻灯片的下面，出现闪烁横线，再右击，从快捷菜单中选择“新建幻灯片”。

（2）插入不同版式的幻灯片。插入不同版式的幻灯片的方法是，单击“开始”选项卡“幻灯片”组中的“新建幻灯片”按钮右侧的倒三角按钮，在其展开的版式库中单击相应的幻灯片。

3. 删除幻灯片

要删除演示文稿中的幻灯片，应先选定需要删除的幻灯片，然后用以下方法之一来实现：

（1）按 Del 键。

（2）右击，在弹出的快捷菜单中选择“剪切”命令。

（3）右击，在弹出的快捷菜单中选择“删除幻灯片”命令。

误删幻灯片的恢复：如果有误删除的幻灯片，可以通过单击快速访问工具栏中的“撤销删除幻灯片”按钮来恢复，也可以通过 Ctrl+Z 组合键来恢复误删除。

4. 幻灯片的复制

在幻灯片浏览视图中选中要复制的幻灯片或者在“幻灯片/大纲”窗格中选中要复制的幻灯片的图标，按住 Ctrl 键的同时按住鼠标左键，把它拖动到新位置，然后释放鼠标。也可以通过“复制”和“粘贴”这样的常规方法来完成。

5. 幻灯片的移动

在幻灯片浏览视图中选中要移动的幻灯片或者在“幻灯片/大纲”窗格中选中要移动的幻灯片的图标，按住鼠标左键把它拖动到新位置，然后释放鼠标即可。也可以通过“剪切”和“粘贴”这样的常规方法来完成。

6. 更改幻灯片的版式

更改幻灯片的版式是指更改现有幻灯片的版式，具体的操作方法如下：

（1）选定要更改版式的幻灯片缩略图。

（2）单击“开始”选项卡“幻灯片”组中的“版式”按钮，在展开的下拉列表中选择新的版式即可。

5.3.4 设置文稿的整体风格

演示文稿由多张幻灯片组成，为达到最好的演示效果，应构建整体统一的设计风格，幻灯片的页面大小、色彩搭配、背景设置、文字格式等都影响着整个画面的观感。

1. 页面设置

打开演示文稿，切换到“设计”选项卡，在“页面设置”中单击“页面设置”按钮，在弹出的对话框中可以对幻灯片页面进行调整，如图 5-12 所示。

在“幻灯片大小”下拉列表框中可以选择页面尺寸。不同的尺寸的宽度和高度不相同。单击“确定”按钮后，幻灯片页面高度和宽度随之更改，而幻灯片中的对象位置和高度也相应自动进行了调整。

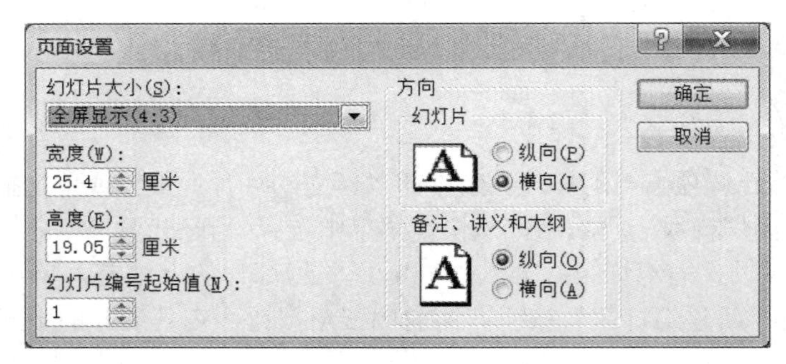

图 5-12 “页面设置”对话框

在“方向”栏中，选择不同的幻灯片方向会切换幻灯片的高度和宽度，而“备注、讲义和大纲”下的方向选择主要是在编辑和打印相应视图内容时控制纸张方向。

演示文稿的页面设置关系到每张幻灯片的大小和方向，幻灯片中的对象摆放位置也会随页面的改变而变化，因此最好在制作幻灯片内容前就对页面进行调整。

2. 使用母版

母版为所有幻灯片设置默认版式和格式，这些格式包括每张幻灯片标题及正文文字的位置和大小、项目符号的样式、背景图案等。幻灯片母版上的对象将出现在每张幻灯片的相同位置上。如果需要某些文本或图形在每张幻灯片上都出现，比如公司的徽标和名称，就可以将它们放在母版中，只需编辑一次就行了。如果要使个别幻灯片的外观与母版不同，可直接修改该幻灯片而不用修改母版。

PowerPoint 2010 母版可以分成幻灯片母版、讲义母版和备注母版三类。

（1）幻灯片母版。最常用的母版是幻灯片母版，因为幻灯片母版控制的是除标题幻灯片以外的所有幻灯片的格式。单击“视图”选项卡“母版视图”组中的“幻灯片母版”按钮，如图 5-13 所示。图中虚线框位置是占位符，用来确定幻灯片母版的版式。

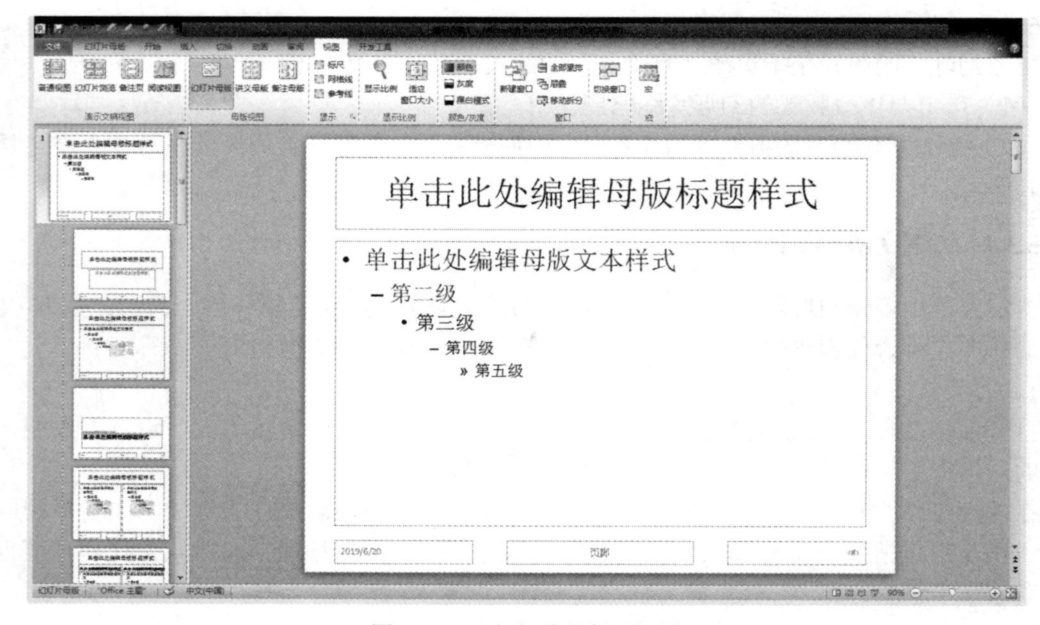

图 5-13 “幻灯片母版”视图

1）更改文本格式。修改母版中某一对象格式，就是同时修改除标题幻灯片外的所有幻灯片对应对象的格式。在幻灯片母版中选择对应的占位符，例如标题样式或文本样式等，可以设置字符格式、段落格式等。

2）设置页眉、页脚和幻灯片编号。

- 在幻灯片母版状态选择“插入”选项卡“文本”组中的“页眉页脚”按钮，弹出“页眉和页脚”对话框，单击“幻灯片”选项卡，显示如图 5-14 所示。

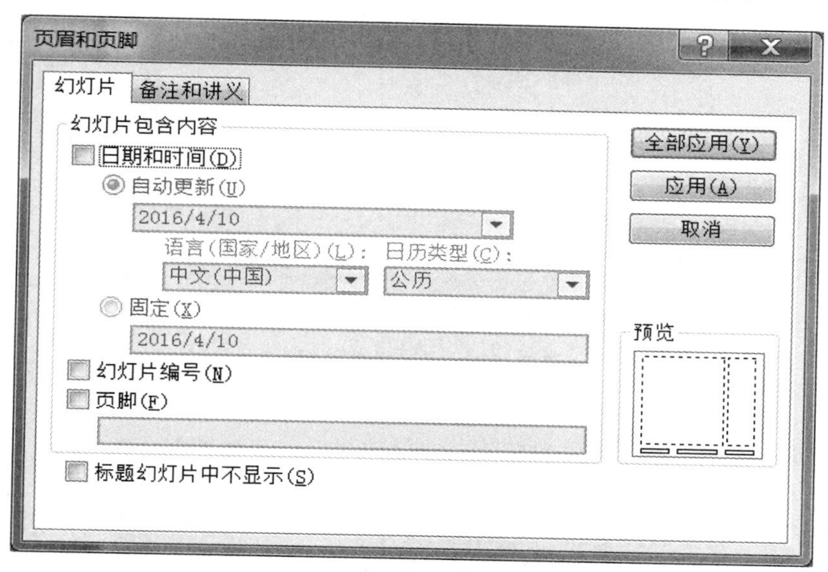

图 5-14　“页眉和页脚”对话框

- 选中“日期和时间”选项，表示在母板的“日期区”显示日期和时间。
- 日期区、数字区、页脚区设置完毕，单击“全部应用”按钮。
- 可拖动各个占位符，调整各区域位置，还可以对它们进行格式化。

3）向母版插入对象。要使每一张幻灯片都出现某个对象，可以向母版中插入该对象。例如插入公司的徽标和名称，则每一张幻灯片（除标题幻灯片外）都会自动添加该对象。退出幻灯片母版状态，在幻灯片浏览视图中查看结果。

注意：通过幻灯片母版插入的对象，只能在幻灯片母版状态下编辑，其他状态无法对其编辑。

（2）讲义母版。单击“视图”选项卡“母版视图”组中的“讲义母版”按钮，出现“讲义母版”，如图 5-15 所示。它用于控制幻灯片以讲义形式打印的格式，可增加页码（并非幻灯片编号）、页眉和页脚等，也可在“讲义母版”选项卡中选择在一页中打印 1、3 或 4 张幻灯片。讲义只显示幻灯片而不包括相应的备注。

（3）备注母版。单击“视图”选项卡“母版视图”组中的“备注母版”按钮，出现“备注母版”。它是主要供演讲者备注使用，可对备注幻灯片进行格式设置，如创建图形、图片、包含日期和时间的页眉和页脚、页码和其他对象。有些对象如图形、图片、页眉和页脚在备注窗格中不会出现，将演示文稿保存为网页时它们也不会出现，只有当工作在备注母版时、备注页视图中或打印备注时它们才会出现。

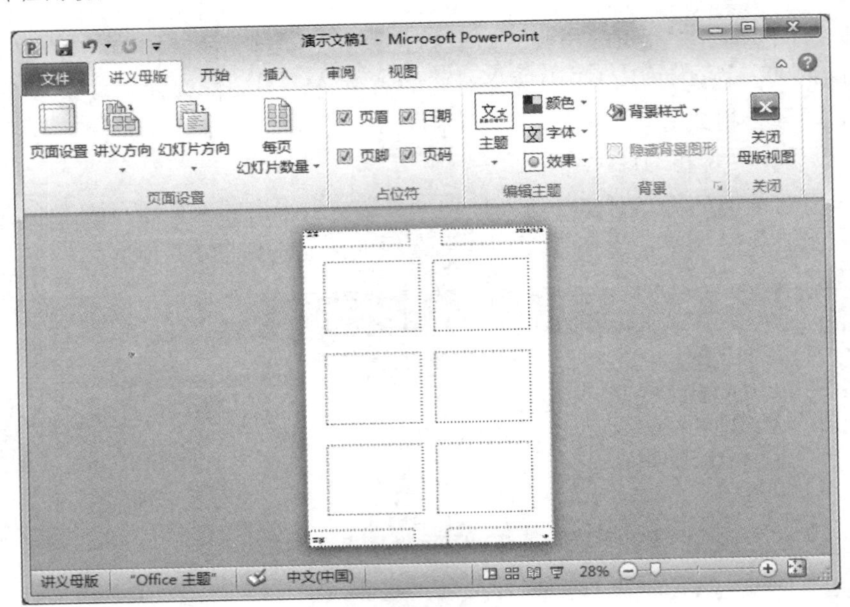

图 5-15 “讲义母版”视图

3. 设置演示文稿的主题

所谓主题就是指将一组设置好的颜色、字体和图形外观效果整合在一起，即一个主题中结合了这 3 个部分的设置结果。设置演示文稿的主题有两种方法：一种是直接选择要使用的预设主题样式；另一种是通过更改现有主题的颜色、字体或效果得到新的主题样式。

（1）选择要使用的预设主题样式。PowerPoint 2010 中内置了 44 种主题样式，用户可以直接从中选择使用。具体的操作方法为：单击“设计”选项卡“主题”组中的“其他”按钮，在下拉列表中选择一种自己所需的主题样式。

（2）通过更改现有主题的颜色、字体或效果而得到新的主题样式。

1）更改主题颜色。修改主题颜色对演示文稿的更改效果最为明显，通过单击操作，即可将演示文稿的色调进行更改。若要更改现有主题的颜色，只需单击“设计”选项卡“主题”组中的“颜色”按钮，在弹出的下拉列表中选择一种颜色样式即可。若对内置的颜色样式不满意，则在下拉列表中选择“新建主题颜色”命令，弹出如图 5-16 所示的“新建主题颜色”对话框，在其中进行设置，设置完成单击“保存”按钮即可完成主题颜色的更改。

2）更改主题字体。更改主题字体将对演示文稿中的所有标题和项目符号进行更新。具体的操作方法如下：

单击“设计”选项卡“主题”组中的“字体”按钮，在弹出的下拉列表中选择一种颜色样式即可。若对内置的字体样式不满意，则在下拉列表中选择“新建主题字体”命令，弹出“新建主题字体”对话框，在该对话框中进行设置，设置完成单击“保存”按钮完成主题字体的更改。

3）更改主题效果。主题效果是指应用于文件中元素的视频属性的集合。主题效果指定如何将效果应用于图表、形状、图片、表格、文本和艺术字等。通过使用主题效果库，可以替换不同的效果以快速更改这些对象的外观。具体的操作方法为：单击“设计”选项卡“主题”组中的“效果”按钮，在弹出的下拉列表中选择一种效果样式即可。

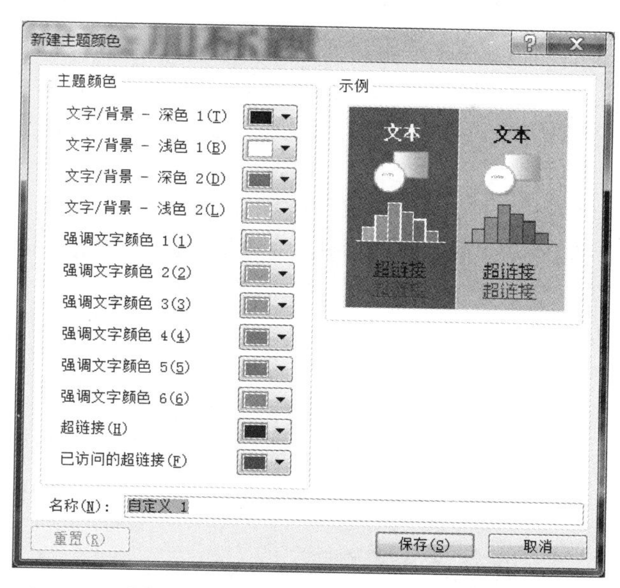

图 5-16 “新建主题颜色”对话框

4. 设置幻灯片背景

在 PowerPoint 2010 中既可以为单张幻灯片设置背景，也可以为所有幻灯片设置背景。

（1）为单张幻灯片设置背景。如果希望当前幻灯片的版式不同于整个母版的背景样式，可以为其添加根据所选主题相应的背景样式。具体的操作步骤如下：

1）在“幻灯片”窗格中单击要设置背景样式的幻灯片。

2）单击“设计”选项卡“背景”组中的“背景样式”按钮。

3）在下拉列表中选择“设置背景格式”命令，弹出“设置背景格式”对话框。

4）在其中根据需要进行设置，最后单击“关闭”按钮即可。此时所选的幻灯片应用了指定的背景样式，而其他的幻灯片仍保留原有的背景样式。

（2）为所有幻灯片应用同一背景。除了为单张幻灯片设置背景样式外，还可以一次性为所有幻灯片应用相同的背景样式。有以下两种方法：

- 在幻灯片窗格中，单击任意一张幻灯片；再单击“设计”选项卡“背景”组中的“背景样式”按钮；在下拉列表中选择所需的背景样式即可。
- 在幻灯片窗格中，单击任意一张幻灯片；再单击“设计”选项卡“背景”组中的“背景样式”按钮；在下拉列表中选择“设置背景格式”命令，弹出“设置背景格式”对话框；在其中根据需要进行设置，最后单击“全部应用”按钮。

5.4 制作生动的演示文稿

幻灯片不仅是平面作品，更是多媒体作品。在演示文稿中添加其他多媒体元素，如音乐、视频、动画等，可使展示过程变得更为生动立体。

5.4.1 插入音频文件

在幻灯片中插入音频时，需要用户首先提供要添加的音频文件。

1. 插入音频文件

PowerPoint 2010 演示文稿支持.mp3、.wma、.wav、.mid 等格式的声音文件，插入音频的方法有三种。一是来自剪辑管理器中的声音；二是来自文件的声音；三是录制的声音。插入声音的操作如下：

（1）选中要插入声音的幻灯片，将光标定位在插入点处。

（2）单击“插入”选项卡“媒体”组中的“音频”按钮，在展开的下拉列表中选择“剪贴画音频”“文件中的音频”和“录制音频”三种中的一种。

（3）如选择“文件中的音频”则弹出“插入音频”对话框，找到文件所在的位置，选中文件，然后单击“确定”按钮。

2. 更改音频文件的图标样式

在幻灯片中添加音频文件后，就会在幻灯片中添加一个默认的声音图标。用户可以根据自己的实际需要更改音频文件的图标，让音频文件的图标与幻灯片的内容结合得更加完美。具体的操作步骤如下：

（1）单击幻灯片中的声音图标，在“音频工具/格式”选项卡“调整”组中单击“更改图片”按钮；或右击声音图标，在弹出快捷的菜单中选择“更改图片”命令，如图 5-17 所示。

（2）在弹出的“插入图片”对话框中，选择需要的图片，单击“插入”按钮。

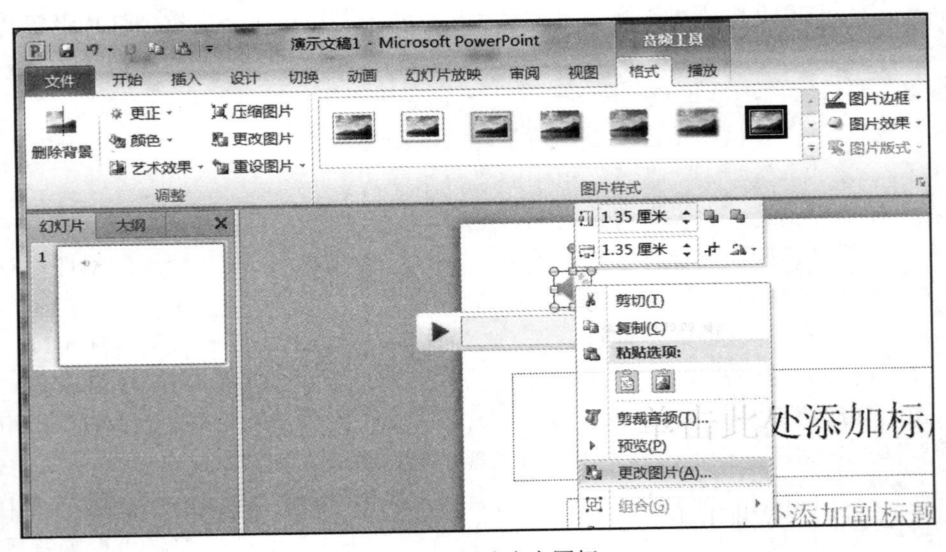

图 5-17　更改声音图标

3. 音频选项的设置

在完成音频文件的添加后，就可以设置音频文件的播放方式和音量等。设置音频选项可以控制音频文件开始播放的方式、播放的音量以及播放时间等。

- 播放方式的设置：选中声音图标，单击“音频工具/播放”选项卡“音频选项”组中的“开始”按钮右侧的倒三角按钮，在下拉列表中选择一种播放方式即可。
- 播放音量的设置：选中声音图标，单击“音频工具/播放”选项卡“音频选项”组中的“音量”按钮，在下拉列表中选择一种音量方式。

在“音频工具/播放”或“音频工具/格式”选项卡的其他功能组中可进行其他设置。

5.4.2 插入视频文件

1．插入视频文件

PowerPoint 2010 演示文稿支持.avi、.wmv、.mpg 等格式视频文件（如果安装了 Apple QuickTime 播放器，其可播放的文件格式都能在幻灯片中使用），视频来源有剪辑管理器中的视频、文件中的视频和来自网站的视频三种。插入视频的操作如下：

（1）选中要插入视频的幻灯片，将光标定位在插入点处。

（2）单击“插入”选项卡“媒体”组中的“视频”按钮，在展开的下拉列表中选择“文件中的视频”“来自网站的视频”和“剪贴画视频”中的一种。

（3）如选择“文件中的视频”，则弹出“插入视频文件”对话框，如图 5-18 所示，在对话框中找到文件所在的位置并选中文件。

图 5-18 “插入视频文件”对话框

（4）单击“插入”按钮，返回幻灯片，将会看到在幻灯片中插入了指定的视频文件，并以视频文件第一帧画面作为视频的初始画面。

2．设置视频画面样式

设置视频画面样式是指对视频画面的形状、边框、阴影和柔化边缘等效果设置。设置视频画面样式有直接应用预设的视频样式和自定义样式两种方法。应用预设的视频样式的操作方法如下：

（1）选中幻灯片中的视频文件。

（2）单击“视频工具/格式”选项卡“视频样式”组中的“其他”按钮，在下拉列表中选择需要的视频样式选项即可。

3．控制视频文件的播放

在幻灯片中添加视频是为了更好、更真切地阐述某个对象，因此需要对添加视频的播放进行控制。在 PowerPoint 2010 中新增了视频文件的剪辑等功能。

- 剪辑视频：选中幻灯片中的视频文件，单击“视频工具/播放”选项卡“编辑”组中的“剪裁视频”按钮，弹出“剪裁视频”对话框，在其中可以剪裁视频的开始和结束多余部分。向右拖动左侧绿色滑块，可以设置视频播放时从指定时间处开始播放；向左拖动左侧红色滑块，可以设置视频播放时在指定时间处结束播放。

- 设置视频文件的淡入和淡出时间：视频文件淡入、淡出时间是指在视频剪辑开始和结束的几秒钟内使用淡入淡出效果。
- 设置视频播放方式：视频文件播放的开始方式有“单击时”开始播放和“自动”开始播放两种方式。

5.4.3 添加动画效果

“动画”是指在 PowerPoint 2010 中给幻灯片中各对象添加特殊视觉效果或声音效果。

PowerPoint 2010 新增了动画方案预设功能。“动画方案”是指给幻灯片中的文本或对象添加预设视觉效果，动画方案的应用简化了动画设计过程。

1. 使用内置动画

如果要简化动画设计，可直接将预设的动画方案应用于所选幻灯片中的项目或幻灯片母版中的某些项目。使用预设动画的步骤如下：

（1）在普通视图中，选中要设置动画效果幻灯片并选择要设置动画效果的对象。

（2）在“动画”选项卡“动画”组中单击“其他”按钮。

（3）在下拉列表中选择“无”“进入”“强调”“退出”和“动作路径”中的一种，再在其中选择一种子类型即可，如图 5-19 所示。

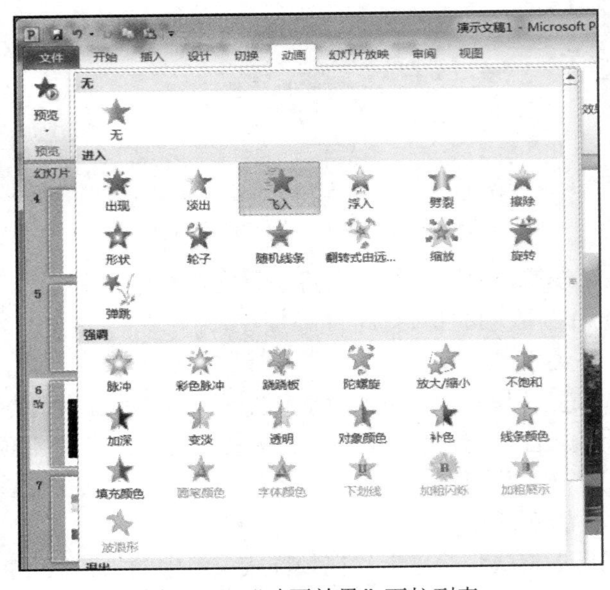

图 5-19 “动画效果”下拉列表

2. 动作路径动画

可以为文本或对象添加动作路径动画，这将使 PowerPoint 2010 的动画功能更加灵活。

设置动作路径动画的方法如下：

（1）在普通视图中，选择要创建动作路径动画的文本项目或对象。对于文本项目，可以选择占位符或段落（包括项目符号）。

（2）单击“动画”选项卡“动画”组中的“其他”按钮，在展开的动画效果库中选择“动作路径”组。

（3）在其子类型中选择所需的动作路径。若要创建自定义动作路径，则选择“自定义路径”，根据实际需要在幻灯片中绘制对象的动作路径，让对象沿着绘制的路径运行。

3. 按字母、字或段落动画显示文本

在文本动画中可按字母、字或段落应用效果，例如，使标题每次飞入一个字，而不是一次飞入整个标题，具体的操作步骤如下：

（1）在普通视图中，选中要设置动画效果幻灯片，并选择要设置动画效果的对象。

（2）单击“动画”选项卡“动画”组中的“其他”按钮，在的下拉列表中选择“进入”组中的一种动画样式。

（3）单击“动画”选项卡“高级动画”组中“动画窗格”按钮，打开“动画窗格”任务窗格，单击动画效果选项右侧的倒三角按钮，在下拉列表中选择“效果选项”命令，弹出该动画效果对话框。如图 5-20 所示。

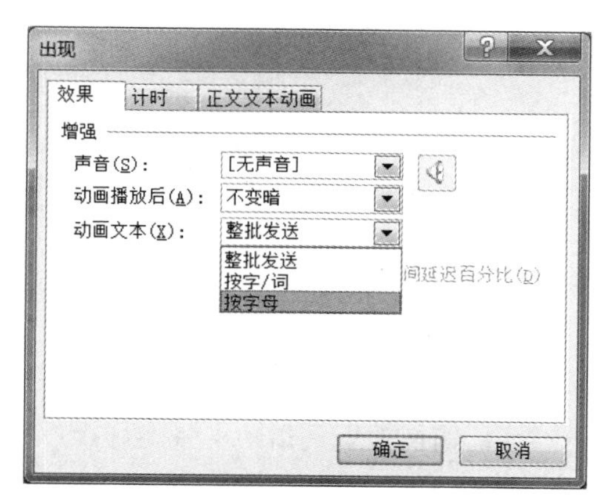

图 5-20　“效果”选项卡

（4）在其中选择“效果”选项卡，在“动画文本”选项中选择“按字/词”选项，并在“字/词之间延迟百分比”数值框中输入延迟时间。

（5）设置完成，单击“确定”按钮即可。

4. 设置动画的声音效果

动画的声音效果是指播放动画时发出的声音，它能起到一个提示的作用。具体的操作步骤如下：

（1）在普通视图中，选中要设置动画效果幻灯片，并选择已设置好动画效果的对象。

（2）单击“动画”选项卡“高级动画”组中“动画窗格”按钮，打开“动画窗格”任务窗格，单击动画效果选项右侧的倒三角按钮，在下拉列表中选择“效果选项”命令，弹出该动画效果对话框。

（3）在该对话框中选择“效果”选项卡，在“声音”选项中选择一种声音模式。

（4）设置完成，单击“确定”按钮。

5. 设置动画效果的持续时间

在 PowerPoint 2010 中可以根据自己的实际需要更改动画播放的持续时间（默认情况下动

画播放的持续时间为 2 秒）及动画播放的延迟时间。具体的操作步骤如下：

（1）在普通视图中，选中要设置动画效果幻灯片，并选择已设置好动画效果的对象。

（2）单击“动画”选项卡“高级动画”组中“动画窗格”按钮，弹出“动画窗格”任务窗格，选中要设置持续时间和延迟时间的动画效果选项。

（3）在“计时”选项卡中单击“延迟”或“期间”数值调节按钮，来设置延迟或持续时间，如图 5-21 所示。

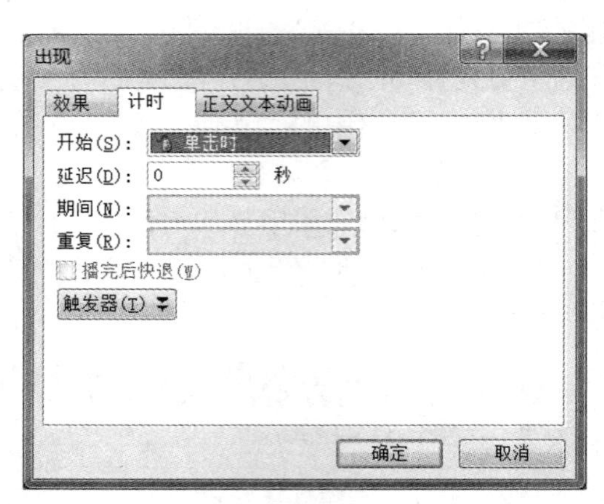

图 5-21 “计时”选项卡

5.4.4 幻灯片切换

在演示文稿的播放过程中，必然要进行幻灯片之间的切换，即从一张幻灯片过渡到下一张幻灯片，在没有设置切换效果时我们发现幻灯片切换得非常生硬，要改变这种状态，就必须为幻灯片设置切换效果。幻灯片切换效果是指从一张幻灯片过渡到下一张幻灯片时的切换动画，切换的主体是整张幻灯片。

PowerPoint 2010 提供了多种幻灯片切换效果，“切换”选项卡的“切换到此幻灯片”功能组用于控制幻灯片的切换效果，展开其中的动画图库，即可看到程序提供的多种切换方案缩略图，指向缩略图选项即可实时预览当前幻灯片的切换动画效果，如图 5-22 所示。

当选择了某一种切换效果后，只是为当前幻灯片应用了切换动画，而其他幻灯片可以用以上方法逐一设置切换效果。如果希望所有的幻灯片都应用一样的切换效果，可以单击“计时”功能组中的“全部应用”按钮。

为幻灯片应用了切换效果后，可在“切换”选项卡中对其进行详细设置：

- 选择“切换到此幻灯片”功能组中的“效果选项”按钮，在下拉列表中可以更改切换效果的细节。与对象动画的“效果选项”按钮类似，对不同切换效果，下拉列表中的内容也有所不同。
- “切换”选项卡“计时”功能组中的“声音”“持续时间”和“全部应用”按钮与“动画”选项卡相应按钮的功能一致，可参考上节内容进行设置。
- “计时”组中的“换片方式”区域，如果选中“单击鼠标时”复选框，则在幻灯片动画播放结束后，单击才会切换到下一张幻灯片；如果选中“设置自动换片时间”复选框，则在幻灯片动画播放结束后，延迟相应时间切换到下一张幻灯片。

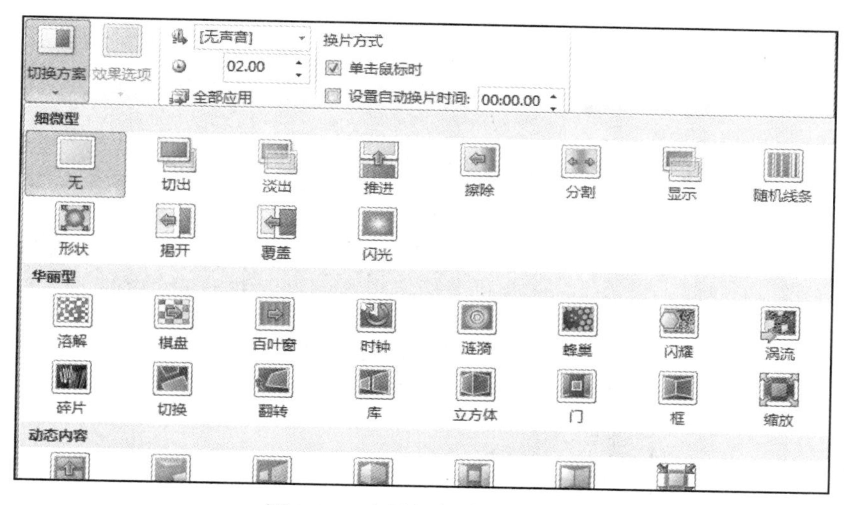

图 5-22　应用幻灯片切换效果

5.4.5　幻灯片链接

设置超链接可以使我们在放映演示文稿过程中方便地转到其他相关文件中，比如不同幻灯片间切换、跳转查看，转到所要播放的文件等方式。

1. 创建超链接

超链接需要有依附的对象，可以对幻灯片中的所有对象设置链接，但最普遍的还是文本和图形。激活动作的方式可以是单击或鼠标移过，也可以将两个动作组合起来，例如当鼠标移到某个对象上时播放声音，单击该对象时跳转到另外一张幻灯片。设置超链接时，最好采用单击的方式，而鼠标移过的方式适用于提示。

在 PowerPoint 2010 中可用"超链接"按钮、"动作"按钮和直接利用快捷菜单命令来创建超链接。

（1）利用"超链接"按钮创建超连接。具体的操作步骤如下：

1）在普通视图中，选中幻灯片上要创建超链接的文本或图形对象。

2）单击"插入"选项卡"链接"功能组中的"超链接"按钮，弹出"插入超链接"对话框，如图 5-23 所示。

图 5-23　"插入超链接"对话框

3）在“链接到”框中提供了现有文件或 Web 页、本幻灯片中的其他位置、新建文档、电子邮件 4 个选项，单击相应的按钮就可以在不同项目中输入链接的对象，最后单击“确定”按钮。

需要注意的是：先选中后操作，否则超链接不会显亮。

（2）使用“动作”按钮创建超链接。具体的操作步骤如下：

1）在普通视图中，选中幻灯片上要创建超链接的对象，单击“插入”选项卡“链接”组中的“动作”按钮，弹出如图 5-24 所示的“动作设置”对话框。

图 5-24 “动作设置”对话框

2）根据需要进行选择。如果要使用单击启动跳转，则选择“单击鼠标”选项卡；如果使用鼠标移过启动跳转，则选择“鼠标移过”选项卡。

3）单击“超链接到”下拉列表框，在这里可以选择链接到指定 Web 页、本幻灯片的其他张、其他文件等选项，最后单击“确定”按钮即可。

（3）直接利用快捷菜单命令来创建超链接。具体操作方法为：在普通视图中，选中幻灯片上要创建超链接的对象，右击，在弹出的快捷菜单中选择“超链接”命令，弹出“插入超链接”对话框。接下来的设置和第一种方法的设置一样。

2. 编辑和删除演示文稿中的超链接

超链接只在放映幻灯片时才能激活。在同一个对象上可以指定不同的动作或声音，并根据单击对象或鼠标移过等不同的事件来选择要执行的动作。使用 PowerPoint 2010 可以编辑或更改超链接的目标，也可以改变代表超链接的对象，这些操作都不会破坏超链接。但删除所有文本或整个对象时将破坏超链接。

（1）编辑演示文稿中的超链接。若要编辑或更改超链接的目标，选择代表超链接的文本或对象，单击“插入”选项卡“链接”组中的“动作”按钮，再选择所需选项更改为所需的内容即可。

（2）删除演示文稿中的超链接。若要删除超链接，选择代表要删除的超链接的文本或对象，单击“插入”选项卡“链接”组中的“动作”按钮，再单击“无动作”单选框，最后单击“确定”按钮。

5.5 放映和输出演示文稿

5.5.1 放映幻灯片

演示文稿制作完成后，将内容完整顺利地呈现在观众面前，即幻灯片的放映。要想准确地达到预想的放映效果，就需要确定放映的类型，进行放映的各项控制，以及其他的一些辅助放映手段的运用等。

1. 幻灯片放映的常规操作

前面介绍过幻灯片最常用的放映方式，其实幻灯片的放映大致有 4 种情况，即“幻灯片放映”选项卡下的“开始放映幻灯片”组中的 4 个按钮，如图 5-25 所示。

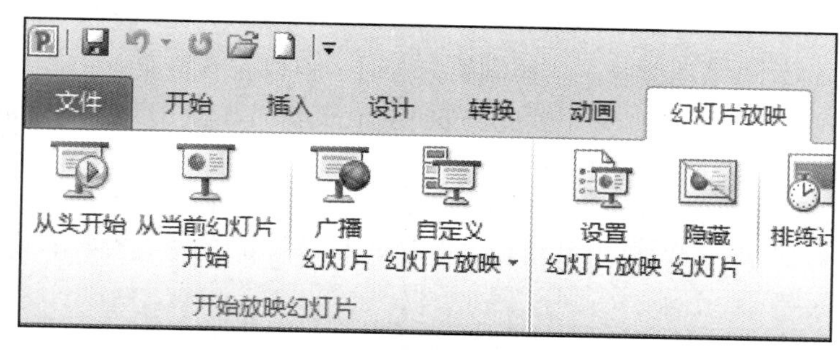

图 5-25 “幻灯片放映”选项卡

（1）从头开始。从第一张幻灯片开始放映，也可以按 F5 键实现。

（2）从当前幻灯片开始。从当前幻灯片放映到最后的幻灯片，也可以按 Shift+F5 组合键实现。

（3）广播幻灯片。通过 PowerPoint 的“广播幻灯片”功能，用户能够与任何人在任何位置轻松共享演示文稿。只需发送一个链接并单击一下，所邀请的每个人就能够在其 Web 浏览器中观看同步的幻灯片放映，即使他们没有安装 PowerPoint 2010 也不受影响。

（4）自定义幻灯片放映。在相应对话框中可以在当前演示文稿中选取部分幻灯片，并调整顺序，命名自定义放映的方案，以便对不同观众选择适合的放映内容。

演示文稿开始播放，选择“从头开始”按钮，此时幻灯片以全屏方式显示第一张幻灯片的内容，单击将切换到下一张幻灯片放映。如幻灯片中设置了链接，则单击链接可切换到指定目标放映，单击其中的动作按钮，同样可达到操作幻灯片切换的目的。

2. 辅助放映手段

（1）定位幻灯片。在放映的幻灯片中右击，在弹出的右键菜单中选择“下一张”或“上一张”命令，可在前后幻灯片间进行切换，而如果选择“定位至幻灯片”命令，在其子菜单中选择相应项目，可直接跳转到对应的幻灯片进行放映，如图 5-26 所示。

（2）放映时添加注解。如果讲解时，需要用圈点或画线来突出一些重要信息，也可在右键菜单中选择“指针选项”命令，在弹出的菜单中选择不同的笔触类型，还可以在“墨迹颜色”下拉列表中选择笔迹颜色。或按 Ctrl+P 组合键直接使用默认的笔型进行勾画。

图 5-26 定位至幻灯片

（3）清除笔迹。当需要擦除某条绘制的笔迹时，可以在右键菜单中选择“指针选项”的“橡皮擦”命令，此时鼠标指针变为橡皮擦形状，在幻灯片中单击某条绘制的笔迹即可擦除。或直接按键盘上的 E 键即擦除所有笔迹。

（4）显示激光笔。当演示文稿放映时，同时按下 Ctrl 键和鼠标左键，会在幻灯片上显示激光笔，移动激光笔并不会在幻灯片上留下笔迹，只是模拟激光笔投射的光点，以便引起观众注意。

（5）结束放映。当选择右键菜单中的“结束放映”时（或按 Esc 键），将立即退出放映状态，回到编辑窗口。如果放映时在幻灯片上留有笔迹，则会弹出对话框询问是否保留墨迹，如图 5-27 所示。单击“保留”按钮，则所有笔迹将以图片的方式添加在幻灯片中；单击“放弃”按钮，则将清除所有笔迹。

3. 排练计时

如果希望演示文稿能按照事先计划好的时间进行自动放映，则需要先进行排练计时设置，在真实放映演示文稿的过程中，记录每张幻灯片放映的时间。设置方法如下：

（1）在“幻灯片放映”选项卡的“设置”组中单击“排练计时”按钮，幻灯片进入全屏放映状态，并显示预演工具栏，如图 5-28 所示。

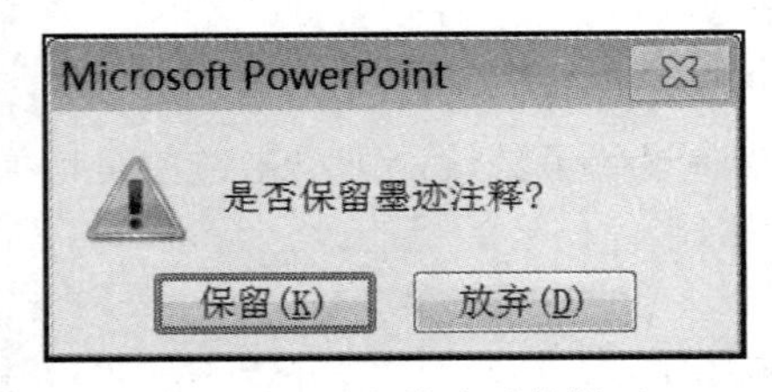

图 5-27 退出放映时的提示

图 5-28 排练计时界面

（2）可以看到工具栏中当前放映时间和全部放映时间都开始计时，表示排练开始，这时操作者应根据模拟真实演示进行相关操作，计算需要花费的时间，决定何时单击“预演工具”栏中的按钮切换到下一张幻灯片。

（3）切换到下一张幻灯片后，可看到第一项当前幻灯片播放的时间重新开始计时，而第二项演示文稿总的放映时间将继续计时，如图 5-29 所示。

（4）同样，再进行余下幻灯片的模拟放映，当对演示文稿中的所有幻灯片都进行了排练计时后，会弹出一个提示对话框，显示排练计时的总时间，并询问是否保留幻灯片的排练时间，如图 5-30 所示。

图 5-29　预演工具栏

图 5-30　排练计时结束对话框

（5）如果单击"是"按钮，幻灯片将自动切换到幻灯片浏览视图下，在每张幻灯片的左下角可看到幻灯片播放时需要的时间，如图 5-31 所示。

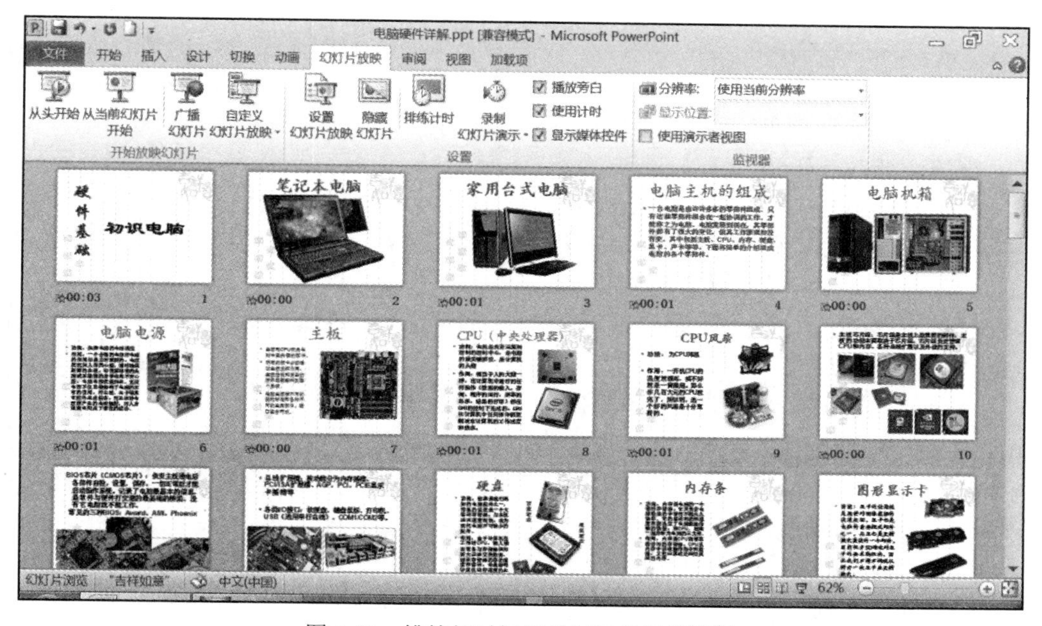

图 5-31　排练好时间后的幻灯片浏览视图

4. 设置幻灯片放映

在"幻灯片放映"选项卡的"设置"组中提供了多种控制幻灯片放映方式的按钮，单击"设置幻灯片放映"按钮，将弹出"设置放映方式"对话框，可根据放映的场合设置各种放映方式，如图 5-32 所示。以下详细介绍各选项的功能：

（1）"放映类型"栏。

- "演讲者放映（全屏幕）"选项：全屏演示幻灯片，是最常用的放映方式，讲解者对演示过程可以完全控制。
- "观众自行浏览（窗口）"选项：让观众在带有导航菜单的标准窗口中，通过方向键和菜单自行浏览演示文稿内容，该方式又称为交互式放映方式。
- "在展台浏览（全屏幕）"选项：一般会通过事先设置的排练计时自动循环播放演示文稿，观众无法通过单击来控制动画和幻灯片的切换，只能利用事先设置好的链接来控制放映，该方式也称为自动放映方式。

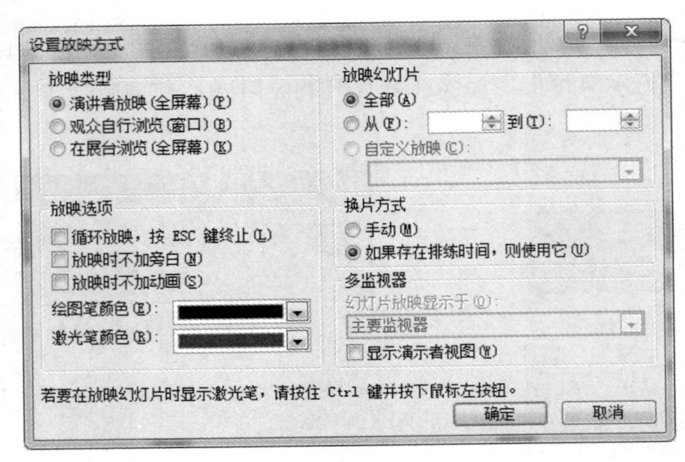

图 5-32 “设置放映方式”对话框

（2）“放映选项”栏。

- “循环放映，按 ESC 键终止”选项：放映时演示文稿不断重复播放直到用户按 Esc 键终止放映。
- “放映时不加旁白”选项：放映演示文稿时不播放录制的旁白。
- “放映时不加动画”选项：放映演示文稿时不播放幻灯片中各对象设置的动画效果，但还是播放幻灯片切换效果。
- “绘图笔颜色”和“激光笔颜色”选项：设置各笔型默认的颜色。

（3）“放映幻灯片”栏。

- “全部”选项：演示文稿中所有幻灯片都进行放映。
- “从……到……”选项：在后面的数值框中可以设置参与放映的幻灯片范围。
- “自定义放映”选项：只有在创建了自定义放映方案时才会被激活，用于选择不同的自定义放映方案。

（4）“换片方式”栏。

- “手动”选项：忽略设置的排练计时和幻灯片切换时间，只用手动方式切换幻灯片；
- “如果存在排练时间，则使用它”选项：只有设置了排练计时和幻灯片切换时间，该选项才有效，当选择了“放映类型”栏的“在展台浏览”选项时，一般配合选择此选项。

（5）“多监视器”栏。“多监视器”栏可以实现在多监视器环境下，对观众显示演示文稿放映界面，而演讲者通过另一显示屏观看幻灯片备注或演讲稿。“幻灯片放映显示于”下拉列表框只在连接了外部显示设备时才被激活，此时可以选择外接监视器作为放映显示屏，并勾选“显示演示者视图”选项方便演讲者查看不同界面。

需要注意的是，在“设置放映方式”对话框中的设置只有在演示文稿放映时才有效。

5.5.2 打印幻灯片

某些情况下，需要将幻灯片中的内容以纸张的形式呈现出来，这就是打印幻灯片。

使用 PowerPoint 2010 可以以彩色或黑白方式打印整份演示文稿、幻灯片、大纲、演讲者备注及观众讲义。不论打印的内容是什么，其基本过程是相同的。首先打开要打印的演示文稿，并选择打印幻灯片、讲义、备注页或大纲，然后指定要打印的幻灯片及打印份数即可。

（1）演示文稿的页面设置。在打印之前，必须先精心设计幻灯片的大小和打印方向，以使打印效果满意。页面设置的操作步骤如下：

1）单击“设计”选项卡“页面设置”组中的“页面设置”命令，弹出“页面设置”对话框。

2）在“幻灯片大小”下拉列表框中可选择幻灯片的尺寸；在“幻灯片编号起始值”下拉列表框中可设置打印文稿的编号起始值；在“方向”组合框中可设置幻灯片、备注、讲义和大纲的打印方向。

3）设置完成，单击“确定”按钮。

（2）演示文稿的打印。进行打印以前，先要在 PowerPoint 2010 中打开所有打印的演示文稿，并使其显示在活动演示文稿窗口中，然后单击“文件”选项卡中的“打印”命令，弹出“打印”任务窗格。

通过设置“设置”选项组，可打印演示文稿的全部幻灯片，或只打印所选择的幻灯片。

通过“整页幻灯片”下拉列表框可以选择“打印版式”，如整页幻灯片、大纲、备注页和讲义。在“讲义”中还可以选择每页中幻灯片的数量。若要打印多份幻灯片，可通过调整“份数”列表框中的数值。

设置完毕单击“打印”按钮，就可以进行打印。

5.5.3 打包演示文稿

演示文稿中一般会使用一些特殊的字体，外部又链接一些文件，对于这样的演示文稿如果要在其他没有安装 PowerPoint 的计算机中放映，则最好先将其打包，即将所有相关的字体、文件及专门的演示文稿播放器等收集到一起，再复制到其他计算机中放映，这样可以避免出现因丢失相关文件而无法放映演示文稿的情况。具体的操作方法如下：

（1）打开演示文稿，单击“文件”按钮，选择“保存并发送”项目，在中间一栏的“文件类型”类别下，选择“将演示文稿打包成 CD”命令，再单击右侧的“打包成 CD”按钮，如图 5-33 所示。

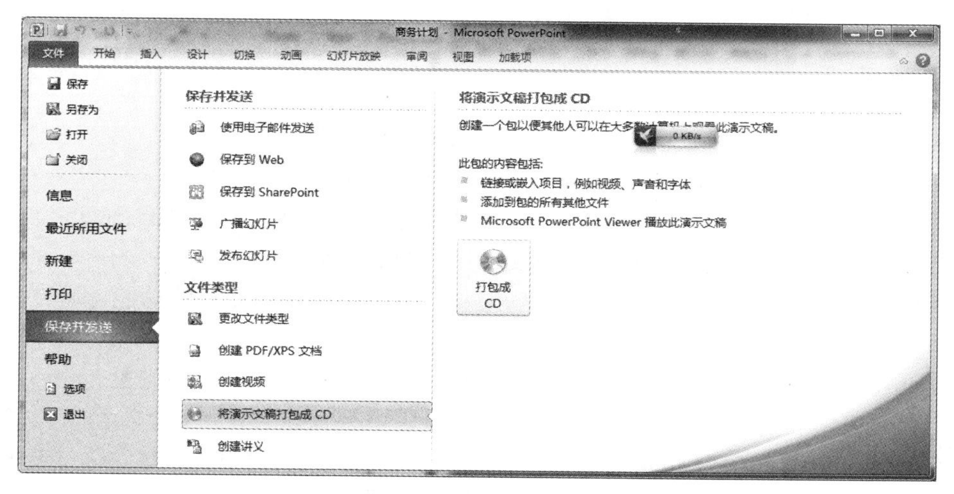

图 5-33　将演示文稿打包成 CD

（2）在弹出的“打包成 CD”对话框中单击“选项”按钮，在出现的“选项”对话框中选中“链接的文件”和“嵌入的 TrueType 字体”两个复选框，还可以设置打开或修改演示文稿的密码，最后单击“确定”按钮，如图 5-34 所示。

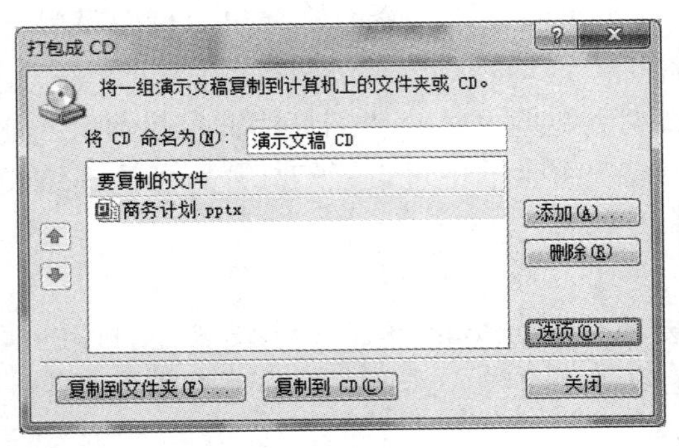

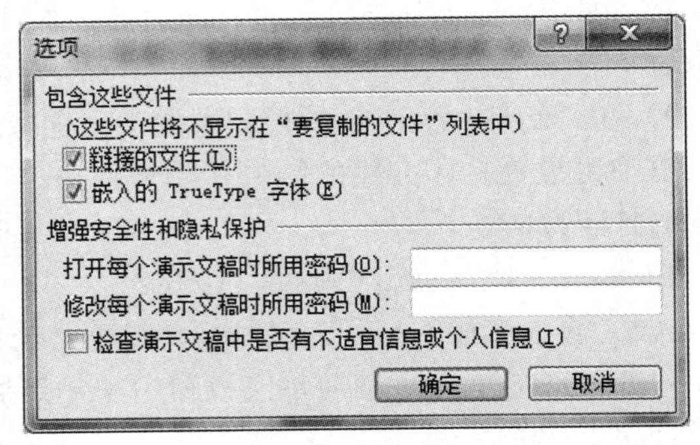

图 5-34 “打包成 CD”对话框及“选项”对话框

（3）返回“打包成 CD”对话框，单击其中的“复制到文件夹”按钮，在所弹出对话框的“文件夹名称”文本框中为打包文件夹命名，然后单击“浏览”按钮，在弹出的对话框中设置保存打包演示文稿的文件夹位置，然后单击“确定”按钮。

（4）此时程序会出现一个提示框，询问打包时是否包含链接文件（即演示文稿中插入的音频和视频文件），单击“是”按钮，程序将开始自动复制相关的文件到上一步的文件夹，并显示进度。

（5）复制过程完成后，程序默认打开打包文件所在的文件夹，可以看到其中包含了演示文稿和链接的文件及播放器等内容，PowerPoint 2010 返回到“打包成 CD”对话框中，单击“关闭”按钮。

要在其他计算机中放映该演示文稿时，只需要将整个打包文件夹复制过去，并双击其中的.pptx 文件放映即可。

习题 5

一、判断题

1. 大纲窗格只显示文稿的文本部分，不显示图形和色彩。（　　）
2. 可以把 Word 中的一段文字复制到 PowerPoint 2010 中。（　　）
3. 幻灯片放映过程中，任何时候按 Esc 键都可结束放映返回 PowerPoint 主窗口。（　　）
4. 可以在“页眉和页脚”对话框，改变幻灯片的起始编号。（　　）
5. PowerPoint 2010 提供了在幻灯片放映时播放声音、音乐和影片的功能，通过在演示文稿中插入声音和影像对象，可使演示文稿更富有感染力。（　　）
6. 在 PowerPoint 2010 也可以像 Word 中一样使用标尺来控制文本缩进量。（　　）
7. 要使每张幻灯片都出现某个对象，可以向母版中插入该对象。（　　）
8. 在 PowerPoint 2010 中选定的主题只能应用于所有的幻灯片。（　　）
9. 在 PowerPoint 2010 的幻灯片切换中，不可以设置幻灯片切换的是颜色。（　　）

10．在 PowerPoint 2010 中，停止幻灯片播放的快捷键是 Esc。 （ ）

二、单项选择题

1．在 PowerPoint 2010 中，在幻灯片母版中插入的对象，只能在（ ）视图中修改。

A．幻灯片视图 B．幻灯片母版 C．讲义母版 D．大纲视图

2．在 PowerPoint 2010 中，要移动幻灯片在演示文稿中的编号位置，（ ）项不能实现。

A．幻灯片浏览视图 B．幻灯片窗格

C．大纲窗格 D．以上都不可以

3．在 PowerPoint 2010 中，在空白幻灯片中不可以直接插入（ ）。

A．文本框 B．Word 表格 C．文字 D．艺术字

4．在 PowerPoint 2010 中，幻灯片内的动画效果可通过“动画”选项卡“高级动画”组中的（ ）按钮来设置。

A．动画窗格 B．添加动画 C．动画预览 D．幻灯片切换

5．PowerPoint 2010 提供的幻灯片模板，主要是解决幻灯片的（ ）。

A．文字格式 B．文字颜色 C．背景图案 D．以上全是

6．下列不是 PowerPoint 视图的是（ ）。

A．页面视图 B．幻灯片浏览视图 C．备注页视图 D．普通视图

7．可以使用（ ）选项卡“背景”组中的“背景样式”按钮改变幻灯片的背景。

A．开始 B．插入 C．设计 D．视图

8．在 PowerPoint 2010 中插入图表是用于（ ）。

A．演示和比较数据 B．可视化地显示文本

C．可以说明一个进程 D．可以显示一个组织结构图

9．PowerPoint 2010 中主要的编辑视图是（ ）。

A．阅读视图 B．幻灯片浏览视图 C．普通视图 D．备注视图

10．在 PowerPoint 2010 普通视图左侧的大纲窗格中，可以修改的是（ ）。

A．占位符中的文字 B．文本框中的文字

C．自选图形 D．图表

11．PowerPoint 2010 演示文稿文件的扩展名是（ ）。

A．DOC B．PPTX C．BMP D．XLS

12．自定义动画时，以下不正确的说法是（ ）。

A．各种对象均可设置动画 B．动画设置后，先后顺序不可改变

C．同时还可配置声音 D．可将对象设置成播放后隐藏

13．在幻灯片浏览视图中要选定连续的多张幻灯片，先选定起始的一张幻灯片，然后按住（ ）键，再选定末尾的幻灯片。

A．Ctrl B．Enter C．Alt D．Shift

14．在 PowerPoint 2010 中（ ）不能进行链接的设置。

A．本文内容 B．按钮对象 C．图片对象 D．声音对象

15．幻灯片布局中的虚线框是（ ）。

A．占位符 B．图文框 C．特殊字符 D．显示符

16．单击 PowerPoint 2010“文件”选项卡下的“最近所用文件”命令，所显示的文件名是（　　）。

A．正在使用的文件名　　B．正在打印的文件名

C．扩展名为 PPTX 的文件名　　D．最近被 PowerPoint 软件处理过的文件名

17．在 PowerPoint 2010 中，选定了文字、图片等对象后，可以插入超链接，超链接中所链接的目标可以是（　　）。

A．计算机硬盘中的可执行文件　　B．其他幻灯片文件（即其他演示文稿）

C．同一演示文稿的某一张幻灯片　　D．以上都可以

18．在对 PowerPoint 2010 的幻灯片进行自定义动画操作时，可以改变（　　）。

A．幻灯片间切换的速度　　B．幻灯片的背景

C．幻灯片中某一对象的动画效果　　D．幻灯片设计模板

19．在 PowerPoint 2010 中，要设置幻灯片间切换效果，应使用（　　）选项卡进行设置。

A．动作设置　　B．设计　　C．切换　　D．动画

20．播放演示文稿时，以下说法正确的是（　　）。

A．只能按顺序播放　　B．只能按幻灯片编号的顺序播放

C．可以按任意顺序播放　　D．不能倒回去播放

第 6 章　多媒体技术

本章介绍多媒体技术的概念、特点、发展，多媒体计算机系统的组成，以及常用多媒体信息的数字化、压缩及转化技术。

6.1　多媒体技术相关知识

目前，多媒体技术借助日益普及的可实现计算机的全球联网和信息资源共享的高速信息网，广泛应用到了咨询服务、图书、教育、通信、军事、金融、医疗等诸多行业，并正潜移默化地改变着我们生活的面貌。

6.1.1　多媒体的概念

1. 多媒体

自从 20 世纪 80 年代多媒体技术开始发展以来，多媒体技术以其强大的生命力在全世界计算机领域逐渐形成一股势不可挡的洪流，并迅速走向产业化。仅十几年的时间，多媒体技术已成为当今最热门的研究课题之一。

多媒体一词的英文拼写是 Multimedia，它是由词根 multi 和 media 构成的组合词，核心词是媒体。媒体又常被称为媒介，是我们日常生活和工作中经常会用到的词汇，如我们经常把报纸、广播、电视等称为新闻媒介，报纸通过文字、广播通过声音、电视通过图像和声音来传送信息。信息需要借助于媒体来传播，所以说媒体就是信息的载体，但是这样来理解媒体，其概念还是比较狭隘的。

2. 媒体的类型

媒体作为信息表示和传播的形式载体，根据信息被人们感知、表示、呈现、存储或传输的载体不同，国际电信联盟（International Telecommunication Union，ITU）将媒体分为以下 5 类：

（1）感觉媒体（Perception Medium）。感觉媒体是指能直接作用于人们的感觉器官，使人能直接产生感觉的一类媒体。感觉媒体包括人类的各种语言、文字，音乐，自然界的其他声音，静止的或活动的图像、图形和动画等信息。

（2）表示媒体（Representation Medium）。表示媒体是为了加工、处理和传输感觉媒体而人为研究、构造出来的一种媒体。借助于此种媒体，便能更有效地存储感觉媒体或将感觉媒体从一个地方传送到遥远的另一个地方。

常见媒体可概括为声（声音：Audio）、文（文字、文本：Text）、图（静止图像：Image 和动态视频：Video）、形（波形：Wave；图形：Graphic；动画：Animation）、数（各种采集或生成的数据：Data）等五类信息的数字化编码表示。

（3）显示媒体（Presentation Medium）。显示媒体是指感觉媒体传输中电信号和感觉媒体之间转换所用的媒体。显示媒体又分为输入显示媒体和输出显示媒体。输入显示媒体如键盘、鼠标、光笔、数字化仪、扫描仪、麦克风和摄像机等，输出显示媒体如显示器、音箱、打印机和投影仪等。

（4）存储媒体（Storage Medium）。存储媒体又称存储介质，指的是用于存储表示媒体（也就是把感觉媒体数字化以后的代码进行存储），是计算机随时加工处理和调用的物理实体。这类存储媒体有硬盘、软盘、CD-ROM、优盘、磁带和半导体芯片等。

（5）传输媒体（Transmission Medium）。作为通信的信息载体，用来将表示媒体从一处传送到另一处的物理实体。这类媒体包括各种导线、电缆、光缆和电磁波等。

3. 多媒体技术的概念

多媒体是指能够同时获取、处理、编辑、存储和展示两个以上不同类型信息媒体的技术，这些信息媒体包括文字、声音、音乐、图形、图像、动画和视频等。由于计算机技术和信息处理技术的快速发展，使我们今天拥有了处理多媒体信息的能力，使多媒体成为一种现实。所以我们现在所说的多媒体，不是指多媒体本身，主要是指处理和应用它的一整套技术，因此多媒体实际上就常常被当作多媒体技术的同义词。多媒体技术往往与计算机联系起来，这是由于计算机的数字化及交互式处理能力，极大地推动了多媒体技术的发展，通常可以把多媒体看作是先进的计算机技术与视频、音频和通信技术融为一体而形成的一种新技术。

4. 多媒体信息的类型

目前常用的多媒体信息元素包括文本、图形、图像、视频、动画和音频等。

（1）文本。文本是文字、字符及控制格式的集合。通过对文本显示方式（包括字体、大小、格式、色彩等）的控制，多媒体系统可以使被显示的信息更容易理解。

（2）图形。常见的图形包括工程图纸、美术字体等，它们的共同特点是均由点、线、圆、矩形等几何形状构成。

（3）图像。图像与图形的区别在于，组成图像的不是具有规律的各种线条，而是具有不同颜色或灰度的点，照片就是图像的一种典型表现形式。

（4）视频。视频的实质就是一系列连续图像。当静态图像以 15～30 帧/秒的速度连续播放时，由于人眼的视觉暂留现象，就会感觉不到图像画面之间的间隔，从而产生画面连续运动的感觉。由于视频图像的每一帧其实就是一副静态图像，因此视频信息所占用的存储空间会更加巨大。

（5）动画。动画的实质也是一系列连续图像。动画与视频的区别在于，动画的图像是由人工绘制出来的。

（6）音频。音频是指音乐、语音及其他声音信息。

5. 多媒体计算机技术

多媒体计算机技术（Multimedia Computer Technology）就是利用计算机技术把文本、图形、图像、音频和视频等多种媒体信息综合一体化，使之建立逻辑连接，集成为一个具有交互性的系统，并能对多种媒体信息进行获取、压缩编码、编辑、加工处理、存储和展示。简单地说，多媒体技术就是把声、文、图、像和计算机结合在一起的技术。实际上，多媒体技术是计算机技术、通信技术、音频技术、视频技术、图像压缩技术和文字处理技术等多种技术的一种综合技术。多媒体技术能提供多种文字信息（文字、数字和数据库等）和多种图像信息（图形、图像、视频和动画等）的输入、输出、传输、存储和处理，使表现的信息图、文、声并茂，更加直观和自然。

6.1.2 多媒体技术的特点

多媒体技术的强大功能体现在它是将多种媒体元素集成为一个系统并具有交互性。它的关键特性主要包括集成性、交互性和实时性，这既是多媒体技术的主要特征，也是在多媒体研究中必须解决的主要问题。

1. 集成性

多媒体技术的集成性是指以计算机为中心综合处理多种信息媒体，主要表现在两个方面，一是指媒体信息的集成，即声音、文字、图像和视频等的集成。在众多信息中，每一种信息都有自己的特殊性，同时又具有共性，多媒体信息的集成处理把信息看成一个有机的整体，采用多种途径获取信息，统一格式存储信息，组织与合成信息，对信息进行集成化处理；二是指处理这些媒体的设备与设施的集成，即多媒体系统不仅包括计算机本身，还包括电视、音响、摄像机和播放器等设备，把不同功能、不同种类的设备集成在一起使其共同完成信息处理工作。

2. 交互性

多媒体技术的交互性是指人可以通过多媒体计算机系统对多媒体信息进行加工、处理并控制多媒体信息的输入、输出和播放。简单的交互对象是数据流，较复杂的交互对象是多样化的信息，如文字、声音、图像、动画以及视频等。

3. 实时性

多媒体技术的实时性是指把计算机的交互性、通信系统的分布性和电视系统的真实性有机地结合在一起，在人体感官系统允许的情况下，进行多媒体实时交互，就好像面对面实时交流一样，图像和声音都是连续的。在多媒体系统中，像文本和图片一类的媒体是静态的，与时间无关；而声音及活动的视频图像完全是实时的，多媒体系统提供了对这些对象的实时处理能力。

6.1.3 多媒体技术的发展方向

目前，多媒体技术主要从以下几个方向发展。

1. 建立更有效的通信网

多媒体通信网络环境的研究和建立，将使多媒体从单机单点向分布、协同多媒体环境发展，在世界范围内建立一个可全球自由交互的通信网，对该网络及其设备的研究和网上分布应用与信息服务研究将是热点。未来的多媒体通信将朝着不受时间、空间、通信对象等方面的任何约束和限制的方向发展，其目标是“任何人在任何时刻与任何地点的任何人进行任何形式的通信”。人类将通过多媒体通信迅速获取大量信息，反过来又以最有效的方式为社会创造更大的社会效益。

2. 基于内容处理的系统

利用图像理解、语音识别、全文检索等技术，研究多媒体基于内容的处理开发能进行基于内容处理的系统是多媒体信息管理的重要方向。

3. 确定多媒体标准

多媒体标准仍是研究的重点。各类标准的研究将有利于产品规范化，应用更方便。因为以多媒体为核心的信息产业突破了单一行业的限制，涉及诸多行业，而多媒体系统集成特性对标准化提出了很高的要求，所以必须开展标准化研究，它是实现多媒体信息交换和大规模产业化的关键所在。

4. 完善多媒体技术与相邻技术的有机结合

多媒体技术与相邻技术相结合，提供了完善的人机交互环境。同时多媒体技术继续向其他领域扩展，使其应用的范围进一步扩大。多媒体仿真、智能多媒体等新技术层出不穷，扩大了原有技术领域的内涵，并创造新的概念。

5. 建立更高层次虚拟现实系统

多媒体技术与外围技术构造的虚拟现实研究仍在继续进行。多媒体虚拟现实与可视化技术需要相互补充，并与语音、图像识别、智能接口等技术相结合，建立更高层次虚拟现实系统。

6.2 多媒体信息的数字化技术

6.2.1 音频信息的数字化技术

1. 声音信号数字化

声音是由空气的振动而发出的，通常用模拟波的形式来表示。它有振幅和频率两个基本参数。振幅反映声音的音量，频率反映声音的音调。频率在 20Hz～20kHz 的波称为音频波，频率小于 20Hz 的波称为次音波，频率大于 20kHz 的波则称为超音波。

声音的质量是根据声音的频率范围来划分的：

电话质量：200Hz～3.4kHz；

调幅广播质量：50Hz～7kHz；

调频广播质量：20Hz～15kHz；

数字激光唱盘（CD-DA）质量：10Hz～20kHz。

音频是连续变化的模拟信号，而计算机只能处理数字信号，要使计算机能处理音频信号，必须把模拟音频信号转换成用“0”“1”表示的数字信号，这就是音频的数字化。音频的数字化涉及采样、量化及编码等多种技术。

（1）采样。音频是随时间变化的连续信号，要把它转换成数字信号，必须先按一定的时间间隔对连续变化的音频信号进行采样。

采样频率越高，在单位时间内计算机取得的声音数据就越多，声音波形表达得就越精确，而需要的存储空间也就越大。

（2）量化。声音的量化是把声音的幅度划分成有限个量化阶距，把落入同一阶距内的样值归为一类，并指定同一个量化值。量化值通常用二进制表示，表达量化值的二进制位数称为采样数据的比特数。采样数据的比特数越多，声音的质量越高，所需的存储空间就越多；采样数据的比特数越少，声音的质量就越低，而所需的存储空间就越少。市场上销售 16 位的声卡（量化值的范围 0～65536），比 8 位的声卡（0～256）质量高。

（3）编码。计算机系统的音频数据在存储和传输中必须进行压缩，但是压缩会造成音频质量下降及计算量的增加。

音频的压缩方法有很多，音频的无损压缩包括不引入任何数据失真的各种编码，而音频的有损压缩包括波形编码、参数编码和同时利用这两种技术的混合编码。

波形编码方式要求重构的声音信号尽可能接近采样值，这种声音的编码信息是波形，编码率在 9.6kb/s～64kb/s 之间，属中频带编码，重构的声音质量较高。波形量化法易受量化噪音的影响，数据率不易降低。

参数编码以声音信号产生的模型为基础，将声音信号变换成模型后再进行编码。参数编码的参数有共振峰、线性预测（LPC）和同态等。这种编码方法的数据率低，但质量不易提高，编码率为 0.8kb/s～4.8kb/s，属窄带编码。

混合编码是把波形编码的高质量与参数编码的低数据率结合在一起的编码方式，可以在 4.8kb/s～9.6kb/s 的编码率下获得较高质量的声音。较成功的混合编码技术有多脉冲线性预测编码（MPLPC）、码本激励线性预测编码（CELPC）和规则脉冲激励 LPC 编码（RPE-LPC）等。

2. 声音文件的格式

目前常见的有以.wav、.au、.aiff、.snd、.rm、.mp3、.mid 和.mod 等为扩展名的文件格式。.wav 格式主要用在 PC 上，.au 主要用在 UNIX 工作站上，.aiff 和.snd 主要用在苹果机和美国视算科技有限公司的工作站上，.rm 和.mp3 是因特网上流行的音频压缩格式，.mid、.mod 以*.mid 命名的 MIDI 音频文件按 MIDI 数字化音乐的国际标准来记录和描述音符、音道、音长、音量和触键力度等音乐信息的指令。

用.wav 为扩展名的文件格式称为波形文件格式（WAVE File Format）。波形文件格式支持存储各种采样频率和样本精度的声音数据，并支持声音数据的压缩。波形文件由许多不同类型的文件构造块组成，其中最主要的两个文件构造块是 Format Chunk（格式块）和 Sound Data Chunk（声音数据块）。格式块包含描述波形的重要参数，例如采样频率和样本精度等，声音数据块则包含实际的波形声音数据。RIFF 中的其他文件块是可选择的。

3. 常用音频编辑工具介绍

音频编辑工具用来录放、编辑、加工和分析声音文件。声音工具使用相当普遍，但它们的功能相差很大，下面列出了比较常见的几种工具。

（1）Cakewalk Pro Audio（Cakewalk SONAR）。早期 Cakewalk，它是专门进行 MIDI 制作、处理的音序器软件，自 4.0 版本后，增加了对音频的处理功能。虽然 Cakewalk 在音频处理方面有些不尽人意之处，但它在 MIDI 制作和处理方面，功能超强，操作简便，具有无法比拟的绝对优势。

（2）Cool Edit Pro 2.0。美国 Syntrillium 软件公司开发的一款功能强大、效果出色的多轨录音和音频处理软件。它可以在普通声卡上同时处理多达 64 轨的音频信号，具有极其丰富的音频处理效果，并能进行实时预览和多轨音频的混缩合成。

（3）Sound Forge。Sound Forge 是一款音频录制、处理类软件，是 Sonic Foundry 公司的拳头产品，它几乎成了 PC 上单轨音频处理的代名词，功能强大。与 Cool Edit 不同的是，Sound Forge 只能针对单音频文件进行操作、处理，无法实现多轨音频的混缩。

（4）Logic Audio。Logic Audio 由 Emagic 公司出品，是当今在专业的音乐制作软件中最为成功的音序软件之一。它能提供多项高级的 MIDI 和音频的录制和编辑，甚至提供了专业品质的采样音源（EXS24）和模拟合成器（ESI），它的应用将使你的多媒体电脑成为一个专业级别的音频工作站。不过，它的操作非常复杂和烦琐。

（5）Nuendo。Nuendo 是 Steinberg 公司出品的一个集 MIDI、音频和混音等功能于一体的音乐软件，支持视频 5.1 环绕立体声的制作，功能强大，品质超群。目前，国内正有越来越多的人开始使用这款软件。

音乐制作、音频处理类软件还有很多，比如自动伴奏（编曲）软件、音色采样软件、转换软件等等，在此就不一一列举了。

6.2.2 图像信息的数字化技术

图像是人认识感知世界的最直观的渠道之一，多姿多彩的图像不但能迅速地带给人们所需要的信息，还能给人以美的享受。在计算机技术高速发展的今天，图像的设计和表现也广泛地运用在计算机应用领域，尤其是它直观、表现力强、包含信息量大的特点，使其在多媒体设计中占有重要的地位。

1. 数字图像基础

（1）数字图像和图形。计算机的图像就是数字化的图像，包括图像和图形。

图像又被称为“位图”，图 6-1 所示是 100%位图放大到 800%位图的效果图。图像是直接量化的原始信号形式，是由像素点组成的，每个像素点由若干个二进制位进行描述。将位图图像放大到一定程度，就会看到一个个小方块。由于图像对每个像素点都要进行描述，所以数据量较大，但表现力强、色彩丰富，通常用于表现自然景观、人物、动物、植物等一切自然的、细节的事物。

图形又称为矢量图，是由计算机运算而形成的抽象化结果，由具有方向和长度的矢量线段组成，其基本的组成单元是描点和路径。由于图形是使用坐标数据、运算关系及颜色描述数据，所以数据量较小，但在表现复杂图形时就要花费较长的时间，同时由于图形无论放大多少始终能表现光滑的边缘和清晰的质量，常用来表现曲线和简单的图案，图 6-2 是 100%矢量图放大到 800%的效果图。

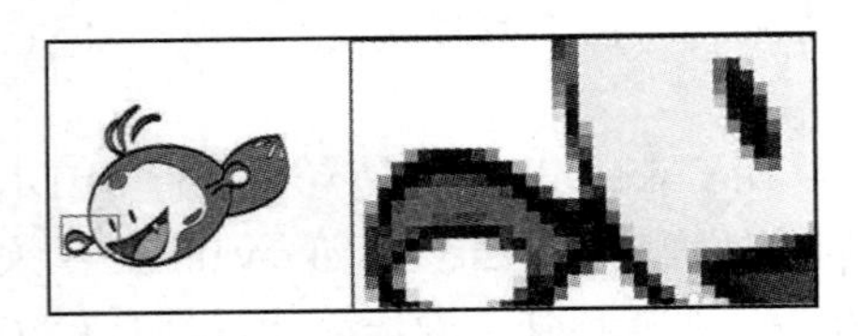

图 6-1 位图放大的效果

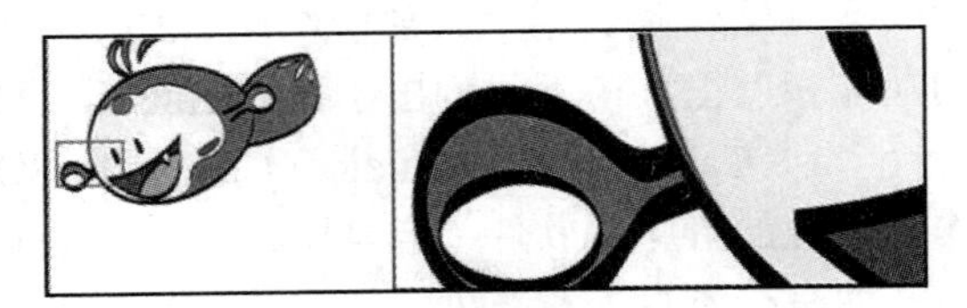

图 6-2 矢量图放大的效果

（2）图像的采样和量化。那么我们日常生活中的图像是怎样被传入计算机中的呢？这就要经过采样和量化两个过程。

图像的采样是指将图像转变成为像素集合的一种操作。我们使用的图像基本上都是采用二维平面信息的分布方式，将这些图像信息输入计算机进行处理，就必须将二维图像信号按一定间隔从上到下有顺序地沿水平方向或垂直方向直线扫描，从而获得图像灰度值阵列，再对其求出每一特定间隔的值，就能得到计算机中的图像像素信息。

在采样过程中，采样孔径和采样方式决定了采样得到的图像信号。采样孔径确定了采样像素的大小、形状和数量，通常有方形、圆形、长方形和椭圆形 4 种。采样方式是采样间隔确定后相邻像素之间的位置关系和像素点阵的排列方式。采样相邻像素的位置关系有相邻像素相离、相邻像素相切和相邻像素相交三种情况。前两种为不重复采样，后一种为重复采样。像素点阵的排列方式通常采用把采样孔径中心点排列成正交点阵的形状和把采样孔径中心排成三角点阵的形状。

经过采样后，图像已被分解成在时间和空间上离散的像素，但这些像素值仍然是连续量，并不是我们在计算机中所见的图像。量化则是指把这些连续的浓淡值变换成离散值的过程，也就是说量化就是对采样后的连续灰度值进行数字化的过程，以还原真实的图像。

图像的量化分为两类，一类是等间隔量化，即将采样值的灰度范围进行等间隔分于像素灰度值在黑—白范围内均匀分布的图像，其量化误差可变得最小，故又称为均匀量化或线性量化。另一类是非等间隔量化，将小的灰度值的级别间隔细分，而将大的灰度值的级别间隔粗分的方法，如对数量化；使用像素灰度值的概率密度函数，使输入灰度值和量化级的均方误差最小的方法，如 Max 量化；在某一范围内的灰度值频繁产生，而其他范围灰度值几乎不产生的场合，采用在这一范围内进行细量化，而该范围之外进行粗量化。这种方法，其量化级数不变，又能降低量化误差亦称锥形量化。

（3）图像的存储格式。计算机图像是以多种不同的格式储存在计算机里的，每种格式都有自己相应的用途和特点，通过了解多种图像格式的特点，在设计输出时就能根据自己的需要，而有针对性地选择输出格式。

1）JPEG 格式。JPEG（Joint Photographic Expert Group，联合图像专家组）格式是 24 位的图像文件格式，也是一种高效率的压缩格式，文件格式是 JPEG（联合图像专家组）标准的产物，该标准由 ISO 与 CCITT（国际电报电话咨询委员会）共同制定，是面向连续色调静止图像的一种压缩标准。它可以储存 RGB 或 CMYK 模式的图像，但不能存储 Alpha 通道，不支持透明。JPEG 是一种有损的压缩，图像经过压缩后图像文件会变得很小，质量会有所下降。

2）BMP 格式。BMP（Bit Map Picture，位图）格式是在 Windows 上常用的一种标准图像格式，能被大多数应用软件支持。它支持 RGB、索引颜色、灰度和位图色彩模式，不支持透明，需要的存储空间比较大。

3）GIF 格式。GIF（Graphic Interchange Format，图形交换格式）用来存储索引颜色模式的图形图像，就是说只支持 256 色的图像，GIF 格式采用的是 LZW 的压缩方式，用这种方式可使文件变得很小。GIF89a 格式包含一个 Alpha 通道，支持透明，并且可以将数张图存成一个文件，从而形成动画效果。这种格式的图像在网络上大量的被使用，是最主要的网络图像格式之一。

4）PNG 格式。PNG（Portable Network Graphics，便携式网络图形格式）是一种能存储 32 位信息的位图文件格式，其图像质量远胜过 GIF。同 GIF 一样，PNG 也使用无损压缩方式来减少文件的大小。目前，越来越多的软件开始支持这一格式，在不久的将来，它可能会在整个 Web 上广泛流行。PNG 图像可以是灰阶的（16 位）或彩色的（48 位），也可以是 8 位的索引色。PNG 图像使用的是高速交替显示方案，显示速度很快，只需要下载 1/64 的图像信息就可以显示出低分辨率的预览图像。与 GIF 不同的是，PNG 图像格式不支持动画。

5）TIFF 格式。TIFF（Tagged Image File Format，标记图像文件格式），这种格式可支持跨平台的应用软件，它是 Macintosh 和 PC 上使用最广泛的位图交换格式，在这两种硬件平台上移植 TIFF 图形图像十分便捷，大多数扫描仪也都可以输出 TIFF 格式的图像文件。该格式支持的色彩数最高可达 16M 种，采用的 LZW 压缩方法是一种无损压缩，支持 Alpha 通道，支持透明。

6）TGA 格式。TGA（Tagged Graphic）是 True Vision 公司为其显示卡开发的一种图像文件格式，创建时间较早，最高色彩数可达 32 位，其中包括 8 位 Alpha 通道用于显示实况电视。

该格式已经被广泛应用于PC的各个领域，使它在动画制作、影视合成、模拟显示等方面发挥重要的作用。

7）PSD格式。PSD（Adobe PhotoShop Document）格式是Photoshop内定的文件格式，它支持Photoshop提供的所有图像模式。包括多通道、多图层和多种色彩模式。

8）WMF（Windows Metafile Format）。Windows中常见的一种图元文件格式，属于矢量文件格式。它具有文件短小和图案造型化的特点，整个图形常由各个独立的组成部分拼接而成，其图形往往较粗糙。

（4）图像的重要参数。

1）图像的分辨率（Image Resolution）。图像的分辨率是图像最重要的参数之一。图像的分辨率的单位是ppi（pixels per inch），即每英寸所包含的像素点。如果图像分辨率是100ppi，就是在每英寸长度中包含 100 个像素点。图像分辨率越高，意味着每英寸所包含的像素点越高，图像就有越多的细节，颜色过渡越平滑。图像分辨率和图像大小之间也有着密切的关系，图像分辨率越高，所包含的像素点越多，也就是图像的信息量越大，因而文件就越大。

2）色彩深度（像素深度，Pixels Depth）。色彩深度是衡量每个像素包含多少位色彩信息的方法，色彩深度值越大，表明像素中含有更多的色彩信息，更能反映真实的颜色。

3）图像容量。图像容量是指图像文件的数据量，也就是在存储器中所占的空间，其计量单位是字节（Byte）。图像的容量与很多因素有关，如色彩的数量、画面的大小、图像的格式等。图像的画面越大，色彩数量越多，图像的质量就越好，文件的容量也就越大，反之则越小。一幅未经压缩的图像，其数据量大小计算公式为：

图像数据量大小 = 垂直像素总数×水平像素总数×色彩深度÷8

比如一幅648×480的24位RGB图像，其大小为640×480×24÷8=921600字节。

各种图像文件格式都有自己的图形压缩算法，有些可以把图像压缩到很小，比如一张800ppi×600ppi的PSD格式的图片大约有621KB，而同样尺寸同样内容的图像以JPG格式存储只需要21KB。

计算机图像的容量是我们在设计时不得不考虑的问题。尤其在网页制作方面，图像的容量关系着下载的速度，图像越大下载越慢。这时就要在不损失图像质量的前提下，尽可能地减小图像容量，在保证质量和下载速度之间寻找一个较好的平衡。

4）输出分辨率（dots per inch）。输出分辨率也可以叫做设备分辨率，是针对设备而言的，常用的有打印分辨率和显示分辨率。

打印分辨率即表示打印机每英寸打印多少点，它直接关系到打印机打印效果的好坏。打印分辨率为1440dpi，是指打印机在一平方英寸的区域内垂直打印1440个墨点，水平打印1440个墨点，且每个墨点是不重合的。通常激光打印机的输出分辨率为300dpi～600dpi，照排机要达到1200dpi～2400dpi或更高。

显示分辨率表示显示器在显示图像时的分辨率。显示分辨率的数值是指整个显示器所有可视面积上水平像素和垂直像素的数量。例如 800×600 的分辨率，是指在整个屏幕上水平显示 800 个像素，垂直显示 600 个像素。显示分辨率的水平像素和垂直像素在总数上总是成一定比例的，一般为4:3，5:4或8:5。同时在同一台显示器上，显示分辨率越高，文字和图标显示就越小，考虑到人视觉的需要，通常在15寸显示器上显示分辨率设为800×600，在17寸显示器上设为1024×768。

设备分辨率还有扫描分辨率、数码相机分辨率、鼠标分辨率等。

2. 典型图像处理工具简介

（1）Adobe Photoshop。Adobe Photoshop 是美国 Adobe 公司开发的软件，它无疑是图像处理领域中最出色、最常用的软件。它具有强大的图像处理功能，是大多数设计人员和计算机爱好者的首选。Photoshop 在照片修饰、印刷出版、网页图像处理、视频辅助和建筑装饰等各行各业有着广泛的应用。

（2）CorelDraw。在计算机图形绘制排版软件中，CorelDraw 是我们首先考虑的产品，它是绘制矢量图的高手，功能强大且应用广泛，几乎涵盖了所有的计算机图形应用，在制作报版、宣传画册、广告 POP，绘制图标和商标等计算机图形设计领域占有重要的地位。

（3）Painter。Painter 是 Meta Creations 公司进军二维图形软件市场的主力军，具备其他图形软件没有的功能，它包含各种各样的画笔，具有强大的多种风格的绘画功能。由于具备了如此新颖的绘图功能，以致 Painter 5.0 推出就引起了很大的轰动。Meta Creations 公司推出的 Painter 6.0，绘图功能又比前一版本增强了许多，诸如新增了许多画笔，增强了图层支持功能，改进了文本处理功能等等。

（4）Adobe Illustrator。Adobe Illustrator 是真正在出版业上使用的标准矢量图绘制工具，由于早先作为苹果机上的专业绘图软件，一直没有广泛的流行，直至 7.0 PC 版的推出，才受到国内用户的注意。该软件为创作过程提供无与伦比的精度和控制，适合任何小型设计到大型的复杂项目，常用于各种专业的矢量图设计。

（5）PhotoImapct。秉承 Ulead 公司一贯的风格，Ulead PhotoImapct 具有界面友好、操作简单实用等特点，当然它在图像处理和网页制作方面的能力也相当卓越，其中提供了大量的模板和组件，可以轻松地设计出相当专业的图像，适合在非专业的多媒体设计者。

6.2.3 视频信息的数字化技术

1. 数字视频

数字视频之所以被广泛使用，一方面是由于非线性编辑具有神话般的魔力，它让人们相信自己在电视上看到和听到的都是真实的。另一方面是数字视频压缩技术。模拟的视频图像数字化后所产生的海量数据，使传输、存储和处理都很困难，要解决这一问题，除了提高数据传输速率外，一个很重要的方法就是采用压缩编码，即对数字化视频图像进行压缩编码。没有压缩编码，数字视频及其非线性编辑几乎是不可能实现的。

数字视频压缩就是在均衡压缩比与品质损耗的情况下，按照相应的算法对图像数据进行运算，处理其中的冗余部分和人眼不敏感的图像数据。虽然人们常用 ARJ、ZD、LAH 等压缩软件，但在 JPEG 标准出现之前，传统的各种压缩算法在处理视频图像方面都没有取得有意义的成功。

数字视频信号之所以能够被压缩，是因为在数字视频中存在着大量的冗余信息。这些冗余信息有由相邻像素之间的相关性造成的空间冗余度，由不同的彩色平面之间的相关性造成的频谱冗余度和由数字视频中不同帧之间的相关性造成的时间冗余度三种类型。

另外，压缩编码还有一个重要的依据，那就是显示数字视频时，为收看者显示他们的眼睛所无法辨别的多余信息是没有必要的。实际上，这一依据在模拟视频中已得到了充分应用，如将亮度与色度分别进行处理，并压缩色度的频带宽度。

图像压缩有许多方法，这些方法基本上可分为无损压缩和有损压缩两类。在无损压缩中，当数据被压缩之后再进行解压，因为不丢失任何信息，所以得到的重现图像与原始图像完全相同。但是对于数字视频来说，无损压缩的压缩比通常很小，并不适用。而在有损压缩中，解压后得到的重现图像相对于原始图像质量降低了，产生了误差，但这种误差是很细微的，人的眼睛分辨不出来，同时它可提供更高的压缩比。因此，有损压缩在视频处理中得到了广泛应用。

目前，常用的压缩编码技术是国际标准化组织推荐的 JPEG 和 MPEG 压缩。

（1）JPEG 压缩。JPEG 是 Joint Photographic Experts Group（联合图像专家组）的缩写，是用于静态图像压缩的标准。JPEG 可按大约 20:1 的比率压缩图像，而不会导致引人注意的质量损失，用它重建后的图像能够较好和较简洁地表现原始图像，对人眼来说它们几乎没有多大区别，是目前首推的静态图像压缩方法。JPEG 还有一个优点是，压缩和解压是对称的。这意味着压缩和解压可以使用相同的硬件或软件，而且压缩和解压缩同时大致相同。而其他大多数视频压缩方案做不到这一点，因为它们是不对称的。

（2）M-JPEG 压缩。M-JPEG 针对的是运动的视频图像，用 M-JPEG 算法，通过实时帧内编码过程单独地压缩每一帧，其压缩比不大，在后期编辑过程中可以随机存取压缩视频的任意帧，而与其他帧不相关，这对精确到帧的编辑是比较理想的。M-JPEG 所处理的数据量非常庞大，它的重放再现必须由专门的硬件（视频卡）来处理，通过软解压来实现即使是目前仍是不可能的事情。现在，用于电视非线性编辑处理的视频卡，采用的基本都是 M-JPEG 压缩方式。

（3）MPEG-l 压缩。MPEG 是 Motion Picture Experts Group（运动图像专家组）的缩写，是专门用来处理运动图像的标准。目前，MPEG 在计算机和民用电视领域获得广泛使用。MPEG 压缩算法的核心是处理帧间冗余，以大幅度地压缩数据，它依赖于基于 16×16 块的运动补偿技术和 JPEG 帧内压缩技术。

MPEG-l 压缩与 M-JPEG 的主要区别在于它能处理帧间冗余，即通过处理帧与帧之间保持不变的图像信息来更好地压缩数据。MPEG-l 的压缩比高达 200:1，但重建图像的质量充其量与 VHS（家用录像机）相当。VCD 光盘就是 MPEG-l 的一个代表产品。

（4）MPEG-2 压缩。MPEG-2 是使图像能恢复到广播级质量的编码方法，它的典型产品是高清晰视频光盘 DVD、高清晰数字电视 HDTV 等，发展十分迅速，成为这一领域的主流趋势。

MPEG-l、MPEG-2 都是不对称算法，其压缩算法的计算量要比解压缩算法大得多，所以常用硬件来进行压缩，而解压缩则使用软、硬件均可。由于 MPEG 压缩所形成的视频文件不具备帧的定位功能，因此无法对它进行二次编辑。在实际视频制作过程中，往往利用非线性编辑系统，采用通用的文件格式（如 AVI、MOV），对节目进行编辑，最后才将影片压缩成 MPEG 编码文件，但从 AVI 到 MPEG 的过程是不可逆的。

2. 常见视频文件的格式

视频文件的使用一般与标准有关，例如 AVI 与 Video for Windows，MOV 与 Quick Time for Windows，而 VCD 和 MPEG 则使用自己专用的格式。

（1）AVI。Video for Windows 所使用的文件称为音频、视频交错（Audio Video Interleaved），即 AVI 支持将视频和音频信号混合交错地存储在一起，文件扩展名为 AVI，所以也简称为 AVI

文件或 AVI 格式。

AVI 文件使用的压缩方法有几种，主要使用有损压缩方法，压缩比较高，但与 FLIC 格式的动画相比，画面质量不太好。

（2）MOV。MOV 文件原是 QuickTime for Windows 的专用文件格式，也使用有损压缩方法。一般认为 MOV 文件的图像质量较 AVI 格式的要好，只要实际播放几段 AVI 和 MOV 电影就不难得出结论。

（3）MPEG。PC 上的全屏幕活动视频的标准文件为 MPG 格式文件，也称为隔行数据流。MPG 文件是使用 MPEG 方法进行压缩的全运动视频图像，在适当的条件下，可在 1024×768 像素的分辨率下以每秒 24、25 或 30 帧的速率播放 128000 种颜色的全运动视频图像和同步 CD 音质的伴音。

（4）WMV。WMV 的全称为 Windows Media Video，是微软公司推出的一种采用独立编码方式并且可以直接在网络上实时观看视频节目的文件压缩格式。WMV 格式的主要优点包括本地或网络回放、可扩充的媒体类型、部件下载、可伸缩的媒体类型、流媒体的优先级化、多语言支持、环境独立性以及扩展性等。

（5）RM。RM 格式是 Real Networks 公司开发的流媒体格式文件，具有体积小且比较清晰的特点，主要用于在低速率的网络上实时传输视频。

（6）RMVB。RMVB 是由 RM 视频格式升级延伸出的新视频格式，它打破了 RM 格式平均压缩采样的方式，在保证平均压缩比的基础上合理利用比特率资源，即静止和动作场面少的画面场景采用较低的编码速率，这样可以留出更多的带宽空间，而这些带宽会在出现快速运动的画面场景时被利用。

3. 常用视频编辑软件介绍

（1）爱剪辑。爱剪辑从一开始便以更适合中国用户的使用习惯与功能需求为出发点进行全新创新设计。人人都能轻松成为出色剪辑师是设计软件的期望，甚至不需要视频剪辑基础，不需要理解“时间线”“非编”等各种专业词汇，让一切都还原到最直观易懂的剪辑方式。

（2）会声会影。会声会影是加拿大Corel 公司制作的一款功能强大的视频编辑软件，具有图像抓取和编修功能，可以抓取和转换MV、DV、V8、TV，以及实时记录抓取画面文件，并提供超过 100 多种的编制功能与效果，可导出多种常见的视频格式，甚至可以直接制作成 DVD 和 VCD 光盘。

（3）Adobe Premiere。由 Adobe 公司推出。现在常用的有 CS4、CS5、CS6、CC 2014、CC2015、CC 2017、CC2018 版本。Premiere 是视频编辑爱好者和专业人士必不可少的编辑工具，可以提升创作者的创作能力和创作自由度。Premiere 提供了采集、剪辑、调色、美化音频、字幕添加、输出、DVD 刻录的一整套流程，并和其他 Adobe 软件高效集成，使创作者足以完成在编辑、制作、工作流上遇到的所有挑战，满足创建高质量作品的要求。目前这款软件广泛应用于影视编辑如广告制作、电视节目制作中。

6.3 多媒体计算机系统

多媒体计算机系统是指具有多媒体信息处理能力的计算机系统，它主要由多媒体硬件系统和多媒体软件系统组成。

6.3.1 多媒体硬件系统

多媒体硬件系统是构成多媒体系统的物质基础，是指系统中所有的物理设备。多媒体硬件系统由主机、多媒体外部设备接口卡和多媒体外部设备构成。

多媒体外部设备十分丰富，按照功能分为以下四类。

- 视频/音频输入设备：摄像机、照相机、影碟机、扫描仪、录音机和话筒等。
- 视频/音频输出设备：显示器、投影仪、扬声器、电视机和立体声耳机等。
- 人机交互设备：键盘、鼠标、触摸屏和光笔等。
- 数据存储设备：磁盘、光盘、U 盘和移动硬盘等。

下面介绍一些主要的多媒体外部设备。

（1）声卡。声卡是计算机处理声音信息的专用功能卡。声卡上有话筒、录放机等外设的插孔，可以用来录制、编辑和回放数字音频文件，控制各个声源的音量并加以混合，在记录和回放数字音频文件时进行压缩和解压缩。

（2）显卡。显卡是计算机主机与显示器之间的接口，用于将主机中的数字信号转换成图像信号并在显示器上显示出来，它决定屏幕的分辨率和显示器可以显示的颜色。

（3）视频卡。视频卡是一种专门用于对视频信号进行实时处理的设备，它可以汇集视频源和音频源的信号，经过捕获、压缩、存储、编辑和特技制作等处理，产生视频图像画面。视频卡插在主机板的扩展槽内，通过配套的驱动软件和视频处理应用软件进行工作。视频卡可以对视频信号进行数字化转换、编辑和处理，以及保存数字化文件。视频卡按照功能可以分为视频采集卡、视频转换卡和视频播放卡。

（4）光存储系统。光存储系统是由光盘驱动器和光盘组成。光盘驱动器是用于读写信息的设备，光盘是用于存储信息的介质。

（5）触摸屏。触摸屏在 20 世纪五六十年代开始出现，随着多媒体应用需求的与日俱增，可以实时地智能化地实现人机交互。触摸屏是最基本的多媒体系统界面之一，具有坚固耐用、反应速度快、节省空间和易于交流等许多优点。触摸屏系统一般包括传感器和触摸屏控制器两个部分。传感器主要用于探测用户以触摸屏幕方式输入的信息，根据所用介质不同，探测原理和方式也不同，如电阻式和电容式等。触摸屏控制部件主要功能是接收用户在屏幕上的触摸点检测信息，将其转换为数字信号并传送给主机，同时还可以接收主机命令并加以执行，因此控制器一般都有固化好的监控程序。目前，大量的企事业单位使用了多媒体信息查询系统，如医院、政府机构、宾馆、商场、图书馆、公园、机场和教育训练场所等广泛使用了触摸屏。

（6）扫描仪。扫描仪是多媒体应用系统中一个主要的输入设备，主要用于扫描文字、表格和图形图像。扫描仪的技术原理是把图形图像、文字信息转换成数字信息并以二进制形式存储于计算机中。根据扫描仪获取图像彩色信息能力，有彩色扫描仪和黑白扫描仪。

（7）数码摄像机。数码摄像机简称 DV（Digital Video），是一种使用数字视频格式记录音频、视频数据的摄像机。数码摄像机在记录视频时采用数字信号处理方式，它的核心部分就是将视频信号经过处理后转变为数字信息，并通过磁鼓螺旋扫描记录在数据存储介质上，视频信号的转换和记录都是以数码形式存储的。数码摄像机可以获得很高的图像分辨率，色彩的亮度和频宽也远比普通摄像机高，音视频信息以数字方式存储，便于加工处理，可以直接在数码摄像机上完成视频的编辑处理。

6.3.2 多媒体软件系统

多媒体软件系统是多媒体技术的核心，把各种各样的多媒体硬件组合在一起，使用户可以方便地使用或编辑各种多媒体资源。多媒体软件系统可以分为多媒体操作系统、多媒体创作工具软件、多媒体素材编辑软件和多媒体应用软件四类。

1. 多媒体操作系统

多媒体操作系统是多媒体系统运行的基本环境，主要用于支持多媒体的输入输出及相应的软件接口，具有实时任务调度、多媒体数据转换和同步控制、对仪器设备的驱动和控制，以及图形用户界面管理等功能。多媒体操作系统主要有 Microsoft 公司的 Windows 系列操作系统，Apple 公司 System7.0 中提供的 Quick Time 操作平台等。

2. 多媒体创作工具软件

多媒体创作工具软件是指多媒体专业人员在多媒体操作系统基础上开发的，供特定领域的专业人员用于开发多媒体应用系统的工具软件，是创作多媒体应用系统的工作环境。多媒体创作工具软件是多媒体素材集成的多媒体开发创作工具，如 Macromedia 公司的课件制作软件 Authorware、网页制作软件 Dreamweaver、Microsoft 公司的 PowerPoint 等。

3. 多媒体素材编辑软件

多媒体素材编辑软件主要用于采集、整理和编辑各种媒体数据。创作一个多媒体作品首先要采集素材，然后对素材进行加工处理，最后把加工好的素材集成在一起，经过包装出版。多媒体制作软件可以分为多媒体素材采集软件和素材加工处理的编辑软件，如图像设计软件 Freehand 和 Illustrator，图像处理软件 Photoshop，声音处理软件 Sound Forge，视频编辑软件 Premier，二维动画软件 Flash 和三维动画软件 3D Max 等。

4. 多媒体应用软件

多媒体应用软件是在多媒体软硬件平台上根据各种需求设计开发的应用的程序或演示软件系统，如多媒体电子出版物、视频会议系统和计算机辅助教学软件等。

6.4 多媒体技术应用

多媒体技术现阶段广泛应用于生产生活的方方面面，常用于工业设计、工业制造、教育、医疗等方面。本节以微课制作阐述多媒体技术在计算机辅助教学的应用。

微课不仅仅是单一的授课，而是一个以授课、练习、反馈和提升为一体的整体。

1. 微课录制准备

一节微课只有 5～10 分钟，通常只会讲授一个知识点，所以在选题时一定要做到小而精。一般情况下可以选取教学中的重点、难点作为微课内容，同时也得兼顾是否适合多媒体表达。在录制微课之前需做好以下准备工作：

- 深刻理解微课的功能——解惑而非授业。
- 选择要讲的知识点，尽可能选择热门的考点、难点。
- 明确你的微课听众对象。
- 将知识点按照一定逻辑分割成很多个小知识点。

- 制作好所需 PPT。
- 准备好录制设备。
- 熟悉软件操作。

2. 教案的编写

微课时间虽短，但也是一个完整的教学过程，需要有良好的教学设计。教学设计时首先要进行教学定位，明确微课的主要面像对象，在不同学科不同学段的学生，教学的形式和语言的组织上应该有差异，还要根据观看对象的知识体系不同，设计教学的重点和难点。

3. 课件的制作

当前教学环境下一般使用 PPT 作为主要的课件制作软件，在微课中 PPT 只需放置核心内容，能让学习者了解微课的内容，内容需具有引导性、启发性，可以带有一定的悬念，使学习者带着问题去学习。

用于微课的 PPT 与教师平时做的多媒体课件一样，在此只简单介绍课件制作时需注意的一些问题和设计原则。

（1）内容设计：PPT 只需放置核心内容，零碎的知识点可通过教师口述和动作表达。PPT 内容设计要有启发性、有悬念，也可以布置反思课程。

（2）版面设计：在 PPT 中，版式是在有限的空间内，在不删除页面内容的前提下，对文字、图片和图表元素进行重新编排，使页面更美观，内容一目了然。对封面页进行设计时，最好采用首页作为封面，知识点与作者一目了然，第一张 PPT 作为微课的“脸面”，应当具有一个清晰的“五官”。不同位置所放内容需符合要求。中间页内容放置时需注重美学要求和规律。尾页设计可以加入感谢语、微课题目、欢迎观看微课等语言。

（3）美学设计：在制作 PPT 课件时，包括图表在内，颜色不应超过 4 种，单张幻灯片颜色不应超过 3 种。通常采用准确的文字、规范的字体和标准的字号表现出不同的逻辑层次。一张幻灯片一般不要超过 3 个层次，不同幻灯片上相同层次的文字要采用相同的颜色、字体和字号。

4. 视频的录制

录制教学过程是微课制作的中最关键的环节，信息技术类的教学主要是以软件操作为主，可直接采用录屏软件录制。对于非软件操作的课程可以采用视频录制设备进行录制，如手机、摄像机和带录制功能的相机等。

录制过程中尽量避免鼠标光标的随意移动，以免对学生造成学习干扰，鼠标的点击速度不宜过快，要有适当停顿，关键环节适当增加提示。使用录制设备录制时，需考虑环境因素，尽可能选择较安静且光线较明亮的环境作为录制地点。录制解说时可以使用外接麦克风。

5. 后期制作

在录制过程中，必然存在多余的视频片段，可以利用视频编辑软件进行视频剪辑操作。将视频拖动到时间轴的合适位置上，利用软件自带工具可以实现视频的分割、复制、粘贴和删除等操作。也可通过视频过渡、语音旁白、镜头缩放、添加字幕和添加标注等方式使视频更优美、和谐，使受众更好地理解所授内容。

6. 交互与反馈

一节优秀的微课，除了要将知识点简明扼要、清晰地传达给学生外，还需要提供一定的交互和反馈，使学生在观看视频学习的同时通过思考问题加深对知识点的理解，以检验学生的学习效果。

7. 视频的导出与发布

视频编辑好后，就可以导出视频了，选择“文件”菜单下的“生成并共享”命令，选择相应的格式，导出视频。宣告微课制作完成。

微课制作完成后，需将制作好的微课向受众发布，在发布时可以是制作者将所制作的微课视频直接展示给受众，也可以通过上传至网络课程网站，将网站信息告知受众，受众通过网络进行微课视频的观看。

习题 6

单项选择题

1. 计算机在现代教育中的主要应用有计算机辅助教学、计算机模拟、多媒体教室和（　　）。

A. 网上教学　　B. 家庭娱乐
C. 电子试卷　　D. 以上都不是

2. CAD 和 CAM 是当今计算机的主要应用领域，其具体的含义是（　　）。

A. 计算机辅助教学和计算机辅助设计
B. 计算机辅助设计和计算机辅助测试
C. 计算机辅助设计和计算机辅助制造
D. 计算机辅助制造和计算机辅助教学

3. 具有多媒体功能的微机系统常用 CD-ROM 作为外存储器，它是（　　）。

A. 只读内存储器　　B. 只读硬盘
C. 只读光盘　　D. 只读软盘

4. 下列各项中，不属于多媒体硬件的是（　　）。

A. 光盘驱动器　　B. 视频卡　　C. 音频卡　　D. 加密卡

5. 下列不能用媒体播放器播放的文件是（　　）。

A. bee.wav　　B. bee.mid　　C. bee.avi　　D. bee.doc

6. 多媒体计算机的发展趋势是（　　）。

A. 进一步完善计算机支持的协同工作环境 CSCW
B. 智能多媒体技术
C. 把多媒体信息实时处理和压缩编码算法做到 CPU 芯片中
D. 以上信息全对

7. 下列关于多媒体计算机的概念中，正确的是（　　）。

A. 多媒体技术可以处理文字、图像和声音，但不能处理动画
B. 多媒体技术具有集成性、交互性和综合性等特征
C. 传输媒体有键盘、鼠标等
D. 多媒体计算机系统由支持多媒体的硬件系统、操作系统和应用工具软件组成

8．下列属于视频文件格式的是（　　）。

A．.bmp 文件　　B．.gif 文件　　C．.png 文件　　D．.avi 文件

9．下面（　　）系统是多媒体操作系统。

A．DOS　　B．Windows　　C．VC　　D．Authorware

10．下列描述中不正确的是（　　）。

A．多媒体技术最主要的两个特点是集成性和交互性

B．所有计算机的字长都是固定不变的，都是 8 位

C．计算机的存储容量是计算机的性能指标之一

D．各种高级语言的编译系统都属于系统软件

11．下列有关多媒体计算机概念描述正确的是（　　）。

A．多媒体技术可以处理文字、图像和声音，但不能处理动画和影像

B．多媒体计算机系统主要有多媒体硬件系统、多媒体操作系统

C．传输媒体主要包括键盘、显示器、鼠标、声卡及视频卡等

D．多媒体技术具有同步性、集成性、交互性和综合性的特征

12．请根据多媒体的特性判断以下属于多媒体范畴的是（　　）。

（1）交互式视频游戏（2）有声图书（3）彩色画报（4）立体声音乐

A．（1）　　B．（1）、（2）

C．（1）、（2）、（3）　　D．全部

13．下列关于计算机的叙述中，正确的一项是（　　）。

A．存放由存储器取得指令的部件是指令计数器

B．计算机中的各个部件依靠总线连接

C．十六进制转换成十进制的方法是“除 16 取余法”

D．多媒体技术的主要特点是数字化和集成性

14．与矢量图相比，点位图的特点是（　　）。

A．显示的色彩更丰富　　B．数据量较大，但显示速度快

C．显示的图更大　　D．显示分辨率更高

15．人耳对不同频率的声音的敏感度存在很大差别，（　　）范围的声音信号是最敏感频带，幅度很低的信号都能被听到。

A．1kHz～3kHz　　B．2kHz～4kHz

C．3kHz～4kHz　　D．1kHz～5kHz

16．在多媒体计算机中常用的图像输入设备是（　　）。

（1）数码照相机（2）彩色扫描仪（3）视频卡（4）彩色摄像机

A．（1）　　B．（1）（2）

C．（1）（2）（3）　　D．全部

17．下面（　　）是 MPC（多媒体计算机）对音频处理能力的基本要求。

A．录入声波信号　　B．处理声波信号和重放声波信号

C．用 MIDI 技术合成音乐　　D．上述全部

18．下面关于多媒体系统的描述中，不正确的是（　　）。

A．多媒体系统一般是一种多任务系统

B．多媒体系统是对文字、图像、声音、活动图像及其资源进行管理的系统
C．多媒体系统只能在微型计算机上运行
D．数字压缩是多媒体处理的关键技术

19．下列数字视频中质量最好的是（　　）。
A．40×180 分辨率、24 位真彩色、15 帧/秒的帧率
B．320×240 分辨率、32 位真彩色、25 帧/秒的帧率
C．320×240 分辨率、32 位真彩色、30 帧/秒的帧率
D．640×480 分辨率、16 位真彩色、15 帧/秒的帧率

20．下列不属于多媒体视频/音频输入设备的是（　　）。
A．摄像机　　B．照相机
C．扫描仪　　D．磁盘

21．数字音频采样和量化过程所用的主要硬件是（　　）。
A．数字编码器　　B．数字解码器
C．模拟/数字转换器（A/D 转换器）　　D．数字/模拟转换器（D/A 转换器）

22．多媒体技术的主要特点是（　　）。
A．实时性和信息量大　　B．集成性和交互性
C．实时性和分布性　　D．分布性和交互性

23．计算机辅助设计的简称是（　　）。
A．CAT　　B．CAM　　C．CAI　　D．CAD

24．目前音频卡具备的功能有（　　）。
（1）录制和回放数字音频（2）混音（3）语音特征识别（4）实时解压/压缩数字音频
A．（1）（3）（4）　　B．（1）（2）（4）
C．（2）（3）（4）　　D．全部

25．在数字音频信息获取与处理过程中，下述顺序正确的是（　　）。
A．A/D 转换、采样、压缩、存储、解压缩、D/A 转换
B．采样、压缩、A/D 变换、存储、解压缩、D/A 转换
C．采样、A/D 转换、压缩、存储、解压缩、D/A 转换
D．采样、D/A 转换、压缩、存储、解压缩、A/D 转换

26．图像序列中的两幅相邻图像，后一幅图像与前一幅图像之间有较大的相关性，这是（　　）。
A．空间冗余　　B．时间冗余
C．信息熵冗余　　D．视觉冗余

27．一个物体将 RGB 三色中的红色全部吸收，而反射回 100%的绿色和蓝色，则看到的色彩是（　　）。
A．黄色　　B．蓝色　　C．品红　　D．青色

28．CAM 的含义是（　　）。
A．计算机辅助设计　　B．计算机辅助教学
C．计算机辅助制造　　D．计算机辅助测试

29．一幅彩色静态图像（RGB），设分辨率为256×512，每一种颜色分量用8bit表示，则该彩色静态图像的数据量为（　　）。

A．512×512×3×8 bit　　B．256×512×3×8 bit

C．256×256×3×8 bit　　D．512×512×3×8×25 bit

30．关于流媒体技术，下列说法中错误的是（　　）。

A．实现流媒体需要合适的缓存　　B．流媒体格式包括.asf、.rm、.ra等

C．流媒体可用于在线直播等方面　　D．媒体文件全部下载完成才可以播放

第 7 章　计算机网络基础知识

信息时代，网络是数据传送的主要载体，我们离不开网络。本章介绍计算机网络的基本概念、局域网、Internet。

7.1　计算机网络概述

自 20 世纪 70 年代初，随着美国国防部资助研制的 ARPANet 投入运行以来，计算机网络经过几十年的发展，历经以单计算机为中心的联机系统（多终端系统）、计算机－计算机网络（局域网络）、体系结构标准化网络（协议网络的标准化与网络互连）、Internet 时代（网络应用、无线网络、网络安全）几个阶段。

7.1.1　计算机网络的定义及应用

1. 计算机网络的定义

在计算机网络发展过程的不同阶段中，人们对计算机网络提出了不同的定义。不同的定义反映着当时网络技术发展的水平，以及人们对网络的认识程度。什么是计算机网络？目前，可以如下定义：

计算机网络是将分散在不同地点并具有独立功能的多个计算机系统互连起来，利用通信线路（有线与无线）和设备（交换机、路由器等），按照网络协议，配以相对完善的网络软件，实现资源（硬件、软件与数据）共享和数据通信的计算机集合。

2. 计算机网络的应用

（1）计算机网络建设的目的：

- 提供资源的共享。可以在本地计算机上使用网上的资源。
- 提供信息的快捷交流。通过计算机网络，可以让处在不同地域的人们共同完成报告、文件的编辑，同时可以进行网络会议，商谈各种事情，大大节约了时间和空间的成本。
- 提供分布式处理。将复杂、庞大的任务分散在不同计算机上来协同工作、并行处理。
- 实现集中管控。可以让不同地理位置的多台计算机集中地进行各类信息的处理。
- 提高系统可靠性。可以将计算机的重要软件、数据存储在网上的存储空间里，如果某台计算机发生故障，造成资源不可恢复，仍然可以在网上的其他计算机中找到副本。
- 提高系统性价比。用户可以共享使用大型高速设备，既方便又节省费用。

（2）计算机网络的应用。

1）虚拟现实（VR）。它是计算机模拟的三维环境，是一项关于计算机、传感与测量、仿真、微电子等技术的综合集成技术，可使多个用户参与同一虚拟世界，在视觉和听觉的感受上与现实世界一样，甚至更加绚丽多彩。

2）IP 电话。它是一种在 Internet 上实现 PC 到 PC、PC 到电话、电话到电话之间语音通信的技术，采用分组交换和统计复用技术来实现语音、数据的综合传输。

3）电子商务。它是通过数字通信进行商品买卖和资金转账及提供其他商业服务，包括公司内及公司间可实现的商务活动。电子商务现在已经对人们生活方式带来了一场变革。

4）网络娱乐。它是指网上音乐、网上电影、网上游戏等。丰富人们的业余生活，同时带来了便利的娱乐条件。

7.1.2 计算机网络的组成及分类

1. 计算机网络的组成

为了降低组网的复杂程度，减少工作量和方便异种机的连接，将“数据处理”和“数据传输”分开，即将网络划分为“资源子网”和“通信子网”两部分。

（1）资源子网的构成与作用。由入网的所有计算机、外设、软件和数据组成，负责全网的面向用户的数据处理与数据管理，以实现最大程度的全网资源共享。

（2）通信子网的构成与作用。由传输线路和转接部件组成，主要提供“用户入网的接口”和实现“数据传送”。

2. 计算机网络的分类

计算机网络的分类方法很多，人们可以从不同角度对计算机网络进行分类，下面分别从最常见的两方面对计算机网络进行分类。

（1）按网络的规模和通信距离，可分为以下三种。

1）局域网：简称 LAN，连接近距离计算机系统的网络，覆盖范围从几米到数千米，如一个公司、机构、校园、办公室、园区等。局域网被广泛应用于连接企业或者机构内部办公室的计算机和打印机等办公设备，实现数据通信和资源共享。局域网结构简单，通信设备与通信线路简单，一般采用双绞线或同轴电缆、交换机连接计算机系统或终端设备，具有传输速率高、延迟小、出错率低等特点。

2）城域网：简称 MAN，在地理域范围上比 LAN 更广，一般限于一个城市内部，属于宽带局域网。城域网在数据通信的基础上，主要实现话音传输、电视信号传输等。利用城域网，可以完成高速网络连接、视频点播、网络电视、远程医疗、远程教育、远程监控等，具有延迟小、速度快的特点。

3）广域网：简称 WAN，是用于连接同一国家、不同国家间、整个地球，乃至整个太空内的各种网络系统的网络。广域网强调的是通信网络，主要解决同构网络间、异构网络间、终端与网络间的相互连接的技术问题，因此广域网的结构与技术复杂，设备繁多，包括路由器、交换机、调制解调器、通信服务器等。广域网根据网络使用类型的不同可以分为公共传输网络、专用传输网络和无线传输网络几种。广域网具有传输速率相对较低、出错率较高等特点。

（2）按照计算机网络拓扑结构进行分类。网络的拓扑结构是指计算机网络节点（计算机、终端、通信设备等）和通信链路（通信线路）按不同的形式所组成的几何形状。网络的拓扑结构对整个网络的设计、功能、可靠性、费用等方面有着重要的影响，是设计、研究和分析网络的基础。选用何种类型的网络拓扑结构，要根据实际需要而定。下面介绍计算机网络中经常使用的几种拓扑结构。

1）星型拓扑结构。星型拓扑结构是指每个远程节点都通过一条单独的通信线路直接与中心节点连接，以中央网络节点为中心，与周边网络节点连接而构成的网络布局。星型拓扑结构的中央网络节点一般为专用网络交换设备，而周边网络节点为网络主机，如图 7-1 所示。

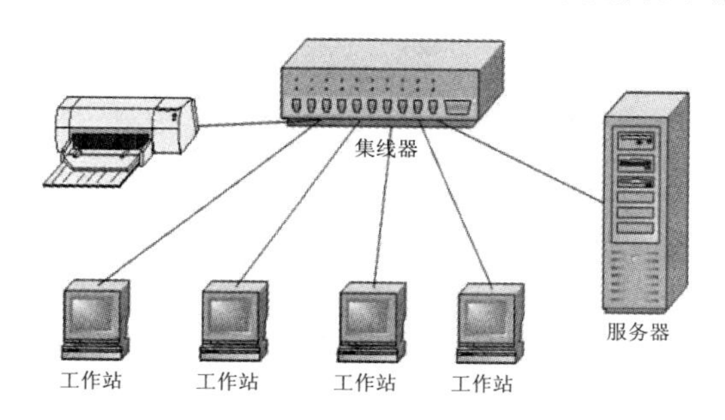

图 7-1　星型拓扑结构示意图

在星型网络中，各网络主机与中央节点通过点对点方式连接，任意两台网络主机间的通信都要经过中央网络节点。中央节点上网络交换设备执行集中式通信控制策略，而周边节点上的网络主机负责数据发送和接收。

星型拓扑结构是局域网技术中应用最广泛的一种网络结构。在实际的组网技术中把星型拓扑结构扩展为树状的，叫树型拓扑结构。

2）树型拓扑结构。树型拓扑也叫多级星型拓扑，如图 7-2 所示。树型拓扑结构的网络是由多个层次的星型结构纵向连接而成，树的每个节点都是计算机或转接设备。一般是越靠近树的根部，节点设备的性能就越好。与星型拓扑结构的网络相比，树型结构网络线路总长度短，成本较低，节点易于扩充，但结构较复杂，传输时延大。

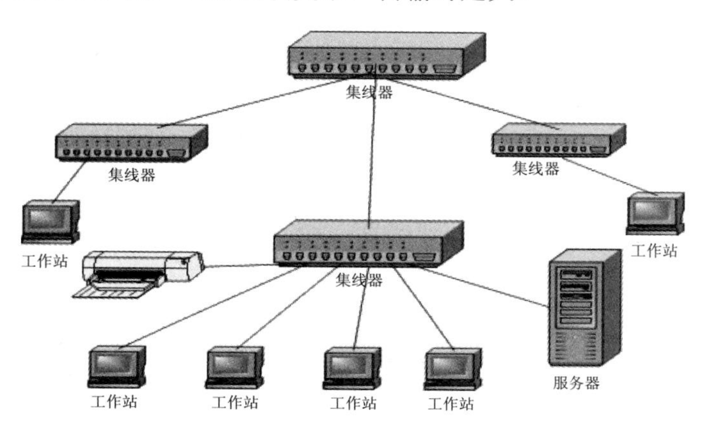

图 7-2　树型拓扑结构示意图

3）总线型拓扑结构。以共享的中央主缆线将网络主机以线性方式连接起来的网络布局方式称为总线型拓扑结构，如图 7-3 所示，负责连接的中央主缆线称为总线。在图 7-2 的总线结构中，服务器和所有的工作站都连在一条主干电缆上，任何一个网络节点发送的信息都可以沿着总线向总线两端方向传输扩散，并且能被总线中的任何一个节点所接收，而网络节点是否接收来自其他网络主机的信息则取决于信息的目的地址是否与当前网络主机的地址一致。对于需要提供广播服务的局域网，可以选择总线型拓扑结构。总线型网络的结构天然地决定了其具备广播信息的能力，因此总线型网络又被称为广播式网络。

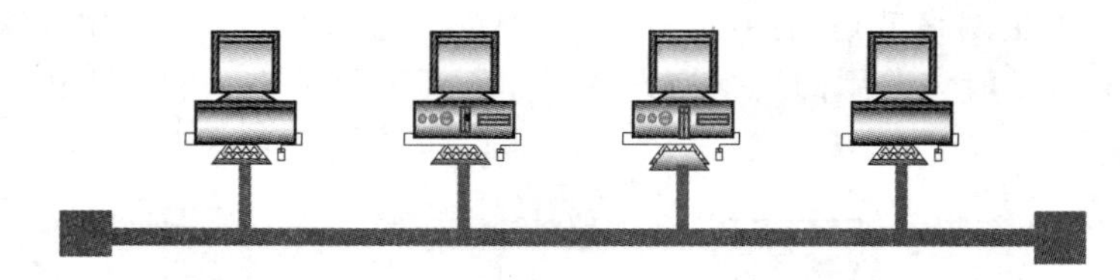

图 7-3　总线型拓扑结构示意图

4）环型拓扑结构。如图 7-4 所示，各计算机形成一个逻辑环路，数据包在环路上以固定方向流动。计算机间采用令牌控制，只有获得了令牌的计算机才能发送数据。

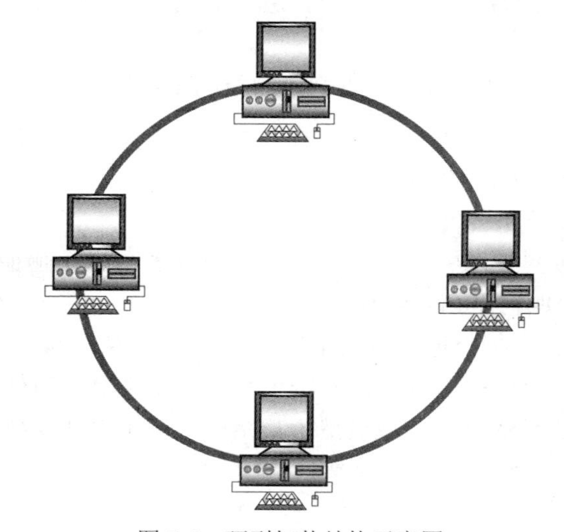

图 7-4　环型拓扑结构示意图

7.1.3　网络体系结构

计算机网络是一个复杂系统，是由计算机系统和通信系统组成的集合。网络体系结构是描述网络系统运行原理与思想的有效方式，是指通信系统的整体设计，它为网络硬件、软件、协议、存取控制和拓扑提供标准。

计算机网络体系结构中有几个重要的概念：层次（Layer）、接口（Interface）、协议（Protocol）和体系结构（Architecture）。

1. 网络层次

计算机网络是一个非常复杂的系统，按照系统解决的问题和实现的功能可划分为若干层次。每个层次要完成的功能及实现过程都有明确规定，不同系统的同等层具有相同的功能，高层使用低层提供的服务，并且不需要知道低层服务的具体实现方法。

2. 网络接口

网络分层结构中各相邻层之间需要进行信息交换，接口是同一节点内相邻层之间的信息交换点。在邮政系统中，邮箱就是发信人与邮递员之间规定的接口。同一个节点的相邻层之间存在着明确规定的接口，低层向高层通过接口提供服务。只要接口条件不变，低层功能不变，低层功能的具体实现方法与技术的变化就不会影响整个系统的工作。

3. 网络协议

计算机网络是由多个互连的节点组成的系统，要实现有条不紊地交换数据，每个节点都必须遵守一些事先约定好的规则。这些规则明确地规定了所交换数据的格式和时序，这些为网络数据交换而制定的规则、约定和标准称为网络协议。网络协议包括三个要素：语义、语法和时序。语义规定了通信双方准备“讲什么”，即需要发出何种控制信息，以及完成的动作与做出的响应。语法规定了通信双方“如何讲”，即确定用户数据与控制信息的结构与格式。时序规定双方“何时进行通信”，即对时间实现顺序的详细说明。网络协议的实现分别由软件和硬件或软硬件配合来完成。

4. 网络体系结构

网络协议是计算机网络系统中必不可少的组成部分，一个功能完备的计算机网络系统需要制定一整套的协议集合，这些协议按照层次结构模型组织。因此，将计算机网络层次模型与各层协议的集合称为计算机网络体系结构。

OSI（Open System Interconnection）是国际标准化组织（International Organization for Standardization，ISO）研究的网络互连模型，该体系结构标准定义了网络互连的七层框架，即ISO 开放系统互连参考模型。有了这个模型，各网络设备厂商就可以遵照共同的标准来开发网络产品，最终实现彼此兼容，为网络的发展奠定了坚实的基础。ISO 将整个通信功能划分为 7 个层次，如图 7-5 所示。

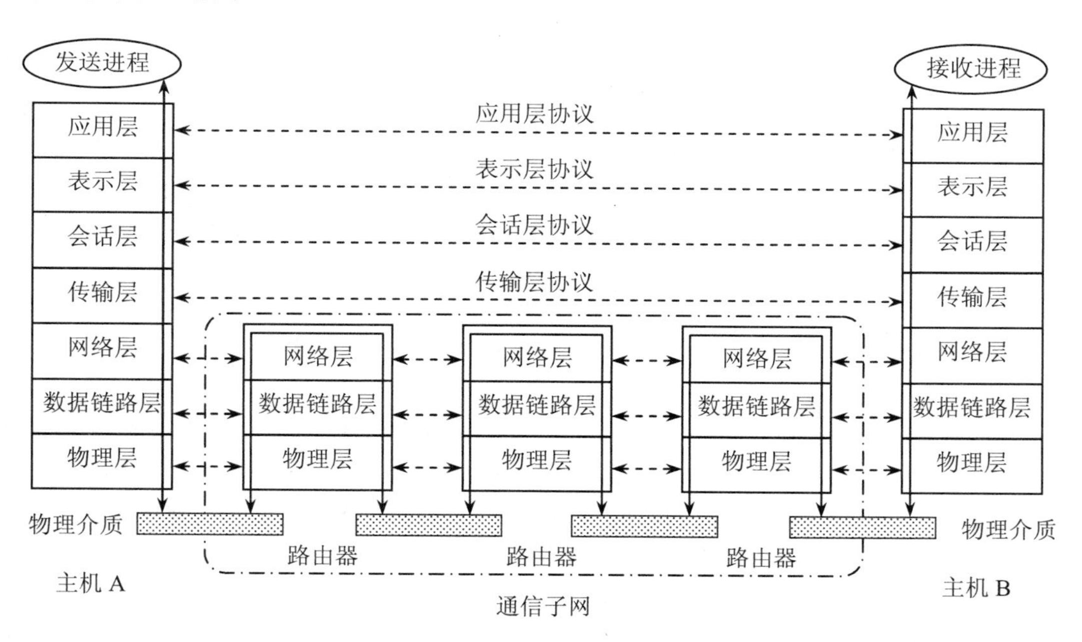

图 7-5 OSI 参考模型的结构

（1）物理层。物理层（Physical Layer）是参考模型的最底层，是整个开放系统的基础。物理层的主要功能是：利用传输介质为数据链路层提供物理连接，实现比特流的透明传输，为数据链路层提供物理连接的服务。其协议主要规定了计算机终端与通信设备之间的接口标准，包括了机械、电气、功能和规程等方面的特性。

（2）数据链路层。数据链路层（Data Link Layer）是参考模型的第二层。数据链路层的主要功能是：在物理层提供的服务基础上，在相邻节点之间建立数据链路连接，传输以“帧”为单位的数据包，并采用差错控制与流量控制方法，将有差错的物理线路变成无差错的数据链路，使得不可靠的传输介质变成可靠的传输通路提供给网络层。

（3）网络层。网络层（Network Layer）是参考模型的第三层。网络层的主要功能是：将数据分成一定长度的分组（包），为数据在主机之间传输创建逻辑链路，通过路由选择算法为分组通过通信子网选择最适当的路径，使分组穿过通信子网到达信宿，实现拥塞控制、网络互连等功能，同时该层的协议分别向高层提供面向连接和无连接方式的网络服务，使得高层的设计考虑不依赖数据传输技术和中继或路由。

（4）传输层。传输层（Transport Layer）是参考模型的第四层。传输层的主要功能是：向用户提供可靠的端到端服务，透明地传送报文，以及差错控制和流量控制机制。传输层向高层屏蔽了下层数据通信的细节，网络硬件技术的任何变化对于高层都是不可见的，高层设计不必考虑底层硬件细节，因此它是计算机通信体系结构中关键的一层。

（5）会话层。会话层（Session Layer）是参考模型的第五层。会话层的主要功能是：提供两个互相通信应用进程之间的会话机制，负责维护两个节点之间会话的建立、管理和终止，管理数据交换等功能。

（6）表示层。表示层（Presentation Layer）是参考模型的第六层。表示层的主要功能是：用于处理在两个通信系统中交换信息的表示方式，主要包括数据格式变换、数据加密与解密、数据压缩与恢复等。

（7）应用层。应用层（Application Layer）是参考模型的最高层。应用层的主要功能是：用于确定应用进程之间通信的性质以满足用户的需要，为应用进程与网络之间提供接口服务，该层包含了大量人们普遍需要的协议，通过应用软件的执行为用户提供网络应用服务。

总之，OSI 参考模型的低三层属于通信子网，主要为用户间提供透明连接，以每条链路为基础在节点间的各条数据链路上进行通信，由网络层来控制各条链路上的通信。高三层属于资源子网，主要是保证信息以正确的、可理解的形式传输。传输层是高三层和低三层之间的接口，它是第一个端到端的层次，保证透明的端到端连接，满足用户的服务质量要求，并向高三层提供合适的信息形式。

5. TCP/IP 模型

TCP/IP 是 Transmission Control Protocol/Internet Protocol 的缩写，相对于 OSI 参考模型，TCP/IP 参考模型是当前的工业标准或事实标准，是 Internet 上使用的网络通信标准协议，包含了一组网络互联的协议和路径选择算法，TCP 是传输控制协议，保证在传输中不会丢失；IP 是网络协议，保证数据被传到指定的目的地。TCP/IP 体系结构见表 7-1。

表 7-1 TCP/IP 体系结构

层次体系模型	相应协议	
应用层	RPC SNMP TFTP	Telnet FTP SMTP
传输层	TCP	UDP
网际层	IP ICMP GMP	ARP RARP
网络接口层	硬件驱动程序和介质接入协议	

7.2 局域网

7.2.1 局域网概述

局域网（LAN）是利用通信线路将近距离的计算机及外设连接起来，以达到数据通信和资源共享的目的。局域网的研究始于20世纪70年代，典型代表是以太网（Ethernet）。

1. *局域网的特点*

- 较小的地域范围。
- 高传输速率和低误码率。
- 面向的用户比较集中。
- 使用同种传输介质。

2. *局域网的层次结构*

IEEE 802模型中之所以要将数据链路层分解为两个子层，主要目的是使数据链路层的功能与硬件有关的部分（MAC）和与硬件无关的部分（LLC）分开，如图7-6所示。在MAC层中为每一节点设置了唯一标识该节点的地址，即MAC地址，又称物理地址。

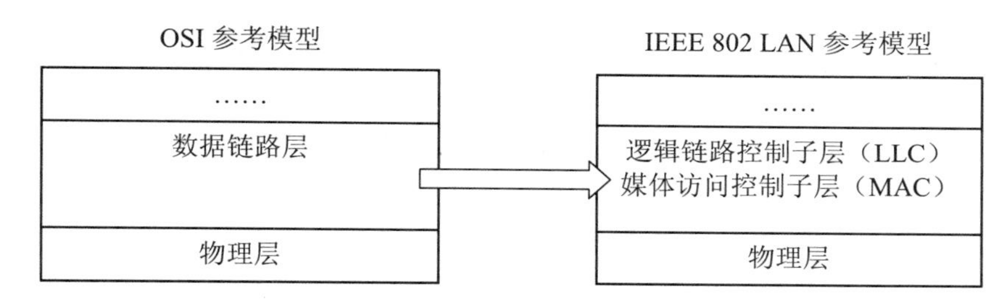

图7-6 IEEE 802局域网参考模型

IEEE 802协议是IEEE 802委员会致力于研究局域网和城域网的物理层和MAC层中定义的服务和协议而制定一系列的标准，见表7-2。这些标准也就是IEEE 802协议，解决在不同结构和传输介质基础上实现两个节点间的物理连接和通信问题。

表7-2 IEEE 802主要技术标准

标准	说明	标准	说明
IEEE 802.1	局域网体系结构、寻址、网络互联	IEEE 802.7	宽带技术咨询
IEEE 802.2	逻辑链路控制子层（LLC）的功能	IEEE 802.8	光纤技术咨询
IEEE 802.3	介质访问控制协议（CSMA/CD）	IEEE 802.9	综合声音数据的局域网
IEEE 802.4	令牌总线网（Token-Bus）	IEEE 802.10	网络安全技术咨询
IEEE 802.5	令牌环网（Token-Ring）	IEEE 802.11	无线局域网
IEEE 802.6	城域网介质访问控制协议	IEEE 802.12	按需优先

目前，IEEE 802委员会由6个分委员会组成，其编号分别为802.1至802.6，其标准分别称为标准802.1至802.6，目前它已增加到12个委员会，这一系列标准中的每一个子标准都由

委员会中的一个专门工作组负责，最广泛使用的有以太网规范、令牌环网规范、无线局域网规范。

7.2.2 局域网的组成

局域网主要由网络硬件和网络软件两部分组成。网络硬件用于实现局域网的物理连接，为局域网中的节点之间的通信提供一条物理通道。网络软件用来控制并具体实现双方的通信传递和网络资源的分配与共享。

1. 网络硬件

（1）服务器（Server）。网络服务器是局域网中为其他网络节点提供各种网络服务和共享资源的高性能计算机，其上往往安装有网络操作系统。

在计算机网络上有许多不同类型的服务器，服务器提供的服务功能大多数由网络软件决定的，按照所提供的服务功能进行分类，网络服务器可分为文件服务器、通信服务器、打印服务器、数据库服务器、Web 服务器和邮件服务器等。

（2）工作站（Workstation）。工作站可以是台式计算机、笔记本、移动智能终端等，在操作系统的支持下，配以相应的网络软件，实现与服务器、工作站间的通信，并能独立运行。操作系统常见的有 Windows 系列操作系统和基于 Linux 的操作系统。

（3）网络设备（Network Device）。网络设备是网络间互联设备的统称，主要有网络适配器（网卡）、中继器（Repeater）、集线器（Hub）和交换机（网桥）等。通过这些设备可以把节点连接起来组成局域网。

1）网卡。网络接口卡（Network Interface Card，NIC）又称网卡、网络适配器，它是计算机及终端设备连接网络的基本部件。一方面连接局域网中的计算机，另一方面连接局域网中的传输介质。网卡的分类方法有以下几种。

- 按总线接口类型划分。按网卡的总线类型来划分一般分为 ISA 接口网卡、PCI 接口网卡和在服务器上使用的 PCI-X 总线接口类型的网卡，笔记本的网卡是 PCMCIA 接口类型的。随着计算机的网络化发展，网络接口卡多数都集成到主板上。
- 按网络接口类型划分。不同的网络接口适用于不同的网络类型，目前常见的接口主要有以太网的 RJ-45 接口、细同轴电缆的 BNC 接口和粗同轴电缆的 AUI 接口、FDDI 接口、ATM 接口、无线接口等。
- 按传输速度来划分。随着网络技术的发展，网络带宽也在不断提高，但是不同带宽的网卡所应用的环境也有所不同，目前主流的网卡主要有 10 Mb/s 网卡、100 Mb/s 以太网网卡、100 Mb/s 自适应网卡、1000 Mb/s 千兆以太网卡 4 种。
- 按网卡应用领域来分。根据网卡所应用的计算机类型划分，可以将网卡分为应用于工作站的网卡和应用于服务器的网卡。

2）中继器（Repeater）。中继器是最简单且较常用的连接设备，是一种数字信号放大器。其作用是将网络中的一个电缆段上传输的数据信号进行放大和整形，然后再发送到另一个电缆段上，以克服信号经过较长距离传输后引起的衰减。

3）集线器（Hub）。集线器是以太网的中心连接设备，它是“共享介质”总线型局域网结构的一种变革。

4）交换机（Switch）。交换式局域网的核心是局域网交换机，也有人把它叫做交换式集线器。目前，使用最广泛的是以太网交换机。

（4）传输介质（Transmission Media）。传输介质的性能、特性对传输速率、通信距离、可连接的网络节点数和数据传输的可靠性等都有很大的影响。

网络传输介质可以分为两大类：一类是有线传输介质，包括同轴电缆、双绞线和光纤等；另一类是无线传输介质，包括微波、红外线等。

1）同轴电缆。同轴电缆是指有两个同心导体，而导体和屏蔽层又共用同一轴心的电缆。如图 7-7 所示。

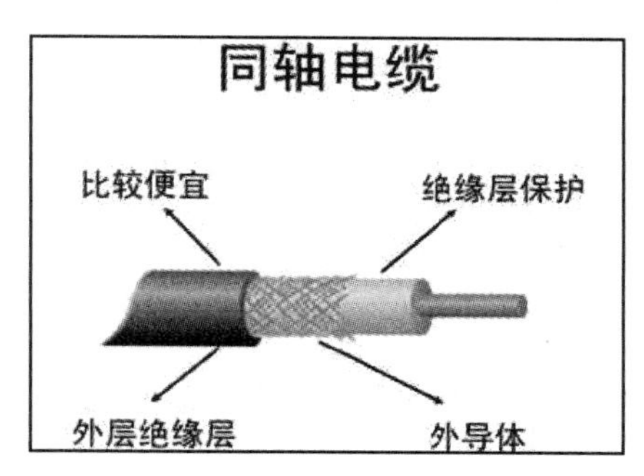

图 7-7　同轴电缆

同轴电缆是用途最多的传输媒体，其中最重要的应用有：电视节目传送、长途电话传送、局域网连接。同轴电缆还可以用于模拟信号与数字信号的传输。它不仅支持点对点的连接，还支持多点连接。

2）双绞线。双绞线是最普通、最便宜、最便于使用的传输介质，是由按螺旋结构排列的两根、四根或八根绝缘导线组成的。

双绞线 RJ-45 头制作的排线方法如下：

- 568B：橙白、橙、绿白、蓝、蓝白、绿、棕白、棕。
- 568A：绿白、绿、橙白、蓝、蓝白、橙、棕白、棕。

如果计算机通过交换机相互连接，则双绞线两端排线使用同一标准（568A 或 568B）；如两计算机间使用双绞线直接连接，则双绞线一端使用 568A 标准，另一端使用 568B 标准。如图 7-8 所示。

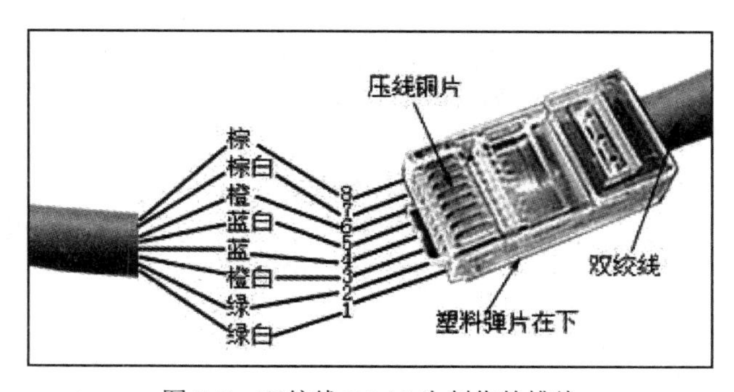

图 7-8　双绞线 RJ-45 头制作的排线

3）光纤。光纤是网络传输介质性能最好、应用最广泛的一种。它是一种纤细、柔韧，能够传导光线的媒体。它利用了光的全反射原理把光信号从一端传输到另一端。如图 7-9 所示。

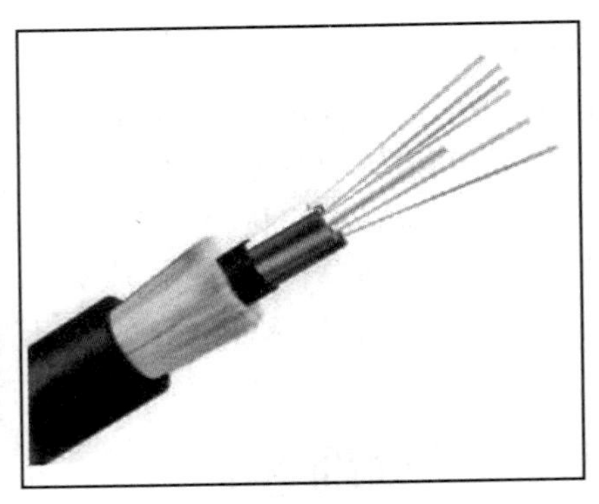

图 7-9 光纤

单模光纤：光纤芯直径为 2μm～8μm，采用激光二极管 LED 作为光源。单模光纤的传输频带宽、容量大、传输距离长，但因为需要激光源，所以成本较高，远距离传输或进行音视频传输常使用单模光纤。

多模光纤：光纤的直径较大，约为 50μm～120μm，采用发光二极管 LED 作为光源。多模光纤传输速度低，距离短，整体传输性能不如单模光纤，但成本低，因此在进行局域网连接时，可用多模光纤连接地理位置相邻的建筑物。

4）无线通信。无线通信是利用电磁波信号在自由空间中传播的特性进行信息交换的一种通信方式，近些年，在信息通信领域中，发展最快、应用最广的就是无线通信技术，无线通信技术自身有很多优点：成本较低，无线通信技术不必建立物理线路，更不用大量的人力去铺设电缆，而且无线通信技术不受工业环境的限制，对抗环境的变化能力较强，故障诊断也较为容易，相对于传统的有线通信的设置与维修，无线网络的维修可以通过远程诊断完成，更加便捷；扩展性强，当网络需要扩展时，无线通信不需要扩展布线；灵活性强，无线网络不受环境、地形等限制，而且在使用环境发生变化时，无线网络只需要做很少的调整，就能适应新环境的要求。

2. 网络软件

网络软件是控制和管理网络运行、提供网络通信和网络资源分配与共享功能的软件，它为用户提供了访问网络和操作网络的友好界面，主要包括网络操作系统和网络应用协议等。

（1）网络操作系统。网络操作系统（NOS）是网络的心脏和灵魂，是向网络计算机提供服务的特殊的操作系统。常见有 Windows 系列、基于 Linux 系列的网络操作系统。如 Windows Server 2003、Windows Server 2008、Windows Server 2012、Cent OS 和 Ubuntu 等。

（2）网络应用协议。网络应用协议完成节点中应用软件与下层的通信协议之间数据传输、转换、封装/解封规则和约定，规定了通信节点双方对特定应用相互交换的数据或控制信息的格式。常用的网络应用协议有 ARP、SNMP、SMTP、DHCP、NetBEUI 等。

7.2.3 常见的局域网

我们知道局域网（Local Area Network，LAN）是将小区域内的各种通信设备互联在一起所形成的网络，覆盖范围一般局限在房间、大楼或园区内。局域网的特点是距离短、延迟小、数据速率高、传输可靠。

目前常见的局域网类型包括以太网（Ethernet）、令牌环网（Token Ring）、交换网（Switching）

等，它们在拓扑结构、传输介质、传输速率、数据格式等多方面都有许多不同。其中应用最广泛的当属以太网（一种总线结构的LAN），是目前发展最迅速也最经济的局域网。这里简单对这几种局域网进行介绍。

1. 以太网

以态网（Ethernet）是Xerox、Digital Equipment和Intel三家公司开发的局域网组网规范。这三家公司将此规范提交给IEEE 802委员会，经过IEEE成员的修改并通过，变成了IEEE的正式标准，编号为IEEE 802.3。Ethernet和IEEE 802.3虽然有很多规定不同，但术语是兼容的。IEEE将802.3标准提交国际标准化组织（ISO）第一联合技术委员会（JTC1），再次经过修订变成了国际标准ISO 802.3。

下面给出以太网的几个术语。

1）交换以太网：其支持的协议仍然是IEEE 802.3/以太网，但提供多个单独的10Mb/s端口。它与原来IEEE 802.3/以太网完全兼容，并且克服了共享10Mb/s带来的网络效率下降的问题。

2）100BASE-T 快速以太网：与 10BASE-T 的区别在于将网络的速率提高了 10 倍，即100Mb/s。采用了FDDI的PMD协议，但价格比FDDI便宜。100BASE-T的标准由IEEE 802.3制定。与 10BASE-T 采用相同的媒体访问技术、类似的步线规则和相同的引出线，易于与10BASE-T集成。每个网段只允许两个中继器，最大网络跨度为210米。

3）1000Base-T：千兆以太网传输媒介规范，于1999年6月被IEEE标准化委员会批准。这种目前被最广泛安装的LAN结构上提供1000Mb/s的速度。它是为了在现有的网络上满足对带宽急剧膨胀的需求而提出的，这种需求是实现新的网络应用和在网络边缘增加交换机的结果。

2. 令牌环网

令牌环网是IBM公司于20世纪80年代初开发成功的一种网络技术。之所以称为环，是因为这种网络的物理结构具有环的形状。环上有多个站逐个与环相连，相邻站之间是一种点对点的链路，因此令牌环与广播方式的Ethernet不同，它是一种顺序向下一站广播的LAN。与 Ethernet 不同的另一个诱人的特点是，即使负载很重，仍具有确定的响应时间。令牌环所遵循的标准是IEEE 802.5，它规定了三种操作速率：1Mb/s、 4Mb/s和16Mb/s。开始时，UTP电缆只能在 1Mb/s 的速率下操作，STP 电缆可操作在 4Mb/s 和 16Mb/s 速率下，现在已有多家厂商的产品突破了这种限制。

3. 交换网

交换网是随着多媒体通信以及客户/服务器（Client/Server）体系结构的发展而产生的，由于网络传输变得越来越拥挤，传统的共享LAN难以满足用户需要，曾经采用的网络区段化，由于区段越多，路由器等连接设备投资越大，同时众多区段的网络也难于管理。

当网络用户数目增加时，如何保持网络在拓展后的性能及其可管理性呢?网络交换技术就是一个新的解决方案。目前用得比较多的是以太网。

7.3 Internet

Internet，又称因特网，是目前最大的互联网，是一个全球性的网络信息系统，以TCP/IP（传输控制协议/网际协议）协议为核心，使用路由器（Router）把世界各地的计算机网络及计算机连接起来，实现信息交换和资源共享。

7.3.1 Internet 基础

1. Internet 发展概况

1969 年，为了能在爆发核战争时保障通信联络，美国国防部高级研究计划署（Advance Research Projects Agency，ARPA）资助建立了世界上第一个分组交换试验网 ARPANet，ARPANet 将位于美国不同地方的几个军事及研究机构的计算机主机连接起来，它的建成和不断发展标志着计算机网络发展的新纪元。

2. TCP/IP 协议

TCP/IP（Transmission Control Protocol/Internet Protocol）是传输控制协议/互联网络协议，这种协议使得不同厂家、不同规格的计算机系统可以在互联网上正确地传递信息。TCP/IP 协议是Internet最基本的协议，它们不只是TCP和IP两个协议，实质上是一个协议集。使用TCP/IP协议，可向因特网上所有其他主机发送 IP 数据报。TCP/IP 有如下特点：

- 开放的协议标准，可以免费使用，并且独立于特定的计算机硬件与操作系统。
- 独立于特定的网络硬件，可以运行在局域网、广域网，更适用于互联网中。
- 统一的网络地址分配方案，使得整个 TCP/IP 设备在网中都具有唯一的地址。
- 标准化的高层协议，可以提供多种可靠的用户服务。

与 OSI 参考模型相比，TCP/IP 参考模型更为简单，只有 4 层，即网络接口层、网层际、传输层和应用层。TCP/IP 与 OSI 层次结构的对照关系如图 7-10 所示。各层的功能如下：

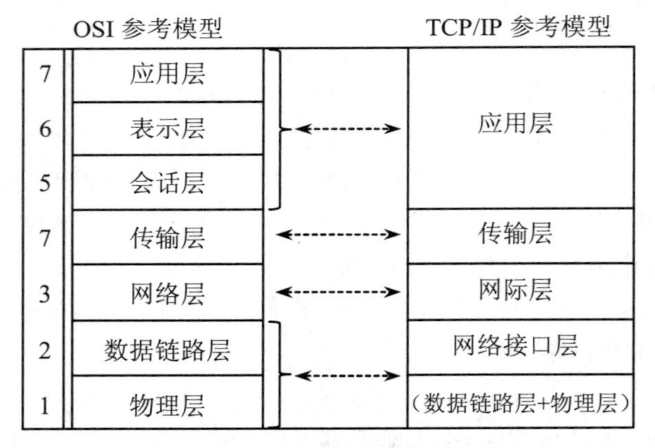

图 7-10　TCP/IP 与 OSI 层次结构模型的对照

（1）网络接口层。位于 TCP/IP 协议的最低层，它包括所有使得主机与网络可以通信的协议。TCP/IP 参考模型没有为这一层定义具体的接入协议，以适应各种网络类型。它的主要功能是为通信提供物理连接，屏蔽物理传输介质的差异，发送方将来自网际层的分组透明地转换成在物理传输介质上传送的比特流，接收方将来自物理传输介质的比特流透明地转换成分组。

（2）网际层。网际层的主要功能是处理来自传输层的分组，将分组形成数据包（IP 数据包），并为数据包进行路径选择，最终将数据包从源主机发送到目的主机。在此层中，最常用的协议是网际协议 IP，其他一些协议用来协助 IP 的操作。

IP 数据包中封装有数据包来源的地址和此数据包要达到的目标地址，这两个地址称为 IP 地址，是互联网络层中对 Internet 中每一台计算机或终端唯一标识的编号。IP 地址由互联网名称与数字地址分配机构（The Internet Corporation for Assigned Names and Numbers，ICANN）统一管理和分配。目前使用的 IP 地址有两个版本：IPv4 和 IPv6。

IPv4 中 IP 地址编码是由网络号与主机号构成，用 4 个字节 32 个二进制位进行编码。如一台计算机的 IP 地址编码：11000000 10101000 00000001 00000010。为了方便记忆和使用，实际应用中将组成计算机的 IP 地址的 32 位二进制分成四段（4 个字节），每段转换成十进制数（0～255），相邻段间用小数点隔开，上述的 IP 地址就变成 192.168.1.2，这就是十进制点分法的表示方法。

根据 IP 地址网络号和主机号占用的二进制位数的不同，IP 地址又分为五种类型，见表 7-3。

表 7-3　五类 IP 地址

IP 地址类型	网络位数	主机位数
A 类 IP 地址（1～126）	8 位	24 位
B 类 IP 地址（1～126）	16 位	16 位
C 类 IP 地址（1～126）	24 位	8 位
D 类 IP 地址（1～126）	组播地址	
E 类 IP 地址（1～126）	保留地址	

为了区分 IP 地址是在哪一范围之内，两个 IP 地址是否处在同一网段之内，TCP/IP 协议中采用了子网掩码（Subnet Mask）。子网掩码也是用 4 个字节 32 个二进制位进行编码，把 IP 地址中网络号对应的位全部置为“1”，主机号对应的位置为“0”。对应于 IPv4 中 A、B、C 三类 IP 地址的默认子网掩码分别为 255.0.0.0、255.255.0.0、255.255.255.0。把 IP 地址与子网掩码按位进行“与”运算，可得此 IP 地址所属网络的网络号。

（3）传输层。传输层的主要任务是为应用程序的通信提供可靠的传输服务，定义了两个主要的协议：传输控制协议 TCP 和用户数据报协议 UDP。TCP 协议被用来在一个不可靠的网络中为应用程序提供可靠的端点间的字节流服务。UDP 协议是一种简单的面向数据报的传输协议，它提供的是无连接的、不可靠的数据报服务。

（4）应用层。应用层是 TCP/IP 协议的最高层，该层定义了大量的应用协议，常用的有提供远程登录的 Telnet 协议、超文本传输的 HTTP 协议、提供域名服务的 DNS 协议、提供邮件传输的 SMTP 协议等。

3. Internet 的组成

Internet 主要是由通信线路、路由器、主机与信息资源等组成，其中路由器（Router）是互连的主要设备。通信线路是 Internet 的基础设施，负责将 Internet 中的路由器连接起来。路由器是 Internet 中的重要设备之一，它负责将 Internet 中的各个局域网或广域网连接起来。主机是 Internet 中提供信息资源与服务的载体。

在 Internet 中存在着很多类型的资源，例如文本、图像、声音与视频等多种信息类型，并且涉及社会生活的各个方面。

（1）域名系统。域名系统（Domain Name System，DNS）是因特网中的一项核心服务，它作为可以将域名和 IP 地址相互映射的一个分布式数据库，能够使人更方便地访问互联网，而不用去记住能够被机器直接读取的 IP 数串。一般地，域名是提供一定服务功能的一台计算机的名称。

- 主机名：一般表示计算机的服务内容及功能，如 www（Web 服务——信息浏览）、ftp（文件传输——文件的上传和下载）、mail（电子邮件——收发电子邮件）、bbs（论坛）。
- 机构名：根据提供服务功能计算机所在机构来命名。由机构向互联网络信息中心申请注册。
- 机构性质名：表示计算机提供的服务功能的信息类别或运营性质等，由 ICANN 管理。如 com（公司企业）、net（网络服务机构）、org（非赢利组织）、edu（教育机构）、gov（政府部门）、mil（军事部门）和 firm（公司企业）等。
- 国家名：表示主机所在的国家或地区，由 ICANN 管理。如 cn（中国）、jp（日本）、in（印度）、uk（英国）、fr（法国）等。

我国的域名注册由中国互联网络信息中心（CNNIC）统一管理。域名中的国家名或机构性质名可以是顶级域名，如 www.163.com 和 www.edu.cn 等。一个顶级域名下，可以根据管理需要按地理范围等形成二级域名，www.sccas.edu.cn 中 sc 为二级域名。

（2）域名服务器。域名服务器（DNS Server），是网络服务机构或网络运营商提供完成 IP 地址与域名间相互转换的专用服务器。网络中计算机间的通信识别使用的是 IP 地址，域名只是方便用户记忆和区别，只有转换成有效的 IP 地址才能进行通信。

4. Windows 7 中 TCP/IP 协议的基本设置

在 Windows 7 中打开“控制面板”，单击“所有控制面板项”中的“网络和共享中心”，如图 7-11 所示。单击其中的“本地连接”，弹出如图 7-12 所示的“本地连接状态”对话框。

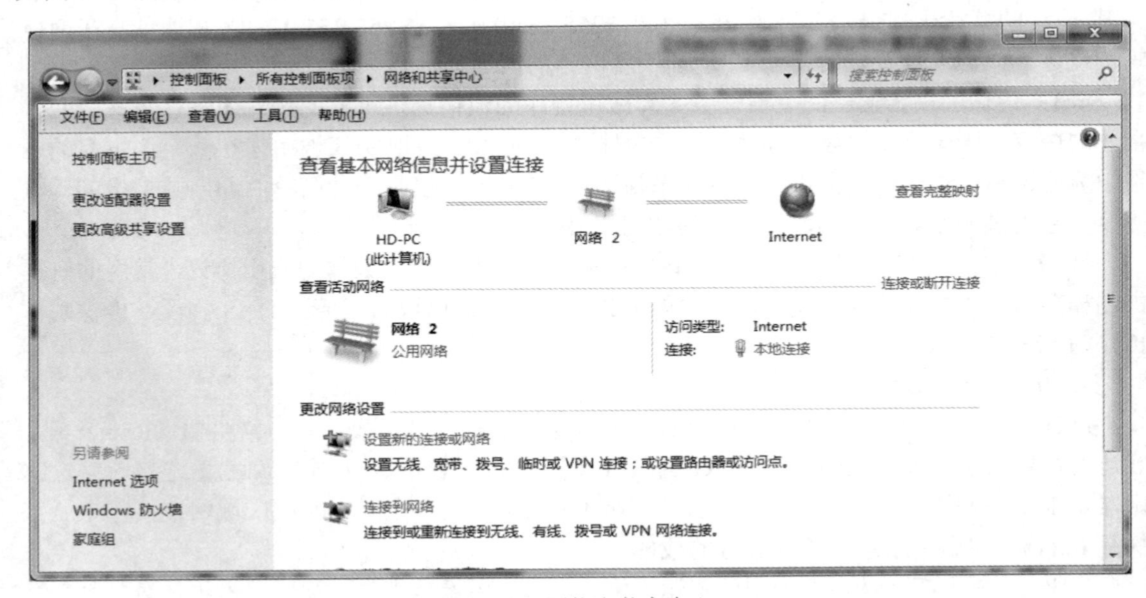

图 7-11 网络和共享中心

单击“属性”按钮，弹出如图 7-13 所示的“本地连接属性”对话框，双击“Internet 协议版本 4（TCP/IPv4）”，弹出如图 7-14 所示的“Internet 协议版本 4（TCP/IPv4）属性”对话框。

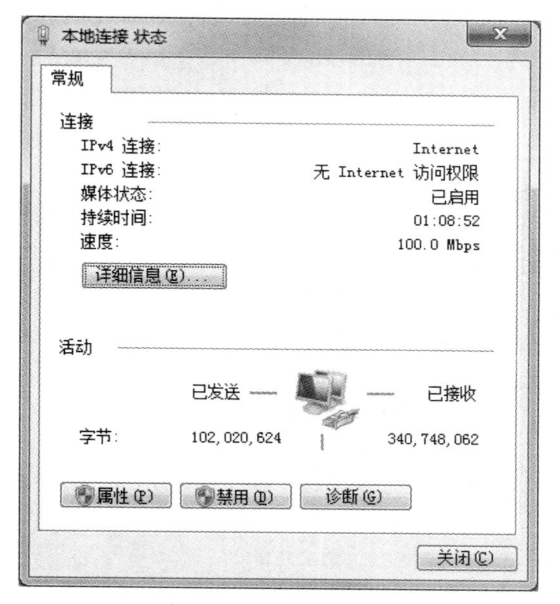

图 7-12　“本地连接状态”对话框

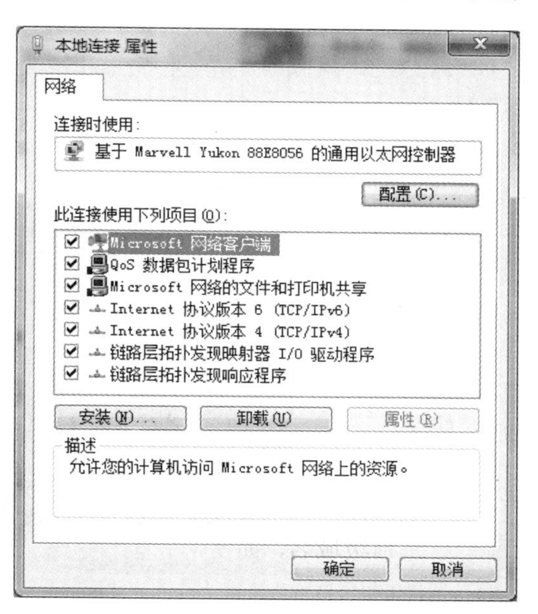

图 7-13　“本地连接属性”对话框

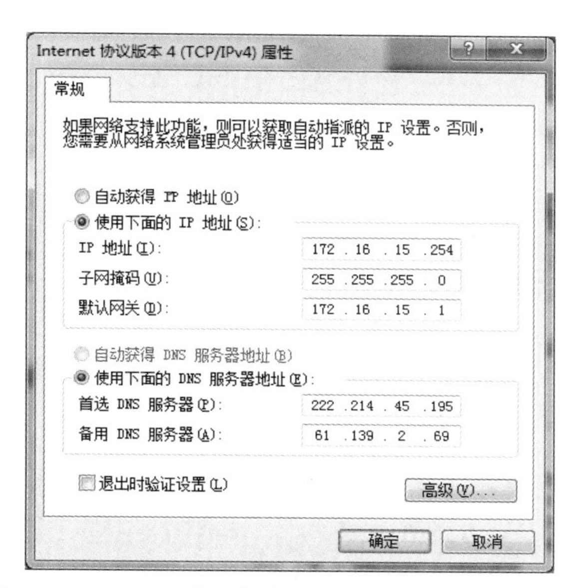

图 7-14　“Internet 协议版本 4（TCP/IPv4）属性”对话框

IP 地址分配可以是动态的，网络需要有 DHCP 服务器，每次连接网络时获得的 IP 地址可能是不同的；也可以是静态的，由网络管理者分配固定的 IP 地址。在此选择“使用下面的 IP 地址”（静态 IP）的分配方式，然后依次输入 IP 地址、子网掩码、默认网关（本地网络与外部的接口，是网络中的特殊设备，可以是一台计算机，也可以是路由器的一个接口）。

DNS 服务器是在当用户使用域名访问网络服务时，把域名转换成 IP 地址，指向访问的目标计算机。这里设置 DNS 服务器的 IP 地址，首选的是能对域名进行解析的 DNS 服务器，如果不能解析，再到备用的 DNS 服务器上进行解析，如果也解析不了的话，就会出现“域名解析错误”之类的提示信息。

如果想要了解给定域名的计算机的 IP 地址的话，可以在 Windows 操作系统的“命令提示符”状态下执行命令：ping 域名。如 ping www.qq.com，可以得到此域名对应的 IP 地址是：182.140.167.44，如图 7-15 所示。

图 7-15　ping 命令检测域名

7.3.2　Internet 的服务

1. WWW 服务

WWW 的含义是 World Wide Web，即环球信息网，是一个基于超文本方式的信息查询服务。WWW 是由欧洲粒子物理研究中心（CERN）研制的。WWW 将位于全世界 Internet 上不同网址的相关数据信息有机地编织在一起，提供了一个友好的界面，大大方便了人们的信息浏览，而且 WWW 方式仍然可以提供传统的 Internet 服务。它不仅提供了图形界面的快速信息查找，还可以通过同样的图形界面（GUI）与 Internet 的其他服务器对接。它把 Internet 上现有资源统统连接起来，使用户能在 Internet 上已经建立了 WWW 服务器的所有站点提供超文本媒体资源文档，而内容则从各类招聘广告到电子版圣经，可以说包罗万象，无所不有。WWW 是当前 Internet 上最受欢迎、最为流行、最新的信息检索服务系统。

IE 浏览器的启动方法有如下几种：

- 单击快速启动工具栏中的 IE 图标。
- 双击桌面上的 IE 快捷方式图标。
- 单击“开始”→“程序”→Internet Explorer 命令。
- 在 Internet Explorer 浏览器的安装目录下打开。

2. IE 浏览器窗口组成

IE 浏览器窗口如图 7-16 所示，主要由以下几部分组成：

- 标题栏：显示当前网页的标题。标题栏的最右端是 Windows 中最常用的“最小化”“最大化/还原”和“关闭”按钮。
- 菜单栏：有“文件”“编辑”“查看”“收藏夹”“工具”和“帮助”菜单项。
- 工具栏：提供一些常用菜单命令的标准按钮，可以通过“查看”菜单进行修改。

- 地址栏：在此栏中可以输入需要浏览的网站地址，可以用 IP 地址或域名。
- 网页信息区：显示当前网页的内容。通过垂直或水平滚动条上下或左右滚动网页的内容。
- 状态栏：显示当前操作的状态信息。当选择查看某个站点时，状态栏会显示正在连接该站点的信息，通过状态栏可以了解系统当前的工作状态。

图 7-16　IE 浏览器窗口的组成

3. IE 浏览器的使用

（1）浏览网页。在地址栏中输入要访问的网站地址，按回车键，则可以打开与网址对应的网页。如果已经浏览过多个站点，则可以单击地址栏右边的下拉箭头选择要浏览的某个网页。当把鼠标移动到网页中某个感兴趣的超链接上时，光标变为手形，此时单击即可直接打开与该超链接对应的一个新的网页。如果要浏览同一个 IE 窗口中曾经浏览过的上一个或下一个网页，则可以单击"后退"或"前进"按钮。

还可以通过"历史记录"重新浏览以前访问过的网页。单击工具栏上的"历史"按钮，可以将 IE 浏览器分为两个窗格，如图 7-17 所示。

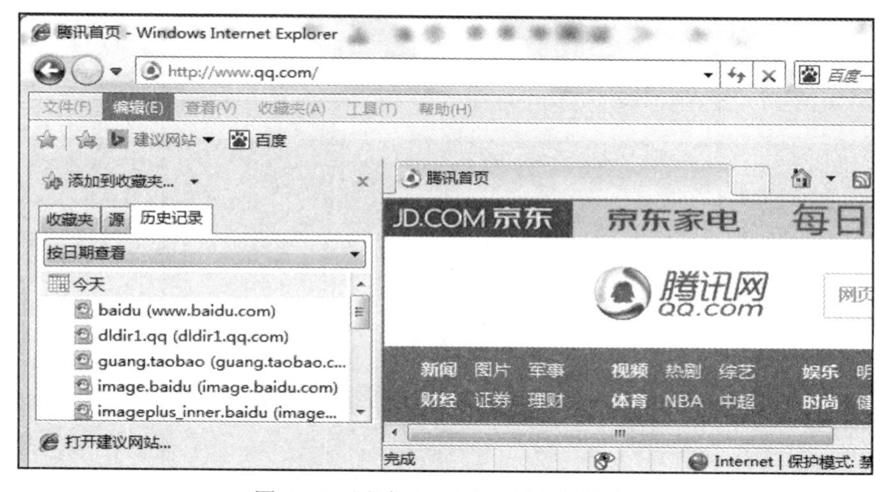

图 7-17　通过"历史记录"浏览网页

（2）网页资源的保存。

1）网址保存。利用收藏夹可以分门别类地管理网址。当找到自己喜欢的网页时，可以将网址保存到浏览器的个人收藏夹中，以后可以随时访问该网页。

方法：单击“收藏夹”→“添加到收藏夹”，在弹出的对话框中设置好保存网址的名称，单击“确定”按钮即可。

如果收藏的内容越来越多，那么找起来也不方便，可以在菜单栏中选择“收藏夹”→“整理收藏夹”命令，在打开的对话框中对收藏夹中的网页进行移动、删除、重命名等操作，也可以创建新的文件夹进行分类收藏。如图 7-18 所示。

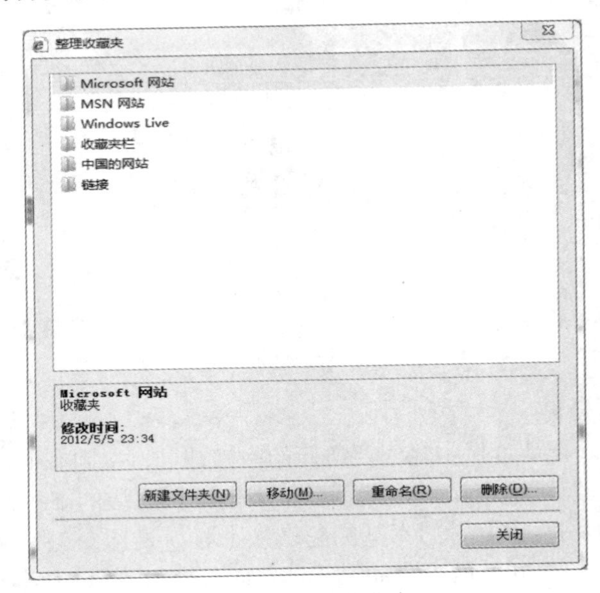

图 7-18 整理收藏夹

2）保存当前网页。在浏览器窗口中单击“文件”→“另存为”，打开“保存网页”对话框，如图 7-19 所示。

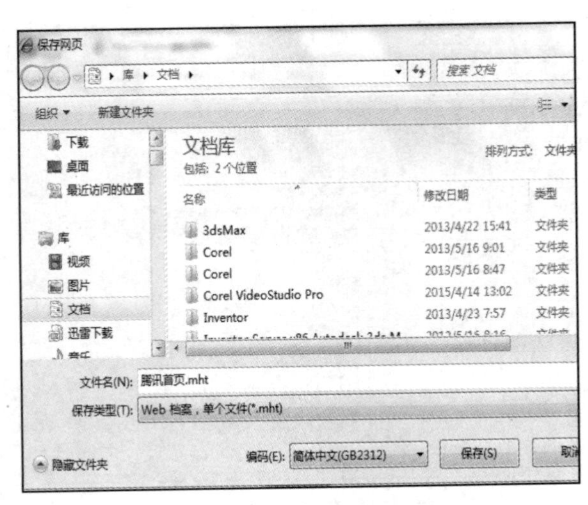

图 7-19 “保存网页”对话框

在其中选择文件的保存位置：在“文件名”中输入文件名。在“保存类型”框中，根据需要选择“网页，全部”“Web 档案，单一文件”“网页，仅 HTML”和“文本文件”4 种类型中的一种。最后单击“保存”按钮即可。

3）保存当前网页中的图像。在浏览器窗口中右击要保存的图像。在弹出的快捷菜单中选择“图片另存为”，在“文件名”中输入该图片的名称，再单击“保存”按钮。如图 7-20 所示。

图 7-20 保存图像

4）下载网页文字。选中需要保存的文字，选择“编辑”→“复制”命令或者在选中的文字上右击，在弹出的快捷菜单中选择“复制”命令。

打开文字编辑软件（如记事本、写字板、Word 等），选择“编辑”→“粘贴”命令，然后保存文件。

（3）网站资源的搜索。打开 IE 浏览器，单击工具栏中的“搜索”按钮，在左侧搜索框中输入要搜索内容，如“计算机网络”，然后单击“搜索”按钮或按回车键，网页将显示搜索到的网页标题，然后单击要查看标题的超链接，即可打开新网页并查看详细内容。如图 7-21 所示。

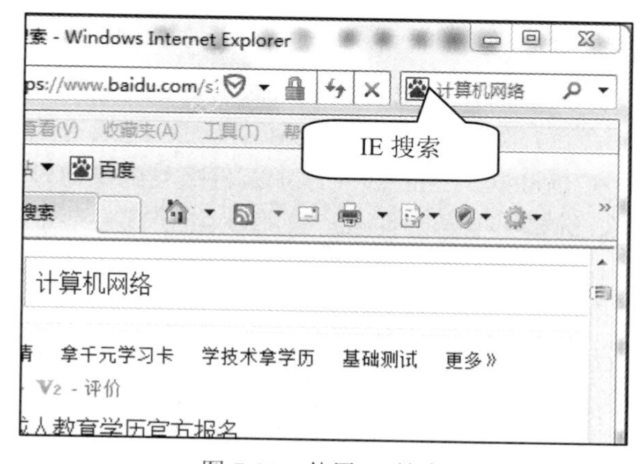

图 7-21 使用 IE 搜索

使用专业的搜索引擎进行搜索，如百度等。在 IE 浏览器地址栏中输入搜索引擎网址，在文本框中输入搜索内容，单击“百度一下”按钮或按回车键，单击某个超链接即可打开相应的网页查看详细内容。如图 7-22 所示。

图 7-22 使用百度搜索

（4）文件传输服务（FTP）。FTP（File Transfer Protocol）服务解决了远程传输文件的问题，Internet 上的两台计算机在地理位置上无论相距多远，只要两台计算机都加入互联网并且都支持 FTP 协议，它们之间就可以进行文件传送。支持 FTP 协议的网上用户既可以把服务器上的文件传输到自己的计算机上（即下载），也可以把自己计算机上的信息发送到远程服务器上（即上传）。

FTP 实质上是一种实时的联机服务，与远程登录不同的是，用户只能进行与文件搜索和文件传送等有关的操作。用户登录到目的服务器上就可以在服务器目录中寻找所需的文件，FTP 几乎可以传送任何类型的文件，如文本文件、二进制文件、图像文件、声音文件等。匿名 FTP 是最重要的 Internet 服务之一。匿名登录不需要输入用户名和密码，许多匿名 FTP 服务器上有免费的软件、电子杂志、技术文档及科学数据等供人们使用。

（5）Outlook Express 电子邮件服务。Outlook Express 是 Windows 系统自带的一个收发邮件的工具，如果我们使用的是个人计算机，这个功能是非常方便的。随着网络的发展，Outlook Express 逐渐被人们忘记，甚至很多人都不知道自己的计算机里有这样一个工具，下面介绍如何使用 Outlook Express。

1）启动 Outlook Express。打开 Outlook Express 程序的方法。单击“开始”→“所有程序”→Microsoft Outlook 命令，如图 7-23 所示。

2）添加邮件账号。在 Outlook Express 中添加邮件账号的操作过程如图 7-24 所示。单击“文件”→“添加账户”，选择“电子邮件账户”，输入电子邮件地址、姓名、密码等信息。

3）接收和阅读邮件。设置好邮件账户后，在窗口中单击工具栏上的“发送/接收”按钮可自动收取指定邮箱中的邮件。

当收取完邮件后，若为“未阅读”状态，邮件前的标志与“已阅读”的标志不同，收件箱左边也会显示未阅读邮件的数目。在 Outlook Express 窗口左侧单击“收件箱”，右上方窗格就会出现所接收邮件的列表，单击要阅读的邮件，其邮件正文就会显示在下方的窗格中。如果双击邮件名，则打开一个新窗口。

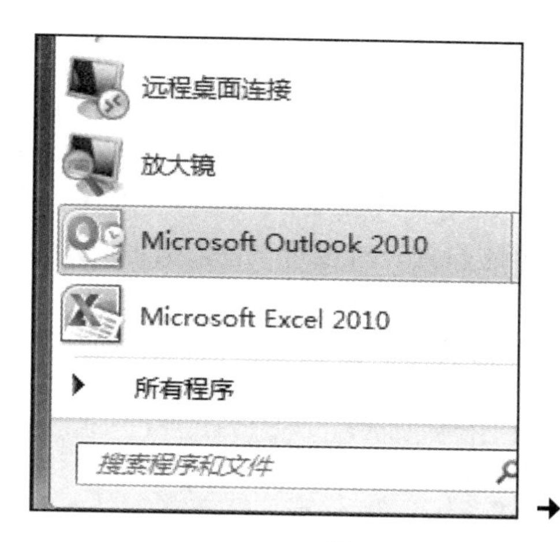

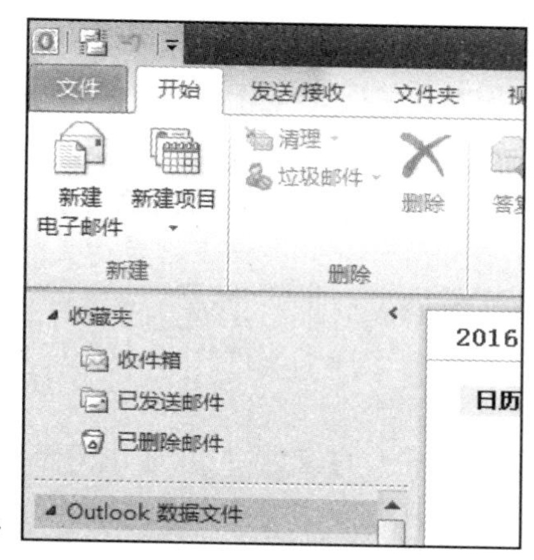

图 7-23　Microsoft Outlook 的启动

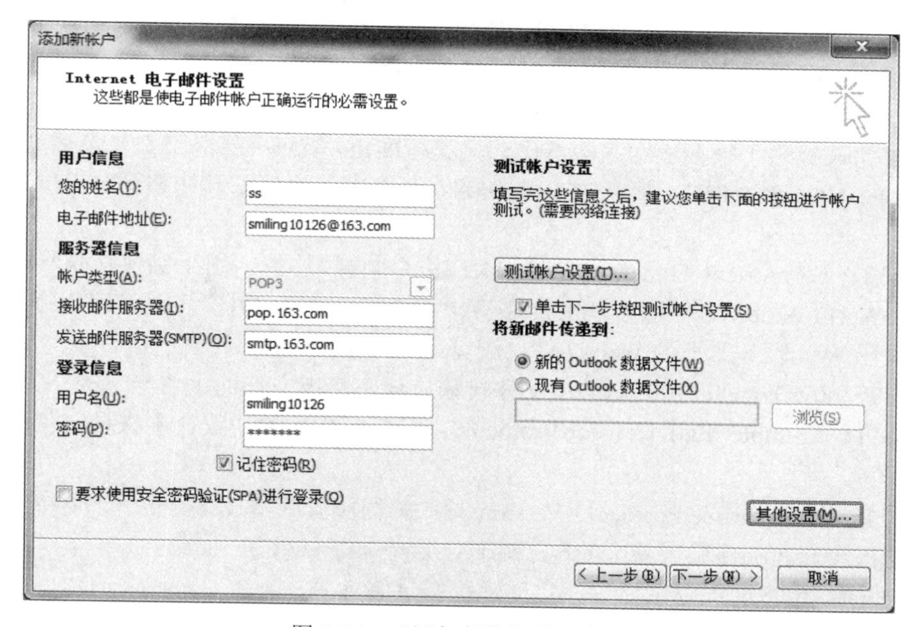

图 7-24　“添加邮件账号”向导

4）发送邮件。发送新邮件的方法为：在 Outlook Express 中单击“创建邮件”按钮，打开写邮件窗口，输入收件人的 E-mail 地址、主题与邮件内容，然后单击“发送”按钮发送邮件。如果想要发送计算机的其他文件，如 Word 文档、图片、声音等，可单击“插入”菜单下的“文件附件”命令或直接单击工具栏上的“附件”（回形针符号）按钮插入指定的计算机文件。

5）转发邮件。在邮件列表中，选择需要转发的邮件，单击工具栏上的“转发”按钮，即会出现“邮件转发”窗口，在该窗口中填入收件人地址，单击“发送”按钮即可。

6）回复邮件。在邮件列表中，选择需要回复的邮件，单击工具栏上的“答复”按钮，即进入“回复邮件”窗口，收件人、主题、邮件原文会自动显示，用户只需直接在回复区输入回复的内容，再单击“发送”按钮。一般情况下，都不需要回传原邮件，则应该把原邮件删除。只有在来信十分重要，或要修改来信的内容，或有争议等特殊情况才需要回传原邮件。

7）管理通讯簿。

- 添加新联系人：单击工具栏的“地址”按钮，显示“通讯簿”窗口。单击“新建”按钮，在下拉菜单中选择“新建联系人”，在弹出的对话框中依次输入姓名、电子邮件地址等信息，然后单击“添加”按钮即可将该联系人的信息加入通讯簿。也可通过阅读邮件时，选择“将发件人添加到通讯簿”直接将发件人的地址加入通讯簿。
- 修改联系人信息：在通讯簿管理窗口中，右击需要修改的联系人信息，从弹出的快捷菜单中选择“属性”命令，其中已经包含该联系人原来的信息，只要将需要修改的信息重新输入后保存即可。
- 删除联系人的信息 ：在通讯簿管理窗口中右击需要删除的联系人信息，从弹出的快捷菜单中选择“删除”命令即可。

7.3.3 Internet 资源

用户借助相应的工具软件（又称客户端软件）在应用协议的支持下可以访问 Internet 提供的服务资源，一般可使用如下的 URL（统一资源定位）地址来实现：

应用协议://服务器 IP 地址或域名:端口/路径/…/资源文件

TCP/IP 协议提供了很多应用服务协议并把其标准化，如应用层协议主要包括 FTP、Telnet、DNS、SMTP、NFS 和 HTTP。基于 TCP/IP 协议，开发人员也可以设计和开发提供服务功能的应用协议。

- HTTP（Hypertext Transfer Protocol）：超文本传输协议，用于实现互联网中的 WWW（World Wide Web）服务，也就是 Web（网页）资源。用户使用 HTTP 协议可访问存放在 Web 服务器上的 Web 文件，浏览 Web 中的信息。
- FTP（File Transfer Protocol）：文件传输协议，实现文件的上传与下载。
- SMTP（Simple Mail Transfer Protocol）：简单邮件传输协议，用来控制信件的发送和中转。
- POP3（Post Office Protocol - Version 3）：邮局协议版本 3，主要用于支持使用客户端远程管理在邮件服务器上的电子邮件，接收电子邮件。
- Telnet：用户远程登录协议，实现远程登录服务。

目前，Internet 中的服务大都可以在浏览器中实现，即在浏览器的地址栏中输入 URL 执行即可访问相应服务提供的资源，因为网页是用户使用 Internet 服务的主要界面。

习题 7

单项选择题

1．计算机网络按地理范围可分为（　　）。

A．广域网、城域网和局域网　　B．因特网、城域网和局域网

C．广域网、因特网和局域网　　D．因特网、广域网和对等网

2．HTML 的正式名称是（　　）。

A．Internet 编程语言　　B．超文本标记语言

C．主页制作语言　　　　　　　　D．WWW 编程语言

3．对于众多个人用户来说，接入因特网最经济、最简单、采用最多的方式是（　　）。

A．局域网连接　　B．专线连接　　C．电话拨号　　D．无线连接

4．在 Internet 中完成从域名到 IP 地址或者从 IP 到域名转换的是（　　）服务。

A．DNS　　B．FTP　　C．WWW　　D．ADSL

5．下列关于电子邮件的说法中错误的是（　　）。

A．发件人必须有自己的 E-mail 账户　　B．必须知道收件人的 E-mail 地址

C．收件人必须有自己的邮政编码　　D．可使用 Outlook Express 管理联系人信息

6．下列有关计算机网络的说法错误的是（　　）。

A．组成计算机网络的计算机设备是分布在不同地理位置的多台独立的“自治计算机”

B．共享资源包括硬件资源和软件资源以及数据信息

C．计算机网络提供资源共享的功能

D．计算机网络中，每台计算机核心的基本部件，如 CPU、系统总线、网络接口等都要求存在，但不一定独立

7．下列有关 Internet 的叙述中，错误的是（　　）。

A．万维网就是因特网　　B．因特网上提供了多种信息

C．因特网是计算机网络的网络　　D．因特网是国际计算机互联网

8．Internet 是覆盖全球的大型互联网络，用于连接多个远程网和局域网的互联设备主要是（　　）。

A．路由器　　B．主机　　C．网桥　　D．防火墙

9．因特网上的服务都是基于某一种协议的，Web 服务是基于（　　）。

A．SMTP 协议　　B．SNMP 协议　　C．HTTP 协议　　D．Telnet 协议

10．IE 浏览器收藏夹的作用是（　　）。

A．收集感兴趣的页面地址　　B．记忆感兴趣的页面的内容

C．收集感兴趣的文件内容　　D．收集感兴趣的文件名

11．计算机网络最突出的优点是（　　）。

A．运算速度快　　B．存储容量大　　C．运算容量大　　D．可以实现资源共享

12．因特网属于（　　）。

A．万维网　　B．广域网　　C．城域网　　D．局域网

13．在一间办公室内要实现所有计算机连网，一般应选择（　　）网。

A．GAN　　B．MAN　　C．LAN　　D．WAN

14．所有与 Internet 相连接的计算机必须遵守的一个共同协议是（　　）。

A．http　　B．IEEE 802.11　　C．TCP/IP　　D．IPX

15．下列 URL 的表示方法中，正确的是（　　）。

A．http://www.microsoft.com/index.html

B．http:\www.microsoft.com/index.html

C．http://www.microsoft.com\index.html

D．http:www.microsoft.com/index.htmp

16．下列不属于网络拓扑结构形式的是（　　）。

A．星型　　B．环型　　C．总线型　　D．分支型

17．调制解调器的功能是（　　）。

A．将数字信号转换成模拟信号　　B．将模拟信号转换成数字信号

C．将数字信号转换成其他信号　　D．在数字信号与模拟信号之间进行转换

18．下列关于使用 FTP 下载文件的说法中错误的是（　　）。

A．FTP 即文件传输协议

B．使用 FTP 协议在因特网上传输文件，这两台计算必须使用同样的操作系统

C．可以使用专用的 FTP 客户端下载文件

D．FTP 使用客户/服务器模式工作

19．TCP 协议的主要功能是（　　）。

A．对数据进行分组　　B．确保数据的可靠传输

C．确定数据传输路径　　D．提高数据传输速度

20．根据域名代码的规定，表示教育机构网站的域名代码是（　　）。

A．net　　B．com　　C．edu　　D．org

21．能保存网页地址的文件夹是（　　）。

A．收件箱　　B．公文包　　C．我的文档　　D．收藏夹

22．计算机网络最突出的优点是（　　）。

A．提高可靠性　　B．提高计算机的存储容量

C．运算速度快　　D．实现资源共享和快速通信

23．在计算机网络中，所有的计算机均连接到一条公共的通信传输线路上，这种连接结构被称为（　　）。

A．总线结构　　B．环型结构　　C．星型结构　　D．网状结构

24．用户接受电子邮件使用的协议是（　　）。

A．SMTP　　B．POP3　　C．MIME　　D．NNTP

25．一般情况下，从中国往美国发一个电子邮件大约（　　）可以到达。

A．几分钟　　B．几天　　C．几个星期　　D．几个月

26．下列四项中主要用于在 Internet 上交流信息的是（　　）。

A．DOS　　B．Word　　C．Excel　　D．E-mail

27．地址 ftp://218.0.0.123 中的 ftp 是指（　　）。

A．协议　　B．网址　　C．新闻组　　D．邮件信箱

28．如果申请了一个免费电子信箱为 zjxm@sina.com，则该电子信箱的账号是（　　）。

A．zjxm　　B．@sina.com　　C．@sina　　D．sina.com

29．关于 Internet，以下说法正确的是（　　）。

A．Internet 属于美国　　B．Internet 属于联合国

C．Internet 属于国际红十字会　　D．Internet 不属于某个国家或组织

30．构成计算机网络的要素主要有通信主体、通信设备和通信协议，其中通信主体指的是（　　）。

A．交换机　　B．双绞线　　C．计算机　　D．网卡

第 8 章　信息安全基础

本章介绍计算机病毒、网络安全、信息加密与认证等的基本概念。

8.1　计算机病毒

计算机病毒（Computer Virus）在《中华人民共和国计算机信息系统安全保护条例》第二十八条中被明确定义，计算机病毒指“编制者在计算机程序中插入的破坏计算机功能或者破坏数据，影响计算机使用并且能够自我复制的一组计算机指令或者程序代码”。通俗来讲，计算机病毒是一种在人为或非人为的情况下产生的、在用户不知情或未批准的情况下，能自我复制或运行的计算机程序，计算机病毒往往会影响受感染计算机的正常运作。

8.1.1　计算机病毒的分类

1．按计算机病毒的基本类型划分

（1）系统引导型病毒。系统引导型病毒在系统启动时先于正常系统将病毒程序自身装入到操作系统中，在完成病毒自身程序的安装后，该病毒程序成为驻留内存的程序，然后再将系统的控制权转给真正的系统引导程序，完成系统的安装。表面上看起来计算机系统能够启动并正常运行，但此时由于有计算机病毒程序驻留在内存，计算机系统已在病毒程序的控制之下了。系统引导型病毒主要是感染软盘的引导扇区和硬盘的主引导扇区或 DOS 引导扇区。

（2）可执行文件型病毒。可执行文件型病毒依附在可执行文件或覆盖文件中，当病毒程序感染一个可执行文件时，病毒修改原文件的一些参数，并将病毒自身程序添加到原文件中。在感染病毒的文件被执行时，将首先执行病毒程序的一段代码，病毒程序将驻留在内存并取得系统的控制权。可执行文件型病毒主要感染系统可执行文件（如 DOS 或 Windows 系统的.com 或.exe 文件）或覆盖文件（如 OVL 文件）。其传染方式是当感染了病毒的可执行文件被执行或者当系统有任何读、写操作时，向外进行病毒传播。

（3）宏病毒。宏病毒是利用宏语言编制的病毒，充分利用宏命令的强大系统调用功能，破坏系统底层的操作。宏病毒仅感染 Windows 系统下用 Word、Excel、Access 和 PowerPoint 等办公自动化软件编制的文档以及 Outlook Express 邮件等，不会感染可执行文件。

（4）混合型病毒。混合型病毒是以上几种病毒的混合体。混合型病毒综合利用以上几种病毒的传染渠道进行破坏，不仅传染可执行文件，而且还传染硬盘主引导扇区。传染这种病毒后用 FORMAT 命令格式化硬盘都不能消除。混合型病毒的引导方式具有系统引导型病毒和可执行文件型病毒的特点。

（5）特洛伊木马型病毒。特洛伊木马型病毒也叫黑客程序或后门病毒。此种病毒分成服务器端和客户端两部分，服务器端病毒程序通过文件的复制、网络中文件的下载和电子邮件的附件等途径传送到要破坏的计算机系统中，一旦用户执行了这类病毒程序，病毒就会在系统每次启动时偷偷地在后台运行。当计算机系统连上Internet时，黑客就可以通过客户端病毒在网络上寻找运行了服务器端病毒程序的计算机，当客户端病毒找到这种计算机后，就能在用户不知晓的情况下使用客户端病毒指挥服务器端病毒进行合法用户能进行的各种操作，包括复制、删除和关机等，从而达到控制计算机的目的。这种病毒具有极大的危害性，在互联网日益普及的今天，必须要引起足够的重视，否则网上安全无从谈起。

（6）Internet语言病毒。Internet语言病毒是利用Java、Visual Basic和ActiveX的特性来撰写的病毒。这种病毒虽然不能破坏硬盘上的资料，但是如果用户使用浏览器来浏览含有这些病毒的网页，病毒会不知不觉地进入计算机进行复制，并通过网络窃取个人秘密信息，或使计算机系统资源利用率下降，造成死机等现象。

2. 按计算机病毒的链接方式划分

（1）操作系统型病毒。操作系统型病毒会用它自己的程序加入操作系统或者取代部分操作系统进行工作，具有很强的破坏力，会导致整个系统瘫痪。而且由于感染了操作系统，这种病毒在运行时会用自己的程序片断取代操作系统的合法程序模块。

（2）外壳型病毒。外壳型病毒是该类病毒中最常见的病毒，有易于编写、易被发现的特点。其存在的形式是将其自身包围在主程序的四周，但并不修改主程序。

（3）嵌入型病毒。在计算机现有的程序当中嵌入此类病毒，从而将计算机病毒的主体程序与其攻击对象通过插入的方式进行链接，这种计算机病毒是难以编写的，一旦侵入程序体后也较难消除。

（4）源码型病毒。该病毒主要是攻击高级语言编写的计算机程序，在高级语言所编写的程序编译之前就将病毒插入到程序当中，通过有效的编译使其成为编译中的合法部分。

3. 按传播媒介划分

（1）单机病毒。此类病毒一般都是通过可移动存储媒体作为载体，通常是从移动存储设备传入到硬盘当中，感染系统后再将病毒传播到其他移动存储设备，从而感染其他系统。

（2）网络病毒。此类病毒主要是通过网络渠道传播，具有更大的破坏力与传染性。

8.1.2 病毒的特点

（1）寄生性。计算机病毒寄生在其他程序之中，当执行这个程序时，病毒就起破坏作用，而在未启动这个程序之前，它是不易被人发觉的。

（2）繁殖性。计算机病毒可以像生物病毒一样进行繁殖，当正常程序运行时，它也运行并进行自我复制，是否具有繁殖、感染的特征是判断某段程序为计算机病毒的首要条件。

（3）传染性。传染性是病毒的基本特征。计算机病毒是一段人为编制的计算机程序代码，这段程序代码一旦进入计算机并得以执行，它会搜寻其他符合传染条件的程序或存储介质，确定目标后再将自身代码插入其中，达到自我繁殖的目的。只要一台计算机染毒未及时处理，那么病毒会在这台计算机上迅速扩散，其中的大量文件（一般是可执行文件）会被感染。而被感染的文件又成了新的传染源，再与其他计算机进行数据交换或通过网络接触，病毒会继续进行传染。

（4）破坏性。所有的计算机病毒都是一种可执行程序，所有的计算机病毒都存在一个共同的危害，即降低计算机系统的工作效率，占用系统资源。同时计算机病毒的破坏性主要取决于计算机病毒设计者的目的。如果病毒设计者的目的在于彻底破坏系统的正常运行，那么这种病毒对于计算机系统进行攻击造成的后果是难以设想的，它可以毁掉系统的部分数据，也可以破坏全部数据并使之无法恢复。

（5）潜伏性。一个编制精巧的计算机病毒程序，进入系统之后一般不会马上发作。它可以在几周或者几个月甚至几年内隐藏在合法文件中，对其他系统进行传染而不被人发现。潜伏性愈好，其在系统中的存在时间就会愈长，病毒的传染范围就会愈大。病毒内部往往有一种触发机制，不满足触发条件时，计算机病毒除了传染外不做任何破坏，触发条件一旦得到满足，有的在屏幕上显示信息、图形或特殊标识，有的则执行破坏系统的操作，如格式化磁盘、删除磁盘文件、对数据文件做加密、封锁键盘、使系统死锁等。

（6）触发性。计算机病毒一般都有一个或者几个触发条件。满足其触发条件或者激活病毒的传染机制使之进行传染，或者激活病毒的表现部分或破坏部分。触发的实质是一种条件的控制，病毒程序可以依据设计者的要求，在一定条件下实施攻击。

8.1.3 计算机病毒防范

计算机病毒防范是指通过建立合理的计算机病毒防范体系和制度及时发现计算机病毒的入侵，并采取有效的手段阻止计算机病毒的传播和破坏，恢复受影响的计算机系统和数据。防范计算机病毒可谓是“道高一尺，魔高一丈”，重在预防。目前在计算机病毒防范工具中采用的主要方式有如下几种：

（1）病毒的查杀。将大量的杀毒软件汇集一体，检查是否存在已知的计算机病毒，若存在病毒则进行清理。如在开机时或在执行每一个可执行文件前执行扫描程序。这种工具的缺点是：对变种或未知计算机病毒无效，系统开销大，每次扫描都要花费一定时间，已知计算机病毒越多，扫描时间越长。

（2）检测系统信息。检测一些计算机病毒经常要改变的系统信息，如引导区、中断向量表、可用内存空间等，以确定是否存在计算机病毒。其缺点是：无法准确识别正常程序与计算机病毒程序的行为，频频误报警，使用户失去对计算机病毒的戒心。

（3）监测写盘操作。对引导区（BR）或主引导区（MBR）的写操作报警，若有一个程序对可执行文件进行写操作，就认为该程序可能是计算机病毒，阻止其写操作并报警。其缺点是：一些正常程序与计算机病毒程序同样有写操作，因而被误报警。

（4）利用密码检验码。对计算机系统中的文件生成一个密码检验码，实现对程序完整性的验证，在程序执行前或定期对程序进行密码校验，如有不匹配现象即报警。其优点是：易于及早发现计算机病毒，对已知和未知计算机病毒都有抑制能力。

（5）设计计算机病毒行为过程判定知识库。应用人工智能技术有效区分正常程序与计算机病毒程序行为，是否会误报警取决于知识库选取的合理性。其缺点是：单一的知识库无法覆盖所有的计算机病毒行为，如对不驻留内存的新计算机病毒就会漏报。

（6）设计可变推理机制。设计计算机病毒特征库（静态）、计算机病毒行为知识库（动态）和受保护程序存取行为知识库（动态）等多个知识库及相应的可变推理机制。通过调整推理机制，能够对付新型计算机病毒，误报和漏报较少。这是未来计算机病毒防范技术发展的方向。

8.2 网络安全

网络安全是指网络系统的硬件、软件及其系统中的数据受到保护，不因偶然的或者恶意的原因而遭受到破坏、更改、泄露，系统连续可靠正常地运行，网络服务不中断。网络安全包含系统安全、网络的安全、信息传播安全和信息内容安全。从广义来说，凡是涉及网络上信息的保密性、完整性、可用性、真实性和可控性的相关技术和理论都是网络安全的研究领域。

8.2.1 网络入侵

网络入侵是指网络攻击者通过非法的手段（如破解口令、电子欺骗等）获得非法的权限，从而对被攻击的主机进行非授权的操作。网络入侵的主要途径有破解口令、IP 欺骗和 DNS 欺骗。

（1）破解口令。口令是计算机系统抵御入侵者的一种重要手段，所谓口令入侵是指使用某些合法用户的账号和口令登录到目的系统，然后再实施攻击活动。这种方法的前提是必须先得到某个合法用户的账号，然后再进行合法用户口令的破解。

（2）IP 欺骗。IP 欺骗是指攻击者伪造别人的 IP 地址，让一台计算机假冒另一台计算机以达到蒙混过关的目的，它只能对某些特定的运行 TCP/IP 的计算机进行入侵。IP 欺骗利用了 TCP/IP 网络协议的脆弱性。在 TCP 的三次握手过程中，入侵者假冒被入侵主机信任的主机与之进行连接，并对被入侵主机所信任的主机发起淹没攻击，使被信任的主机处于瘫痪状态。当主机正在进行远程服务时，网络入侵者最容易获得目标网络的信任关系，从而进行 IP 欺骗。

（3）DNS 欺骗。域名系统（DNS）是一种用于 TCP/IP 应用程序的分布式数据库，它提供主机名字和 IP 地址之间的转换信息。而 DNS 欺骗就是攻击者冒充域名服务器的一种欺骗行为。当攻击者入侵 DNS 服务器并更改主机名与 IP 地址的映射表后，DNS 欺骗就会发生。当一个客户机请求查询时，用户只能得到这个伪造的地址，该地址是一个完全处于攻击者控制下的机器的 IP 地址。因为网络上的主机都信任 DNS 服务器，所以一个被破坏的 DNS 服务器可以将客户引导到非法的服务器，也可以欺骗服务器相信一个 IP 地址确实属于一个被信任客户。

8.2.2 入侵检测

目前通常说的入侵就是指对系统资源的非授权操作，可造成系统数据的丢失和破坏，甚至会造成系统拒绝对合法用户服务等问题。从分类的角度可将入侵分为尝试性闯入、伪装攻击、安全控制系统渗透、泄露、拒绝服务、恶意使用 6 类。入侵者通常可分为外部入侵者（例如黑客等系统的非法用户）和内部入侵者（即越权使用系统资源的用户）。

入侵检测（Intrusion Detection）的目标就是通过检查操作系统的安全日志或网络数据包信息，检测系统中违背安全策略或危及系统安全的行为或活动，从而保护信息系统的资源免受拒绝服务攻击，防止系统数据的泄露、篡改和破坏。传统安全机制大多针对的是外部入侵者，而入侵检测不仅可以检测来自外部的攻击，同时也可以监控内部用户的非授权行为。作为新型的安全机制，入侵检测技术的研究、发展和应用加强了网络与系统安全的保护纵深发展，使得网络和系统安全性得到进一步的提高。

8.3 信息加密与认证技术

8.3.1 信息加密技术

信息加密（Information Encryption）的目的是为了保护信息的保密性、完整性和安全性，简单地说就是信息的防伪造和防窃取。信息加密原理是将信息转化为密文，然后传输或存储密文，当需要时再重新转化为明文。加密技术分为两类，即对称加密和非对称加密。

（1）对称加密。对称加密是一种加密和解密使用相同密钥的加密算法。由于其速度快，对称性加密通常在消息发送方需要加密大量数据时使用。对称加密也称为密钥加密。使用对称加密方法将简化加密的处理，通信双方都不必彼此研究和交换专用的加密算法，而是采用相同的加密算法并只交换共享的专用密钥。

对称加密技术存在着在通信双方之间确保密钥安全交换的问题。此外，当某一通信方有 n 个通信关系时，就需维护 n 个专用密钥（即每把密钥对应一个通信方）。另一个问题是无法鉴别通信发起方或通信最终方。

数据加密标准（DES）是目前广泛采用的对称加密方式之一，该标准是由美国国家标准局提出的，主要应用于银行业中的电子资金转账（EFT）领域。DES 的密钥长度为 56 位。

（2）非对称加密。非对称加密算法需要两个密钥来进行加密和解密，这两个秘钥是公开密钥（public key，公钥）和私有密钥（private key，私钥）。在非对称加密体系中，密钥被分解为一对：一把公开密钥即加密密钥，一把专用密钥即解密密钥。这对密钥中的任何一把都可作为公开密钥（加密密钥）通过非保密方式向他人公开，而另一把则作为专用密钥（解密密钥）加以保存。公开密钥用于对机密信息的加密，专用密钥则用于对加密信息的解密。

RSA 算法是非对称加密领域内最为著名的算法，但是它也存在算法运算速度较慢的问题，因此在实际的应用中通常不采用这一算法对信息量大的信息进行加密。对于加密量大的应用，可使用对称加密方法进行加密，而使用非对称加密算法将对称加密方法的密钥进行加密。

8.3.2 信息认证技术

信息的可认证性是信息安全的一个重要方面。信息认证（Information Authentication）的目的有两个：一是验证信息的完整性，即验证信息在传送或存储过程中未被篡改、重放或延迟等；二是验证信息发送者是真的，而不是冒充的。认证是防止对系统进行主动攻击（如伪造、篡改信息等）的一种重要技术。目前常用的认证技术有以下几种。

（1）报文鉴别（Message Authentication）。报文鉴别是证实收到的报文来自可信的源点且未被篡改的过程。鉴别函数包括报文加密、报文鉴别码和散列函数三块内容。其作用主要是让通信双方对通信的信息进行验证，以确保报文由确认的发送方产生、报文内容在传输过程中未曾修改、报文按与传送时相同的顺序接收到。

（2）身份鉴别（Identity Authentication）。现在常使用的方法是口令验证及利用信物的鉴别方法，例如磁卡条和智能卡等。随着生物技术的发展，利用人类特征，如指纹和视网膜等实现身份鉴别具有较强的防复制性，但代价较高。

（3）数字签名（Digital Signature）。数字签名的作用是在信息传输过程中，接收方能够向第三方（仲裁者）证明其接收的信息是真实的，并保证发送源的真实性，即保证发送方不能否认自己发出信息的行为，接收方也不能否认曾经收到信息的行为。

（4）数字证书（Digital Certificate）。数字证书是互联网通信中标志通信各方身份信息的一串数字，提供了一种在 Internet 上验证通信实体身份的方式，其作用类似于司机的驾驶执照或日常生活中的身份证。它是由权威机构证书授权（Certificate Authority，CA）中心发行的，人们可以在网上用它来识别对方的身份。最简单的证书包含一个公开密钥、名称以及证书授权中心的数字签名。

数字证书采用非对称加密算法，利用一对互相匹配的密钥进行加密和解密。每个用户自己设定一把特定的仅为本人所知的私有密钥（私钥），用它进行解密和签名；同时设定一把公共密钥（公钥）并由本人公开，为一组用户所共享，用于加密和验证签名。当发送一份保密文件时，发送方使用公钥对数据加密，而接收方则使用私钥解密，这样信息就可以安全无误地送达目的地了。

数字证书是一种权威性的电子文档，可以由权威公正的第三方机构，即 CA（例如中国各地方的 CA 公司）中心签发的证书，也可以由企业级 CA 系统进行签发。

习题 8

一、单项选择题

1．以下不能有效提高系统的病毒防范能力的是（　　）。

A．安装、升级杀毒软件　　B．下载安装系统补丁

C．定期清理系统垃圾文件　　D．不打开来历不明的邮件

2．防止静态信息被非授权访问和防止动态信息被截取解密的是（　　）。

A．数据完整性　　B．数据可用性

C．数据可靠性　　D．数据保密性

3．针对操作系统安全漏洞的蠕虫病毒根治的技术措施是（　　）。

A．防火墙隔离　　B．安装安全补丁程序

C．专用病毒查杀工具　　D．部署网络入侵检测系统

4．入侵检测技术可以分为误用检测和（　　）两大类。

A．病毒检测　　B．详细检测

C．异常检测　　D．漏洞检测

5．关于口令认证机制，下列说法正确的是（　　）。

A．实现代价最低，安全性最高　　B．实现代价最低，安全性最低

C．实现代价最高，安全性最高　　D．实现代价最高，安全性最低

二、判断题

1．有的计算机病毒不具有传染性。　　（　　）

2．木马病毒所产生的破坏主要是感染文件。 （　　）

3．木马病毒不能实现对远程计算机的控制。 （　　）

4．一台计算机装上防火墙软件以后就可以防止黑客非法入侵。 （　　）

5．目前网络防火墙产品只有软件防火墙而无硬件防火墙。 （　　）

6．具有主动复制、感染的行为是判断某段程序为计算机病毒的首要条件。 （　　）

参考文献

[1] 樊成立，潘凌，刘庆瑜，等．网络系统管理．北京：清华大学出版社，2016.

[2] 教育部考试中心．全国计算机等级考试一级教程——计算机基础及 MS Office 应用（2013 版）．北京：高等教育出版社，2013.

[3] 周飞雪，朱晓东．多媒体技术应用实训教程．北京：人民邮电出版社，2016.

[4] 张基温．计算机组成原理教程．北京：清华大学出版社，2016.

[5] 周苏，冯婵璟，王硕苹．大数据技术与应用．北京：机械工业出版社．2016.

[6] 王鑫，杨彬，胡建学，等．Excel 2010 实战技巧精粹．北京：人民邮电出版社．2013.

[7] 张殿明，韩冬博．网络工程项目设计与施工．北京：清华大学出版社，2016.

[8] 余智豪，马莉，胡春萍．物联网安全技术．北京：清华大学出版社，2016.

[9] 谢青松，何凯．操作系统实践教程．北京：清华大学出版社，2016.

[10] 郑纬民．计算机应用基础：Word 2010 文字处理系统．北京：中央广播电视大学出版社．2012.

[11] 谢希仁．计算机网络．6 版．北京：电子工业出版社，2013.

[12] 张超，李舫，毕洪山，等．计算机导论．北京：清华大学出版社，2015.

[13] 赖英旭，钟玮，李健．计算机病毒与防范技术．北京：清华大学出版社，2011.

[14] 魏媛媛．计算机组成原理与设计．武汉：武汉大学出版社，2008.

附录　习题答案

习题 1　参考答案

单项选择题

1．A　2．C　3．B　4．A　5．D　6．C　7．A　8．C　9．D　10．B
11．B　12．C　13．B　14．C　15．B　16．B　17．A　18．B　19．C　20．B
21．B　22．C　23．B　24．B　25．C　26．D　27．B　28．B　29．D　30．D
31．B　32．A　33．C　34．A　35．D　36．C　37．A　38．B　39．B　40．A
41．B　42．A　43．C　44．C　45．A　46．C　47．C　48．B　49．D　50．A

习题 2　参考答案

一、单项选择题

1．D　2．A　3．C　4．C　5．C　6．B　7．D　8．A　9．A　10．A
11．D　12．C　13．C　14．D　15．B　16．B　17．A　18．D　19．A　20．A

二、操作练习

1．操作步骤：

（1）双击打开桌面上的“计算机”图标，在内容区找到并双击打开 D 盘。

（2）找到并双击打开 ABC 文件夹，在空白区域右击，在出现的右键菜单中依次选择“新建”→“文件夹”命令。

（3）输入名称 HAB1，按下 Enter 键或单击输入框外部区域即可建立 HAB1 文件夹。

（4）用同样的方法建立 HAB2 文件夹。

2．操作步骤：

（1）双击打开桌面上的“计算机”图标，在内容区找到并双击打开 D 盘。

（2）找到并双击打开 ABC 文件夹，空白区域右击，在出现的右键菜单中依次选择“新建”→“Microsoft Word 文档”命令。

（3）输入名称 DONG，按 Enter 键或单击输入框外部区域即可建立 DONG.docx 文件。

（4）继续在 D:\ABC 文件夹的空白区域右击，在出现的右键菜单中依次选择“新建”→“文本文档”命令。

（5）输入名称 PANG，按 Enter 键或单击输入框外部区域即可建立 PANG.txt 文本文件文件。

3．操作步骤：

（1）双击打开桌面上的“计算机”图标，在内容区找到并双击打开D盘。

（2）找到并双击打开ABC文件夹，鼠标左键单击选中HAB2文件夹，继续右击后在出现的右键菜单中选择“创建快捷方式”命令，输入名称KK，即可在当前目录下建立对应HAB2文件夹的快捷方式。

（3）单击上一步建立的快捷方式，右键菜单选择“剪切”命令，单击资源管理器的返回按钮返回到D盘根目录，在空白区域右击，选择“粘贴”命令即可。

4．操作步骤：

（1）双击打开桌面上的“计算机”图标，在内容区找到并双击打开D盘。

（2）找到并双击打开ABC文件夹，单击选中DONG.docx文件，继续右击后在出现的右键菜单中选择“复制”命令。

（3）双击打开HAB1文件夹，在空白区域右击，在出现的右键菜单中选择“粘贴”命令。

（4）单击选中上一步粘贴过来的DONG.docx文件，继续右击，在出现的右键菜单中选择“重命名”命令，输入NAME，按Enter键或单击输入框外部区域即可。

5．操作步骤：

（1）双击打开桌面上的“计算机”图标，在内容区找到并双击打开D盘。

（2）找到并双击打开ABC文件夹，单击选中HAB1文件夹，继续右击后在出现的右键菜单中选择“属性”命令。

（3）在“属性”对话框中勾选“只读”复选框，单击“确定”按钮即可。

6．操作步骤：

（1）双击打开桌面上的“计算机”图标，在内容区找到并双击打开D盘。

（2）找到并双击打开ABC文件夹，单击选中HAB1文件夹，继续右击后在出现的右键菜单中选择“属性”命令。

（3）在“属性”对话框中取消勾选“只读”复选框，继续勾选“隐藏”复选框，单击“确定”按钮即可。

7．操作步骤：

（1）双击打开桌面上的“计算机”图标，在内容区找到并双击打开D盘。

（2）找到并双击打开ABC文件夹，继续双击打开其中的HAB1文件夹，单击选中其中的PANG.txt文件，右击后在出现的右键菜单中选择“剪切”命令。

（3）最小化或关闭当前资源管理器窗口，返回桌面，在空白区域右击，在右键菜单中选择“粘贴”命令。

（4）单击选中上一步粘贴过来的PANG.txt文件，继续右击，在出现的右键菜单中选择“重命名”命令，输入BEER，按Enter键或单击输入框外部区域即可。

8．操作步骤：

（1）双击打开桌面上的“计算机”图标，在内容区找到并双击打开D盘。

（2）找到并双击打开ABC文件夹，单击选中NAME.docx文件，继续右击后在出现的右键菜单中选择“删除”命令。

（3）提示“确实要把此文件放入回收站吗？”，单击“是”按钮完成删除。

习题 3　参考答案

一、填空题

1．PageDown　2．页面视图　3．Ctrl+O　4．打印预览　5．Ctrl+V
6．状态栏　7．单元格　8．标尺　9．公式　10．自定义快速访问工具栏

二、单项选择题

1．D　2．A　3．B　4．A　5．A　6．C　7．C　8．B　9．D　10．C
11．B　12．B　13．A　14．C　15．A

三、判断题

1．√　2．×　3．×　4．×　5．×　6．×　7．×　8．×　9．√　10．√

习题 4　参考答案

单项选择题

1．B　2．D　3．C　4．C　5．B　6．D　7．C　8．C　9．C　10．C
11．C　12．C　13．D　14．C　15．B　16．D　17．C　18．B　19．D　20．C

习题 5　参考答案

一、判断题

1．√　2．√　3．√　4．×　5．√　6．√　7．√　8．×　9．√　10．√

二、单项选择题

1．B　2．D　3．B　4．B　5．D　6．A　7．C　8．A　9．C　10．A
11．B　12．B　13．D　14．D　15．A　16．D　17．D　18．C　19．C　20．C

习题 6　参考答案

单项选择题

1．A　2．C　3．C　4．D　5．D　6．D　7．B　8．D　9．B　10．B
11．D　12．A　13．B　14．B　15．B　16．D　17．D　18．C　19．A　20．D
21．C　22．B　23．D　24．B　25．C　26．B　27．D　28．C　29．B　30．D

习题7 参考答案

单项选择题

1. A	2. B	3. D	4. A	5. C	6. D	7. A	8. A	9. C	10. A
11. D	12. B	13. C	14. C	15. A	16. D	17. D	18. B	19. B	20. C
21. D	22. D	23. A	24. B	25. A	26. D	27. A	28. A	29. D	30. C

习题8 参考答案

一、单项选择题

1. C　2. D　3. B　4. C　5. B

二、判断题

1. ×　2. ×　3. ×　4. ×　5. ×　6. √